普通高等教育"十三五"规划教材
光电信息科学与工程类专业规划教材

光电技术简明教程

王庆有　主编

刘　伟　李百明　尚可可
王仰江　郝玉良　黄战华　编

电子工业出版社
Publishing House of Electronics Industry
北京·BEIJING

内 容 简 介

本书是在《光电技术》(第3版)的基础上精简而成的,系统地介绍了光电技术的基本概念、各种光电器件的工作原理与特性、发展与典型应用等。本书共 11 章,内容包括:光电技术基础,光电导器件,光生伏特器件,光电发射器件,热辐射探测器件,发光器件与光电耦合器件,光电信息变换,图像信息的光电变换,光电信号的数据采集与计算机接口技术,光电技术典型应用,光电技术课程设计与光电信息综合实验。本教材尽量贴合"新工科"理念与"专业群"建设思想,努力为培养高素质工程技术人才服务。

本书可作为光电信息科学与工程、测控技术与仪器、计量测试仪器、机械电子工程等专业的教材,也可作为光电技术领域科技人员的技术参考书。

未经许可,不得以任何方式复制或抄袭本书之部分或全部内容。
版权所有,侵权必究。

图书在版编目(CIP)数据

光电技术简明教程/王庆有主编. —北京:电子工业出版社,2017.12
光电信息科学与工程类专业规划教材
ISBN 978-7-121-32843-5

Ⅰ. ①光… Ⅱ. ①王… Ⅲ. ①光电技术-高等学校-教材 Ⅳ. ①TN2

中国版本图书馆 CIP 数据核字(2017)第 244145 号

责任编辑:韩同平　　　特约编辑:李佩乾　李宪强　宋 薇
印　　刷:北京虎彩文化传播有限公司
装　　订:北京虎彩文化传播有限公司
出版发行:电子工业出版社
　　　　　北京市海淀区万寿路 173 信箱　邮编:100036
开　　本:787×1092　1/16　印张:16　字数:512 千字
版　　次:2017 年 12 月第 1 版
印　　次:2020 年 3 月第 3 次印刷
定　　价:44.90 元

凡所购买电子工业出版社图书有缺损问题,请向购买书店调换。若书店售缺,请与本社发行部联系,联系及邮购电话:(010)88254888,88258888。
质量投诉请发邮件至 zlts@phei.com.cn,盗版侵权举报请发邮件至 dbqq@phei.com.cn。
本书咨询联系方式:88254525,hantp@phei.com.cn。

前　言

"新工科"引导高校教育改革的深入,"光电技术"课程将随着教育改革的深入而被更多的专业选用。综合考虑不同类型专业对"光电技术"课程内容的需要,编写适当减少理论推导、注重实际应用的简明教材是必要的。

本书是在《光电技术(第3版)》的基础上的简化、精炼,强化实用性,引导学生加深对重点内容的理解与掌握,提高创新设计的能力。希望老师在使用教材时贯彻"以教师为主,以教材为辅"的原则,让学生在掌握基本理论基础上提高分析问题、解决问题的能力。每章后面配有思考题与习题,既便于消化基本理论,又能为实际应用提供参考。其中一些题目是校企合作中企业教师提出来的,有很强的实用价值,需要学生在深入学习领会内容之后才能完成;一些题目的答案不是唯一的,也希望选用本教材的教师不要追求"标准答案"。

本书共11章,第1章介绍光电技术基础理论,第2~5章分别介绍光敏电阻、光生伏特器件、光电发射器件和热电器件等各种光电传感器的基本工作原理、特性、变换电路和应用,第6章介绍发光器件与光电耦合器件,第7章讲述光电信息变换的基本方式、方法与分类,第8章讲述图像信息的光电变换,第9章是光电信号的数据采集与计算机接口技术,第10章讲述光电技术的典型应用,第11章为光电技术课程设计与光电信息综合实验的内容。

本教材是作者在闽南理工学院与福建中策光电有限公司(省级创新企业)、福建晶安光电有限公司、福建天电光电有限公司、福建富达精密科技有限公司、晋江兴翼机械有限公司和福建省石狮市通达电器有限公司等企业开展校企合作育人,尤其是与石狮市通达电器有限公司共建"质量工程班"(校企共同培养质量工程师)教学合作过程中编写出的。参加编写工作的还有刘伟(第5章)、李百明(第8章)、王仰江(第4章)、尚可可(第7章)、郝玉良(第3章)和黄占华(第11章部分内容)。这些教师分别承担过光电技术、图像传感器应用技术、数字图像处理技术、光电显示技术与机器视觉技术等课程的教学工作,指导过学生做光电技术课程设计、大学生创新创业训练项目、光电大赛项目以及与光电相关课题的毕业设计工作,使简明教程与实际应用结合得更加紧密。

感谢闽南理工学院光电与机电工程学院及地方合作企业的同事们给予本书编写的大力支持和帮助。感谢天津工业大学理学院与天津大学的支持与帮助。

感谢电子工业出版社韩同平编辑在本书编辑、校对与出版过程中的辛勤工作与热情帮助!

因作者水平有限,时间仓促,书中难免出现错误和不足,诚望读者批评指正。

作者联系方法:wqy@tju.edu.cn

编　者

目 录

第1章 光电技术基础 …………………………………………………………… (1)
1.1 光辐射的度量 …………………………………………………………… (1)
1.1.1 与光源有关的辐射度参数与光度参数 …………………………… (2)
1.1.2 与接收器有关的辐射度参数及光度参数 ………………………… (4)
1.2 光谱辐射分布与量子流速率 …………………………………………… (6)
1.2.1 光源的光谱辐射分布参量 ………………………………………… (6)
1.2.2 量子流速率 ………………………………………………………… (7)
1.3 物体热辐射 ……………………………………………………………… (8)
1.3.1 黑体辐射定律 ……………………………………………………… (8)
1.3.2 辐射体的分类 ……………………………………………………… (10)
1.4 辐射度参数与光度参数的关系 ………………………………………… (10)
1.4.1 人眼的视觉灵敏度 ………………………………………………… (11)
1.4.2 人眼的光谱光视效能 ……………………………………………… (12)
1.4.3 辐射体光视效能 …………………………………………………… (14)
1.5 半导体对光的吸收 ……………………………………………………… (15)
1.5.1 物质对光吸收的一般规律 ………………………………………… (15)
1.5.2 半导体吸收光的规律 ……………………………………………… (15)
1.6 光电效应 ………………………………………………………………… (16)
1.6.1 内光电效应 ………………………………………………………… (17)
1.6.2 光电发射效应 ……………………………………………………… (21)
思考题与习题1 ……………………………………………………………… (22)

第2章 光电导器件 …………………………………………………………… (24)
2.1 光敏电阻的原理与结构 ………………………………………………… (24)
2.2 光敏电阻的基本特性 …………………………………………………… (27)
2.3 光敏电阻的变换电路 …………………………………………………… (32)
2.3.1 基本偏置电路 ……………………………………………………… (32)
2.3.2 恒流电路 …………………………………………………………… (33)
2.3.3 恒压电路 …………………………………………………………… (34)
2.3.4 例题 ………………………………………………………………… (34)
2.4 光敏电阻的应用实例 …………………………………………………… (36)
2.4.1 照明灯的光电控制电路 …………………………………………… (36)
2.4.2 火焰探测报警器 …………………………………………………… (36)

2.4.3 照相机电子快门 …………………………………………………… (37)
思考题与习题2 ……………………………………………………………… (38)

第3章 光生伏特器件 …………………………………………………………… (40)
3.1 硅光电二极管 ……………………………………………………………… (40)
3.1.1 硅光电二极管的工作原理 …………………………………………… (40)
3.1.2 光电二极管的基本特性 ……………………………………………… (41)
3.2 其他类型的光生伏特器件 ………………………………………………… (44)
3.2.1 PIN型光电二极管 …………………………………………………… (44)
3.2.2 雪崩光电二极管 ……………………………………………………… (45)
3.2.3 硅光电池 ……………………………………………………………… (47)
3.2.4 光电三极管 …………………………………………………………… (50)
3.2.5 色敏光生伏特器件 …………………………………………………… (53)
3.2.6 光生伏特器件组合件 ………………………………………………… (56)
*3.2.7 光电位置敏感器件(PSD) …………………………………………… (60)
3.3 光生伏特器件的偏置电路 ………………………………………………… (65)
3.3.1 反向偏置电路 ………………………………………………………… (65)
3.3.2 零伏偏置电路 ………………………………………………………… (67)
3.4 半导体光电器件的特性参数与选择 ……………………………………… (68)
3.4.1 半导体光电器件的特性参数 ………………………………………… (68)
3.4.2 半导体光电器件的应用选择 ………………………………………… (69)
思考题与习题3 ……………………………………………………………… (71)

第4章 光电发射器件 …………………………………………………………… (73)
4.1 光电发射阴极 ……………………………………………………………… (73)
4.1.1 光电发射阴极的主要特性参数 ……………………………………… (73)
*4.1.2 光电阴极材料 ………………………………………………………… (74)
4.2 真空光电管与光电倍增管的工作原理 …………………………………… (76)
4.2.1 真空光电管的原理 …………………………………………………… (76)
4.2.2 光电倍增管的基本原理 ……………………………………………… (76)
4.2.3 光电倍增管的结构 …………………………………………………… (77)
4.3 光电倍增管的基本特性 …………………………………………………… (79)
4.4 光电倍增管的供电电路 …………………………………………………… (85)
4.5 光电倍增管的典型应用 …………………………………………………… (88)
4.5.1 光谱探测领域的应用 ………………………………………………… (88)
*4.5.2 时间分辨荧光免疫分析中的应用 …………………………………… (89)
思考题与习题4 ……………………………………………………………… (91)

第5章 热辐射探测器件 ………………………………………………………… (93)
5.1 热辐射的一般规律 ………………………………………………………… (93)

  5.1.1 温度变化方程 …………………………………………………………… (93)
  5.1.2 热电器件的最小可探测功率 …………………………………………… (94)
 5.2 热敏电阻与热电堆探测器 ………………………………………………………… (95)
  5.2.1 热敏电阻 ………………………………………………………………… (95)
  5.2.2 热电偶探测器 …………………………………………………………… (99)
  *5.2.3 热电堆探测器 ………………………………………………………… (101)
 5.3 热释电器件 ………………………………………………………………………… (103)
  5.3.1 热释电器件的基本工作原理 …………………………………………… (104)
  5.3.2 热释电器件的灵敏度 …………………………………………………… (107)
  5.3.3 热释电器件的噪声 ……………………………………………………… (108)
  5.3.4 热释电器件的类型 ……………………………………………………… (110)
  5.3.5 典型热释电器件 ………………………………………………………… (112)
 5.4 热探测器概述 ……………………………………………………………………… (114)
 思考题与习题 5 ………………………………………………………………………… (114)

第 6 章 发光器件与光电耦合器件 ………………………………………………… (116)
 6.1 LED 的基本工作原理与特性 ……………………………………………………… (116)
 6.2 LED 的应用 ………………………………………………………………………… (124)
  6.2.1 LED 绿色照明光源 ……………………………………………………… (124)
  6.2.2 LED 在显示方面的应用 ………………………………………………… (126)
 6.3 光电耦合器件 ……………………………………………………………………… (127)
  6.3.1 光电耦合器件的结构与电路符号 ……………………………………… (127)
  6.3.2 光电耦合器件的特性参数 ……………………………………………… (129)
 6.4 光电耦合器件的应用 ……………………………………………………………… (133)
 思考题与习题 6 ………………………………………………………………………… (136)

第 7 章 光电信息变换 ……………………………………………………………… (137)
 7.1 光电信息变换的分类 ……………………………………………………………… (137)
  7.1.1 光电信息变换的基本形式 ……………………………………………… (138)
  7.1.2 光电信息变换的类型 …………………………………………………… (140)
 7.2 光电变换电路的分类 ……………………………………………………………… (141)
  7.2.1 模拟光电变换电路 ……………………………………………………… (141)
  7.2.2 模-数光电变换电路 …………………………………………………… (147)
 7.3 几何光学方法的光电信息变换 …………………………………………………… (147)
  7.3.1 长、宽尺寸信息的光电变换 …………………………………………… (147)
  7.3.2 位移信息的光电变换 …………………………………………………… (148)
  7.3.3 速度信息的光电变换 …………………………………………………… (148)
 7.4 物理光学方法的光电信息变换 …………………………………………………… (150)
  7.4.1 干涉方法的光电信息变换 ……………………………………………… (150)

7.4.2 衍射方法的光电信息变换 …………………………………………………… (151)
7.5 时变光电信息的调制 ………………………………………………………………… (152)
7.5.1 调制的基本原理与类型 ………………………………………………………… (152)
7.5.2 信号的调制 ……………………………………………………………………… (155)
7.5.3 调制信号的解调 ………………………………………………………………… (156)
思考题与习题 7 …………………………………………………………………………… (156)

第 8 章 图像信息的光电变换 …………………………………………………………… (158)
8.1 图像传感器简介 ……………………………………………………………………… (158)
8.2 光电成像原理与电视制式 …………………………………………………………… (159)
8.2.1 光电成像原理 …………………………………………………………………… (159)
8.2.2 电视制式 ………………………………………………………………………… (161)
8.3 电荷耦合器件 ………………………………………………………………………… (164)
8.3.1 线阵 CCD 图像传感器 ………………………………………………………… (164)
8.3.2 面阵 CCD 图像传感器 ………………………………………………………… (172)
8.4 CMOS 图像传感器 …………………………………………………………………… (175)
8.4.1 CMOS 成像器件的结构原理 …………………………………………………… (175)
8.4.2 典型 CMOS 图像传感器 ……………………………………………………… (178)
8.5 热成像器件 …………………………………………………………………………… (178)
8.5.1 点扫描式热释电热像仪 ………………………………………………………… (178)
8.5.2 热释电摄像管的基本结构 ……………………………………………………… (178)
8.5.3 典型热像仪 ……………………………………………………………………… (179)
8.6 图像的增强与变像 …………………………………………………………………… (181)
8.6.1 工作原理及其典型结构 ………………………………………………………… (181)
8.6.2 性能参数 ………………………………………………………………………… (181)
*8.6.3 像增强器的级联 ………………………………………………………………… (183)
思考题与习题 8 …………………………………………………………………………… (183)

第 9 章 光电信号的数据采集与计算机接口技术 ……………………………………… (185)
9.1 光电信号的二值化处理 ……………………………………………………………… (185)
9.1.1 单元光电信号的二值化处理 …………………………………………………… (185)
9.1.2 序列光电信号的二值化处理 …………………………………………………… (187)
9.2 光电信号的二值化数据采集与接口 ………………………………………………… (189)
9.2.1 硬件二值化数据采集电路 ……………………………………………………… (189)
9.2.2 边沿送数法二值化数据电路 …………………………………………………… (190)
9.3 光电信号的量化处理与 A/D 数据采集 …………………………………………… (191)
9.3.1 单元光电信号的量化处理 ……………………………………………………… (191)
9.3.2 单元光电信号的 A/D 数据采集 ……………………………………………… (197)
9.3.3 序列光电信号的 A/D 数据采集与计算机接口 ……………………………… (199)

思考题与习题 9 ………………………………………………………………………… (202)
第 10 章　光电技术的典型应用 …………………………………………………… (203)
10.1　用于长度量的测量与控制 …………………………………………………… (203)
10.1.1　板材定长裁剪系统 …………………………………………………… (203)
10.1.2　钢板宽度的非接触自动测量 ………………………………………… (204)
10.2　光电准直技术测量物体的直线度与同轴度 ………………………………… (207)
10.2.1　激光准直测量原理 …………………………………………………… (207)
10.2.2　不直度的测量 ………………………………………………………… (209)
10.2.3　不同轴度的测量 ……………………………………………………… (209)
10.3　阶梯面高度差的非接触测量技术 …………………………………………… (210)
10.3.1　阶梯面高度差的定义 ………………………………………………… (210)
10.3.2　利用一字线激光突显阶梯面高度差 ………………………………… (211)
10.3.3　阶梯面高度差测量精度、稳定性与测量范围 ……………………… (212)
10.4　表面粗糙度的检测方法 ……………………………………………………… (212)
10.4.1　测量原理 ……………………………………………………………… (213)
10.4.2　检测实验装置 ………………………………………………………… (214)
10.4.3　实验方法 ……………………………………………………………… (214)
10.5　激光多普勒测速技术 ………………………………………………………… (215)
10.5.1　多普勒测速原理 ……………………………………………………… (215)
10.5.2　激光多普勒测速仪的组成 …………………………………………… (217)
10.5.3　激光多普勒测速技术的应用 ………………………………………… (220)
10.5.4　多普勒全场测速技术 ………………………………………………… (221)
10.6　光电搜索、跟踪与制导应用 ………………………………………………… (223)
10.6.1　搜索仪与跟踪仪 ……………………………………………………… (223)
10.6.2　激光制导 ……………………………………………………………… (225)
10.6.3　红外跟踪制导 ………………………………………………………… (226)
10.7　光学系统透过率测试技术 …………………………………………………… (226)
10.7.1　透过率 ………………………………………………………………… (226)
10.7.2　望远系统透过率的测量 ……………………………………………… (227)
10.7.3　照相物镜透过率的测量 ……………………………………………… (227)
10.8　光电技术在印刷出版工业中的应用 ………………………………………… (227)
10.8.1　激光照排系统 ………………………………………………………… (227)
10.8.2　激光雕刻凸版和凹版机 ……………………………………………… (228)
10.8.3　激光打印机和复印机 ………………………………………………… (228)
10.8.4　光盘存储 ……………………………………………………………… (228)
　　思考题与习题 10 ………………………………………………………………………… (230)

第 11 章　光电技术课程设计与光电信息综合实验 …………………………………（231）

11.1　光电技术课程设计 ………………………………………………………………（231）
11.1.1　辐射体光谱分布与探测器………………………………………………（231）
11.1.2　光纤光功率计的课程设计………………………………………………（232）
11.1.3　典型光电技术课程设计案例……………………………………………（234）

11.2　光电信息综合实验 ………………………………………………………………（236）
11.2.1　非接触测量物体位置与振动参数实验系统的原理……………………（237）
11.2.2　非接触测量物体位置与振动参数实验的内容…………………………（239）
11.2.3　数据分析与实验总结……………………………………………………（244）

思考题与习题 11 ……………………………………………………………………………（244）

参考文献 ……………………………………………………………………………………（245）

第1章 光电技术基础

光电技术的基本理论是建立在光的波粒二象性之上的。光是以电磁波方式传播的粒子。几何光学依据光的波动性研究了光的折射与反射规律,得到了许多关于光的传播、光学成像、光学成像系统和像差等理论。物理光学依据光的波动性成功地解释了光的干涉、衍射等现象,为光谱分析仪器、全息摄影技术奠定了理论基础。然而,光的本质是物质,它具有粒子性,又称为光量子或光子。光子具有动量与能量,并分别表示为

$$p = h\nu/c, E = h\nu$$

式中,$h = 6.626 \times 10^{-34} \text{J} \cdot \text{s}$,为普朗克常数;$\nu$ 为光的振动频率(s^{-1});$c = 3 \times 10^8 \text{m} \cdot \text{s}^{-1}$,为光在真空中的传播速度。

光的量子性成功地解释了光与物质作用时所引起的光电效应,而光电效应又充分证明了光的量子性。

图1-1所示为电磁波按波长的分布及各波长区域的定义,称为电磁波谱。电磁波谱的频率范围很宽:从宇宙射线到无线电波($10^2 \sim 10^{25}$ Hz)。光辐射仅仅是电磁波谱中的一小部分,它包括的波长区域从几纳米到几毫米,即 $10^{-9} \sim 10^{-3}$ m 量级。只有波长为 $0.38 \sim 0.78$ μm 的光才能引起人眼的视觉感,故称这部分光为可见光。

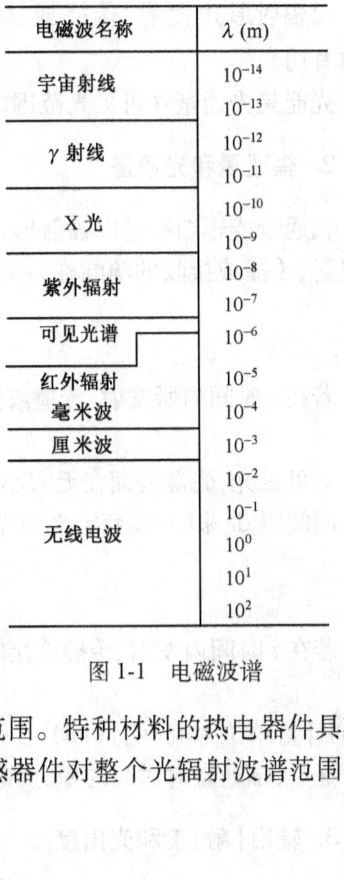

光电敏感器件的光谱响应范围远远超出人眼的视觉范围,一般从X光到红外辐射甚至于远红外、毫米波的范围。特种材料的热电器件具有超过厘米波光谱响应的范围,即人们可以借助于各种光电敏感器件对整个光辐射波谱范围内的光信息进行光电变换。

电磁波名称	λ (m)
宇宙射线	10^{-14}
	10^{-13}
γ射线	10^{-12}
	10^{-11}
X光	10^{-10}
	10^{-9}
紫外辐射	10^{-8}
	10^{-7}
可见光谱	10^{-6}
红外辐射	10^{-5}
毫米波	10^{-4}
厘米波	10^{-3}
	10^{-2}
	10^{-1}
无线电波	10^{0}
	10^{1}
	10^{2}

图1-1 电磁波谱

1.1 光辐射的度量

为了定量分析光与物质相互作用所产生的光电效应,分析光电敏感器件的光电特性,以及用光电敏感器件进行光谱、光度的定量计算,常需要对光辐射给出相应的计量参数和量纲。光辐射的度量方法有两种:一种是物理(或客观)的计量方法,称为辐射度学计量方法或辐射度参数,它适用于整个电磁辐射谱区,对辐射量进行物理的计量;另一种是生理(主观)的计量方法,是以人眼所能见到的光对大脑的刺激程度来对光进行计量的方法,称为光度参数。光度参数只适用于 $0.38 \sim 0.78$ μm 的可见光谱区域,是对光强度的主观评价,超过这个谱区,光度参数没有任何意义。

辐射度参数与光度参数在概念上虽不一样,但它们的计量方法却有许多相同之处,为学习

和讨论方便,常用相同的符号表示辐射度参数与光度参数。为区别它们,常在对应符号的右下角标以"e"表示辐射度参数,标以"v"表示光度参数。

1.1.1 与光源有关的辐射度参数与光度参数

与光源有关的辐射度参数是指计量光源在辐射波长范围内发射连续光谱或单色光谱能量的参数。

1. 辐能和光能

以辐射形式发射、传播或接收的能量称为辐(射)能,用符号 Q_e 表示,其计量单位为焦耳(J)。

光能是光通量在可见光范围内对时间的积分,以 Q_v 表示,其计量单位为流明秒(lm·s)。

2. 辐通量和光通量

辐通量或辐功率是以辐射形式发射、传播或接收的功率;或者说,在单位时间内,以辐射形式发射、传播或接收的辐能称为辐通量,以符号 Φ_e 表示,其计量单位为瓦(W),即

$$\Phi_e = \frac{dQ_e}{dt} \tag{1-1}$$

若在 t 时间内所发射、传播或接收的辐射能不随时间改变,则式(1-1)可简化为

$$\Phi_e = Q_e/t \tag{1-2}$$

对可见光,光源表面在无穷小时间段内发射、传播或接收的所有可见光谱,其光能被无穷短时间间隔 dt 来除,其商定义为光通量 Φ_v,即

$$\Phi_v = \frac{dQ_v}{dt} \tag{1-3}$$

若在 t 时间内发射、传播或接收的光能不随时间改变,则式(1-3)简化为

$$\Phi_v = Q_v/t \tag{1-4}$$

Φ_v 的计量单位为流(明)(lm)。

显然,辐通量对时间的积分称为辐能,而光通量对时间的积分称为光能。

3. 辐出(射)度和光出度

对面积为 A 的有限面光源,表面某点处的面元向半球面空间内发射的辐通量 $d\Phi_e$ 与该面元面积 dA 之比,定义为辐出度 M_e,即

$$M_e = \frac{d\Phi_e}{dA} \tag{1-5}$$

M_e 的计量单位是瓦(特)每平方米[W/m²]。

由式(1-5)可得,面光源 A 向半球面空间发射的总辐通量为

$$\Phi_e = \int_{(A)} M_e dA \tag{1-6}$$

对于可见光,面光源 A 表面某一点处的面元向半球面空间发射的光通量 $d\Phi_v$ 与面元面积 dA 之比,称为光出度 M_v,即

$$M_v = \frac{d\Phi_v}{dA} \tag{1-7}$$

其计量单位为勒(克司)[(lx)或(lm/m²)]。

对均匀发射辐射的面光源有

$$M_v = \Phi_v/A \tag{1-8}$$

由式(1-7)可得,面光源向半球面空间发射的总光通量为

$$\Phi_v = \int_{(A)} M_v dA \tag{1-9}$$

4. 辐强度和发光强度

对点光源在给定方向的立体角元 $d\Omega$ 内发射的辐通量 $d\Phi_e$ 与该方向立体角元 $d\Omega$ 之比,定义为点光源在该方向的辐强度 I_e,即

$$I_e = \frac{d\Phi_e}{d\Omega} \tag{1-10}$$

辐强度的计量单位为瓦每球面度(W/sr)。

点光源在有限立体角 Ω 内发射的辐通量为

$$\Phi_e = \int_\Omega I_e d\Omega \tag{1-11}$$

各向同性的点光源向所有方向发射的总辐通量为

$$\Phi_e = I_e \int_0^{4\pi} d\Omega = 4\pi I_e \tag{1-12}$$

对可见光,与式(1-10)类似,定义发光强度为

$$I_v = \frac{d\Phi_v}{d\Omega} \tag{1-13}$$

对各向同性的点光源向所有方向发射的总光通量为

$$\Phi_v = \int_\Omega I_v d\Omega \tag{1-14}$$

一般点光源是各向异性的,其发光强度分布随方向而异。

发光强度的单位是坎德拉(candela),简称为坎[cd]。1979年第十六届国际计量大会通过决议,将坎德拉重新定义为:在给定方向上能发射 540×10^{12} Hz 的单色辐射源,在此方向上的辐强度为 $(1/683)$ W/sr,其发光强度定义为 1cd。

由式(1-14)可得,对发光强度为 1cd 的点光源,向给定方向 1sr(球面度)内发射的光通量定义为 1lm(流明)。发光强度为 1cd 的点光源在整个球空间所发出的总光通量为

$$\Phi_v = 4\pi I_v = 12.566 \text{ lm}$$

5. 辐亮度和亮度

光源表面某一点处的面元在给定方向上的辐强度除以该面元在垂直于给定方向平面上的正投影面积,称为辐亮度 L_e,即

$$L_e = \frac{dI_e}{dA\cos\theta} = \frac{d^2\Phi_e}{d\Omega dA\cos\theta} \tag{1-15}$$

式中,θ 为所给方向与面元法线之间的夹角。辐亮度 L_e 的计量单位为瓦每球面度平方米[W/(sr·m²)]。

对可见光,亮度 L_v 定义为:光源表面某一点处的面元在给定方向上的发光强度,除以该面元在垂直给定方向平面上的正投影面积,即

$$L_v = \frac{dI_v}{dA\cos\theta} = \frac{d^2\Phi_v}{d\Omega dA\cos\theta} \tag{1-16}$$

L_v 的计量单位是坎德拉每平方米(cd/m²)。

若 L_e,L_v 与光源发射辐射的方向无关,且可由式(1-15)、式(1-16)表示,则这样的光源称为余弦辐射体或朗伯辐射体。黑体是一个理想的余弦辐射体,而一般光源的亮度与方向有关。粗糙表面的辐射体或反射体及太阳等是一个近似的余弦辐射体。

余弦辐射体表面某面元 dA 处向半球面空间发射的通量为

$$d\Phi = \iint L\cos\theta dAd\Omega$$

式中,$d\Omega = \sin\theta d\theta d\varphi$。

对上式在半球面空间内积分

$$d\Phi = LdA\int_{\varphi=0}^{2\pi} d\varphi \int_{\theta=0}^{\pi/2} \sin\theta\cos\theta d\theta = \pi LdA$$

由上式得到余弦辐射体的 M_e 与 L_e、M_v 与 L_v 的关系为

$$L_e = M_e/\pi \tag{1-17}$$

$$L_v = M_v/\pi \tag{1-18}$$

6. 辐效率与发光效率

光源所发射的总辐通量 Φ_e 与外界提供给光源的功率 P 之比称为光源的辐效率 η_e;光源发射的总光通量 Φ_v 与提供的功率 P 之比称为发光效率 η_v。即

$$\eta_e = \Phi_e/P \times 100\% \tag{1-19}$$

$$\eta_v = \Phi_v/P \times 100\% \tag{1-20}$$

辐效率 η_e 无量纲,发光效率 η_v 的计量单位是流明每瓦(lm·W⁻¹)。

对限定在波长 $\lambda_1 \sim \lambda_2$ 范围内的辐效率为

$$\eta_{e,\Delta\lambda} = \frac{\int_{\lambda_1}^{\lambda_2} \Phi_{e,\lambda} d\lambda}{P} \times 100\% \tag{1-21}$$

式中,$\Phi_{e,\lambda}$ 称为光源辐通量的光谱密集度,简称为光谱辐通量。

1.1.2 与接收器有关的辐射度参数及光度参数

从接收器的角度讨论辐射度与光度的参数,称为与接收器有关的辐射度参数及光度参数。接收器可以是探测器,也可以是反射辐射的反射器,或两者兼有的器件。与接收器有关的辐射度参数与光度参数有以下两种。

1. 辐照度与照度

将照射到物体表面某一点处面元的辐通量 $d\Phi_e$ 除以该面元的面积 dA 的商,称为辐照度

e_e，即

$$e_e = \frac{d\Phi_e}{dA} \tag{1-22}$$

e_e 的计量单位是瓦每平方米（W/m²）。

若辐通量是均匀地照射在物体表面上的，则式(1-22)可简化为

$$E_e = \Phi_e / A \tag{1-23}$$

注意，不要把辐照度 E_e 与辐出度 M_e 混淆起来。虽然两者单位相同，但定义不一样。辐照度是从物体表面接收辐通量的角度来定义的，辐出度是从面光源表面发射辐射的角度来定义的。

本身不辐射的反射体接收辐射后，吸收一部分，反射一部分。若把反射体当做辐射体，则光谱辐出度 $M_{er}(\lambda)$（下标 r 代表反射）与辐射体接收的光谱辐照度 $E_e(\lambda)$ 的关系为

$$M_{er} = \rho_e(\lambda) E_e(\lambda) \tag{1-24}$$

式中，$\rho_e(\lambda)$ 为辐射度光谱反射比，是波长的函数。

将式(1-24)对波长积分，得到反射体的辐出度

$$M_e = \int \rho_e(\lambda) E_e d\lambda \tag{1-25}$$

对可见光，用照射到物体表面某一面元的光通量 $d\Phi_v$，除以该面元面积 dA 的商，称为光照度 e_v，即

$$e_v = \frac{d\Phi_v}{dA}$$

或表示为

$$E_v = \frac{\Phi_v}{A} \tag{1-26}$$

E_v 的计量单位是勒（克司）（lx）。

对接收光的反射体，同样有

$$m_v(\lambda) = \rho_v(\lambda) E_v(\lambda) \tag{1-27}$$

或者

$$M_v(\lambda) = \int \rho_v(\lambda) E_v(\lambda) d\lambda \tag{1-28}$$

式中，$\rho_v(\lambda)$ 为光度光谱反射比，是波长的函数。

2. 辐照量和曝光量

辐照量与曝光量是光电接收器接收辐射能量的重要度量参数。光电器件的输出信号大小与所接收的入射辐射能量有关。

将照射到物体表面某一面元的辐照度 E_e 在时间 t 内的积分称为辐照量 H_e，即

$$H_e = \int_0^t E_e dt \tag{1-29}$$

H_e 的计量单位是焦（耳）每平方米（J/m²）。

如果面元上的辐照度 E_e 与时间无关，则式(1-29)可简化为

$$H_e = E_e t \tag{1-30}$$

与辐照量 H_e 对应的光度量是曝光量 H_v，它定义为物体表面某一面元接收的光照度 E_v 在时间 t 内的积分，即

$$H_v = \int_0^t E_v \mathrm{d}t \tag{1-31}$$

H_v 的计量单位是勒秒(lx·s)。

如果面元上的光照度 E_v 与时间无关,则式(1-31)可简化为

$$H_v = E_v t$$

上面讨论的辐射量度参数和光度参数的基本定义与基本计量公式,都是对辐射源发出的辐射能量的度量,是从不同角度来定义的,为了便于学习掌握这些参数,将其汇总成如表 1-1 所示的辐射度量与光度量的定义。

表 1-1 辐射度量与光度量的定义

辐射度参量				光度参量			
量的名称	量的符号	量的定义	单位符号(单位名称)	量的名称	量的符号	量的定义	单位符号(单位名称)
辐能	Q_e		J [焦]	光量	Q_v		lm·s [流秒]
辐通量(辐功率)	Φ_e	$\Phi_e = \dfrac{\mathrm{d}Q_e}{\mathrm{d}t}$	W [瓦]	光通量(光功率)	Φ_v	$\Phi_v = \dfrac{\mathrm{d}Q_v}{\mathrm{d}t}$	lm [流]
辐出度	M_e	$M_e = \dfrac{\mathrm{d}\Phi_e}{\mathrm{d}A}$	W/m² [瓦每平方米]	光出度	M_v	$M_v = \dfrac{\Phi_v}{A}$	lm/m² [流每平方米]
辐强度	I_e	$I_e = \dfrac{\mathrm{d}\Phi_e}{\mathrm{d}\Omega}$	W/sr [瓦每球面度]	发光强度	I_v	$I_v = \dfrac{\mathrm{d}\Phi_v}{\mathrm{d}\Omega}$	cd [坎]
辐亮度	L_e	$L_e = \dfrac{I_e}{\mathrm{d}A\cos\theta}$ $= \dfrac{\mathrm{d}^2\Phi_e}{\mathrm{d}\Omega \mathrm{d}A\cos\theta}$	W/(sr·m²) [瓦每球面度平方米]	光亮度	L_v	$L_v = \dfrac{I_v}{\mathrm{d}A\cos\alpha}$ $= \dfrac{\mathrm{d}^2\Phi_v}{\mathrm{d}\Omega \mathrm{d}A\cos\theta}$	cd/m² [坎每平方米]
辐照度	E_e	$E_e = \dfrac{\mathrm{d}\Phi_e}{\mathrm{d}A}$	W/m² [瓦每平方米]	光照度	E_v	$E_v = \dfrac{\mathrm{d}\Phi_v}{\mathrm{d}A}$	lx [勒]
辐照量	H_e	$H_e = \int_0^t E_e \mathrm{d}t$	J/m² [焦每平方米]	曝光量	H_v	$H_v = \int_0^t E_v \mathrm{d}t$	lx·s [勒秒]

1.2 光谱辐射分布与量子流速率

1.2.1 光源的光谱辐射分布参量

光源发射的辐射能在辐射光谱范围内是按波长分布的。光源在单位波长范围内发射的辐射量称为辐射量的光谱密度 $X_{e,\lambda}$,简称为光谱辐射量,即

$$X_{e,\lambda} = \dfrac{\mathrm{d}x_e}{\mathrm{d}\lambda} \tag{1-32}$$

式中,通用符号 $X_{e,\lambda}$ 是波长的函数,代表所有的光谱辐射量,如光谱辐通量 $\Phi_{e,\lambda}$、光谱辐出度 $M_{e,\lambda}$、光谱辐强度 $I_{e,\lambda}$、光谱辐亮度 $L_{e,\lambda}$、光谱辐照度 $E_{e,\lambda}$ 等。

同样,以符号 $X_{v,\lambda}$ 表示光源在可见光区单位波长范围内发射的光度量,称为光度量的光谱密集度,简称为光谱光度量,即

$$X_{v,\lambda} = \frac{dX_v}{d\lambda} \tag{1-33}$$

式中,$X_{v,\lambda}$ 代表光谱光通量 $\Phi_{v,\lambda}$、光谱光出射度 $M_{v,\lambda}$、光谱发光强度 $I_{v,\lambda}$ 或光谱光照度 $E_{v,\lambda}$ 等。

光源的辐射度参量 $X_{e,\lambda}$ 随波长 λ 的分布曲线,称为该光源的绝对光谱辐射分布曲线。该曲线任一波长 λ 处的 $X_{e,\lambda}$ 除以峰值波长 $\lambda_{\max}$ 处的光谱辐射量最大值 $X_{e,\lambda_{\max}}$ 的商 X_{e,λ_r},称为光源的相对光谱辐射量,即

$$X_{e,\lambda_r} = X_{e,\lambda} / X_{e,\lambda_{\max}} \tag{1-34}$$

相对光谱辐射量 X_{e,λ_r} 与波长 λ 的关系称为光源的相对光谱辐射分布。

光源在波长 $\lambda_1 \sim \lambda_2$ 范围内发射的辐通量为

$$\Delta \Phi_e = \int_{\lambda_1}^{\lambda_2} \Phi_{e,\lambda} d\lambda$$

若积分区间范围为 $\lambda_1 = 0 \sim \lambda_2 \to \infty$,得到光源发出的所有波长的总辐通量为

$$\Phi_e = \int_0^\infty \Phi_{e,\lambda} d\lambda = \Phi_{e,\lambda_{\max}} \int_0^\infty \Phi_{e,\lambda_r} d\lambda \tag{1-35}$$

光源在波长 $\lambda_1 \sim \lambda_2$ 之间的辐通量 $\Delta \Phi_e$ 与总辐通量 Φ_e 之比称为该光源的比辐射 q_e,即

$$q_e = \frac{\int_{\lambda_1}^{\lambda_2} \Phi_{e,\lambda} d\lambda}{\int_0^\infty \Phi_{e,\lambda} d\lambda} \tag{1-36}$$

式中,q_e 没有量纲。

1.2.2 量子流速率

光源发射的辐射功率是每秒发射光子能量的总和。光源在给定波长 λ 处,将 $\lambda \sim \lambda + d\lambda$ 范围内发射的辐通量 $d\Phi_e$ 除以该波长 λ 的光子能量 $h\nu$,就得到光源在 λ 处每秒发射的光子数,称为光谱量子流速率 $dN_{e,\lambda}$,即

$$dN_{e,\lambda} = \frac{d\Phi_e}{h\nu} = \frac{\Phi_{e,\lambda} d\lambda}{h\nu} \tag{1-37}$$

光源在波长 λ 在 $0 \sim \infty$ 范围内发射的总量子流速率为

$$N_e = \int_0^\infty \frac{\Phi_{e,\lambda} d\lambda}{h\nu} = \frac{\Phi_{e,\lambda_{\max}}}{hc} \int_0^\infty \Phi_{e,\lambda_r} \lambda d\lambda \tag{1-38}$$

对可见光区域,光源每秒发射的总光子数为

$$N_v = \int_{0.38}^{0.78} \frac{\Phi_{e,\lambda}}{hc} \lambda d\lambda \tag{1-39}$$

量子流速率 N_e 或 N_v 的计量单位为辐射元的光子数每秒(1/s)。

1.3 物体热辐射

物体通常以两种不同形式发射辐射能量。

(1) 热辐射。凡高于绝对零度的物体都具有发出辐射的能力,其光谱辐射量 $X_{e,\lambda}$ 是波长 λ 和温度 T 的函数。温度低的物体发射红外光,温度升高到 500℃ 时开始发射一部分暗红色光,升高到 1500℃ 时开始发白光。物体靠加热保持一定温度使内能不变而持续辐射的辐射形式,称为物体热辐射或温度辐射。凡能发射连续光谱,且辐射是温度函数的物体,叫做热辐射体,如一切动植物体、太阳、钨丝白炽灯等均为热辐射体。

(2) 发光。物体不是靠加热保持温度使辐射维持下去,而是靠外部能量激发的辐射,称为发光。发光光谱是非连续光谱,且不是温度的函数。靠外界能量激发发光的方式有电致发光(气体放电产生的辉光)、光致发光(日光灯内 Hg 蒸气发射的紫外光激发管壁上的荧光物质发射出可见的荧光)、化学发光(磷在空气中缓慢氧化发光)、热发光(火焰中的钠或钠盐发射的黄光)。发光是非平衡辐射过程,发光光谱主要是线光谱或带光谱。

1.3.1 黑体辐射定律

1. 黑体

能够完全吸收从任何角度入射的任意波长的辐射,并且在每一个方向上都能最大限度地发射任意波长辐射能的物体,称为黑体。显然,黑体的吸收系数为 1,发射系数也为 1。

黑体只是一个理想的温度辐射体,常被用做辐射计量的基准。在有限的温度范围内可以制造出黑体模型。例如,一个开有小孔的密封空腔恒温辐射体,空腔的内壁涂有黑色物质,使其反射系数极小,小孔的孔径远小于腔体的直径,并将空腔辐射体置于恒温槽内,使其在工作中保持腔体的温度不变,该空腔体可近似为黑体。当从任意方向入射的辐射进入小孔时,在空腔内要经过多次反射才能从小孔射出。然而,空腔内的黑色物质的反射系数极小,经过多次反射后,反射出去的辐射能已经极低,绝大部分入射进来的辐射能都被空腔体吸收,因而空腔体的吸收系数很高,接近于 1。被空腔体吸收的能量都转变为热能,引起腔体的温升。腔体处于恒温槽内,所吸收的辐射能只能以温度辐射的方式通过小孔向外发出任何(连续波谱)波长的辐射。

2. 普朗克辐射定律

黑体为理想的余弦辐射体,其光谱辐出度 $M_{e,s,\lambda}$(角标"s"表示黑体)由普朗克公式表示为

$$M_{e,s,\lambda}=\frac{2\pi c^2 h}{\lambda^5(e^{\frac{hc}{\lambda kT}}-1)} \tag{1-40}$$

式中,k 为玻耳兹曼常数,h 为普朗克常数,T 为绝对温度,c 为真空中的光速。

式(1-40)表明,黑体表面向半球空间发射波长为 λ 的光谱,其辐出度 $M_{e,s,\lambda}$ 是黑体温度 T 和波长 λ 的函数,这就是普朗克辐射定律。

黑体光谱辐亮度 $L_{e,s,\lambda}$ 和光谱辐强度 $I_{e,s,\lambda}$ 分别为

$$L_{e,s,\lambda} = \frac{2c^2 h}{\lambda^5 (e^{\frac{hc}{\lambda kT}} - 1)}, \quad I_{e,s,\lambda} = \frac{2c^2 hA\cos\theta}{\lambda^5 (e^{\frac{hc}{\lambda kT}} - 1)} \quad (1\text{-}41)$$

图 1-2 绘出了黑体辐射的相对光谱辐亮度 L_{e,s,λ_r} 与 λ、T 关系曲线。图中每一条曲线都有一个最大值,最大值的位置随温度升高向短波方向移动。

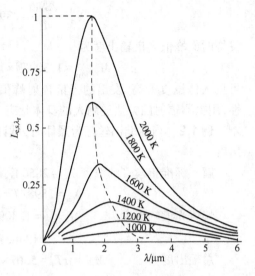

图 1-2 L_{e,s,λ_r} 与 λ、T 的关系曲线

3. 斯忒藩-玻耳兹曼定律

将式(1-40)对波长 λ 求积分,得到黑体发射的总辐出度为

$$M_{e,s} = \int_0^\infty M_{e,s,\lambda} d\lambda = \sigma T^4 \quad (1\text{-}42)$$

式中,σ 是斯忒藩-玻耳兹曼常数,它由下式决定

$$\sigma = \frac{2\pi^5 k^4}{15 h^3 c^2} = 5.67 \times 10^{-8} (\text{W} \cdot \text{m}^{-2} \cdot \text{K}^{-4})$$

由式(1-42)可知 $M_{e,s}$ 与 T 的四次方成正比,这就是黑体辐射的斯忒藩-玻耳兹曼定律。

4. 维恩位移定律

将式(1-40)对波长 λ 求微分后令其值等于零,则可以得到峰值光谱辐出度 M_{e,s,λ_m} 所对应的波长 λ_m 与绝对温度 T 的关系为

$$\lambda_m = 2898/T \quad (\mu\text{m}) \quad (1\text{-}43)$$

可见,峰值光谱辐出度所对应的波长与绝对温度的乘积为常数。当温度升高时,峰值光谱辐出度所对应的波长向短波方向移动,这就是维恩位移定律。

将式(1-43)代入式(1-40),得到黑体的峰值光谱辐出度

$$M_{e,s,\lambda_m} = 1.309 T^5 \times 10^{-15} \quad (\text{W} \cdot \text{cm}^{-2} \cdot \mu\text{m}^{-1} \cdot \text{K}^{-5})$$

以上三个定律统称为黑体辐射定律。

例 1-1 假设将人体作为黑体,正常人体体温为 36.5℃。

计算:(1) 正常人体所发出的辐出度;(2) 正常人体的峰值辐射波长及峰值光谱辐出度 M_{e,s,λ_m};(3) 人体发烧到 38℃ 时的峰值辐射波长及发烧时的峰值光谱辐出度 M_{e,s,λ_m}。

解 (1) 人体正常的绝对温度 $T = 36.5 + 273 = 309.5(\text{K})$,根据斯忒藩-玻耳兹曼辐射定律,正常人体所发出的辐出度为

$$M_{e,s} = \sigma T^4 = 520.3 (\text{W/m}^2)$$

(2) 由维恩位移定律,正常人体的峰值辐射波长为

$$\lambda_m = 2898/T = 9.36 (\mu\text{m})$$

峰值光谱辐出度为 $M_{e,s,\lambda_m} = 1.309 T^5 \times 10^{-15} = 3.72 (\text{W} \cdot \text{cm}^{-2} \cdot \mu\text{m}^{-1})$

(3) 人体发烧到 38℃ 时的峰值辐射波长为

$$\lambda_m = \frac{2898}{T} = 2898/(273+38) = 9.32(\mu m)$$

发烧时的峰值光谱辐出度为

$$M_{e,s,\lambda_m} = 1.309T^5 \times 10^{-15} = 3.81(W \cdot cm^{-2} \cdot \mu m^{-1})$$

可见人体温度升高,发出的光谱辐射峰值波长变短,峰值光谱辐出度增大。可以根据这些特性,用探测辐射的方法遥测人的身体状态。

例 1-2 当标准钨丝灯为黑体时,试计算它的峰值辐射波长、峰值光谱辐出度和它的总辐出度。

解 标准钨丝灯的温度 $T_W = 2856$ K,因此它的峰值辐射波长为

$$\lambda_m = 2898/T = 2898/2856 = 1.015(\mu m)$$

峰值光谱辐出度为

$$M_{e,s,\lambda_m} = 1.309T^5 \times 10^{-15} = 1.309 \times 2856^5 \times 10^{-15}$$
$$= 248.7(W \cdot cm^{-2} \cdot \mu m^{-1})$$

总辐出度为

$$M_{e,s} = \sigma T^4 = 5.67 \times 10^{-8} \times 2856^4 = 3.77 \times 10^4 W/m^2$$

1.3.2 辐射体的分类

辐射体按其辐射的本领可分为黑体和非黑体。实际上,绝大多数辐射体都是非黑体。非黑体包括灰体和选择性辐射体,也有混合辐射体。

(1) 灰体

若辐射体的光谱辐出度 $M_{e,\lambda}$ 与同温度黑体的光谱辐出度 $M_{e,s,\lambda}$ 之比,是一个与波长无关的系数 ε,则称该辐射体为灰体。系数

$$\varepsilon = \frac{M_{e,\lambda}}{M_{e,s,\lambda}} < 1 \qquad (1-44)$$

称为灰体的发射率。

如图 1-3 所示,灰体的光谱辐射分布与黑体的光谱辐射分布形状相似,最大值的位置也一致,因此常将热辐射体按灰体或黑体进行计算。

(2) 选择性辐射体

凡不服从黑体辐射定律的辐射体,称为选择性辐射体。其光谱发射率 $q(\lambda)$ 是波长的函数,辐射分布曲线可能有几个最大值。例如,磷砷化镓发光二极管就属于选择性辐射体。

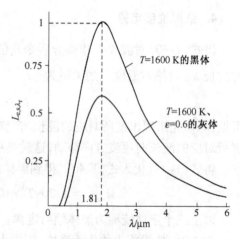

图 1-3 黑体与灰体的光谱辐射分布

1.4 辐射度参数与光度参数的关系

辐射度参数与光度参数是从不同角度对光辐射进行度量的参数,这些参数在一定光谱范围内(可见光谱区)经常相互使用,它们之间存在着一定的转换关系;有些光电传感器件采用光度参数标定其特性参数,而另一些器件采用辐射度参数标定其特性参数。因此讨论它们之间的转换是很重要的,掌握了这些转换关系,就可以对用不同度量参数标定的光电器件灵敏度等特性参数进行比较。

1.4.1 人眼的视觉灵敏度

物体发射的光或反射的光通过人眼到达视网膜上产生实物感,这是由光刺激视网膜的锥状细胞或柱状细胞所导致的结果。锥状细胞只对光亮度超过 $10^{-3}\text{cd}/\text{m}^2$ 的光才敏感,敏感的光谱范围为 $0.38\sim0.78\,\mu\text{m}$,在 $0.555\,\mu\text{m}$ 处最为敏感,且能分辨出各种颜色。锥状细胞的这种视觉功能称为白昼视觉或明视觉。当亮度低于 $10^{-3}\text{cd}/\text{m}^2$ 时,锥状细胞不敏感,而柱状细胞起作用。柱状细胞敏感的光谱范围为 $0.33\sim0.73\,\mu\text{m}$,在 $0.507\,\mu\text{m}$ 处最为敏感,但不能分辨颜色。柱状细胞的这种视觉功能称为夜间视觉或暗视觉。

用各种单色辐射分别刺激正常人(标准观察者)眼的锥状细胞,当刺激程度相同时,发现波长 $\lambda_m = 0.555\,\mu\text{m}$ 处的光谱辐亮度 L_{e,λ_m} 小于其他波长处的光谱辐亮度 $L_{e,\lambda}$。定义

$$V(\lambda) = L_{e,\lambda_m}/L_{e,\lambda} \tag{1-45}$$

为正常人眼的明视觉光谱光视效率。

图 1-4 所示为人眼的明视觉光谱光视效率 $V(\lambda)$ 与波长 λ 的关系曲线。

对正常人眼的柱状细胞,以微弱的各种单色辐射刺激时,发现在相同刺激程度下,波长 $\lambda'_m = 0.507\,\mu\text{m}$ 处的光谱辐亮度 $L_{e,507\,\mu\text{m}}$ 小于其他波长 λ 处的光谱辐亮度 $L_{e,\lambda}$。定义

$$V'(\lambda) = L_{e,507\,\mu\text{m}}/L_{e,\lambda} \tag{1-46}$$

为正常人眼的暗视觉光谱光视效率。$V'(\lambda)$ 也是一个无量纲的相对值,它与波长的关系如图 1-4 中的虚线所示。

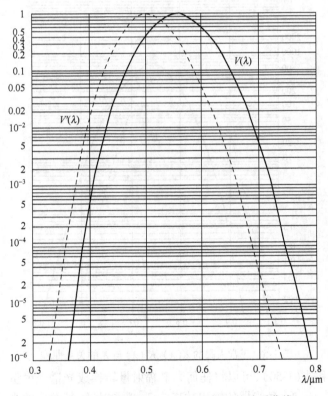

图 1-4　正常人眼的 $V(\lambda)$、$V'(\lambda)$ 与 λ 的关系曲线

1.4.2 人眼的光谱光视效能

无论是锥状细胞还是柱状细胞,单色辐射对其刺激的程度与 $V(\lambda)L_{e,\lambda}$ 成正比。如果用各种波长的混合辐射刺激时,刺激程度遵守叠加原理,且与 $\int_{\lambda} V(\lambda)L_{e,\lambda}\mathrm{d}\lambda$ 成正比。

所谓辐射对人眼锥状细胞或柱状细胞的刺激程度,是从生理上评价所有的辐射参量 $X_{e,\lambda}$ 与所有的光度参量 $X_{v,\lambda}$、$X'_{v,\lambda}$ 的关系。对于明视觉,刺激程度平衡条件为

$$X_{v,\lambda} = K_m V(\lambda) X_{e,\lambda} \tag{1-47}$$

式中,K_m 为人眼的明视觉最灵敏波长 λ_m 的光度参量对辐射度参量的转换常数,其值为683 lm/W。

同样,对于暗视觉,有

$$X'_{v,\lambda} = K'_m V(\lambda) X_{e,\lambda} \tag{1-48}$$

式中,K'_m 为人眼的暗视觉最灵敏波长 λ'_m 的光度参量对辐射度参量的转换常数,其值为1725 lm/W。

令

$$K(\lambda) = X_{v,\lambda}/X_{e,\lambda} = K_m V(\lambda) \tag{1-49}$$

$$K'(\lambda) = X'_{v,\lambda}/X_{e,\lambda} = K'_m V(\lambda) \tag{1-50}$$

式中,$K(\lambda)$、$K'(\lambda)$ 分别称为人眼的明视觉和暗视觉光谱光视效能。

由式(1-49)、式(1-50)可知,在人眼最敏感的波长 $\lambda_m = 0.555\ \mu m$,$\lambda'_m = 0.507\ \mu m$ 处,分别有 $V(\lambda_m) = 1$,$V'(\lambda_m) = 1$,这时 $K(\lambda_m) = K_m$,$K'(\lambda_m) = K'_m$。因此,K_m、K'_m 分别称为正常人眼的明视觉最大光谱光视效能和暗视觉最大光谱光视效能。

图1-5 所示为正常人眼的 $K(\lambda)$、$K'(\lambda)$ 与 λ 的关系曲线。

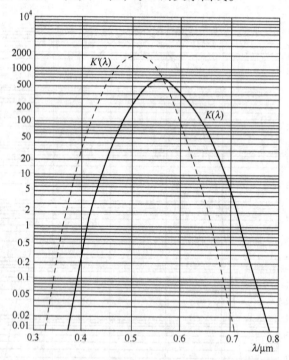

图1-5 正常人眼的 $K(\lambda)$、$K'(\lambda)$ 与 λ 的关系曲线

根据式(1-49)和式(1-50),可以将任何光谱辐射量转换成光谱光度量。

例1-3 已知某 He-Ne 激光器的输出功率为 3mW,试计算其发出的光通量。

解 He-Ne 激光器输出的光为光谱辐射,根据式(1-47)可以计算出它发出的光通量为

$$\Phi_{v,\lambda}=K_m V(\lambda)\Phi_{e,\lambda}=683\times0.24\times3\times10^{-3}=0.492(\text{lm})$$

表 1-2 所示为正常人眼的 $V(\lambda)$、$V'(\lambda)$ 及 $K(\lambda)$ 与 λ 的数值关系。

表 1-2 正常人眼的 $V(\lambda)$,$V'(\lambda)$ 及 $K(\lambda)$ 与 λ 的数值关系

λ(nm)	$V(\lambda)$ ($L_v=10\text{cd}/\text{m}^2$)	$V'(\lambda)$	$K(\lambda)$ (lm/W)	λ(nm)	$V(\lambda)$ ($L_v=10\text{cd}/\text{m}^2$)	$V'(\lambda)$	$K(\lambda)$(lm/W)
380	0.000 0	0.000 6	0.000 0	575	0.915 4	0.164 5	625.22
390	0.000 1	0.002 2	0.068 3	580	0.870 0	0.121 2	594.21
395	0.000 2	0.004 4	0.136 6	585	0.816 3	0.093 6	557.53
400	0.000 4	0.009 3	0.273 2	590	0.757 0	0.065 5	517.03
405	0.000 6	0.017 0	0.409 8	595	0.699	0.045 0	474.62
410	0.001 2	0.034 8	0.816 9	600	0.631 0	0.033 2	430.97
415	0.002 2	0.065 7	1.502 6	605	0.566 8	0.024 6	387.12
420	0.004 0	0.096 6	2.732	610	0.503 0	0.015 9	343.55
425	0.007 3	0.148 2	4.985 9	615	0.441 2	0.011 7	301.34
430	0.011 6	0.199 8	7.922 8	620	0.381 0	0.007 4	260.22
435	0.023 0	0.264 0	11.474	625	0.321 0	0.005 4	219.24
440	0.016 8	0.328 1	15.709	630	0.265 0	0.003 3	180.99
445	0.029 8	0.391 6	20.353	635	0.217 0	0.002 5	148.21
450	0.038 0	0.455	25.954	640	0.175 0	0.001 5	119.53
455	0.048 0	0.511	32.784	645	0.138 2	0.001 2	94.391
460	0.060 0	0.567	40.980	650	0.107 0	0.000 7	73.081
465	0.073 9	0.618	50.474	655	0.081 6	0.000 5	55.733
470	0.091 0	0.670	62.153	660	0.061 0	0.000 3	41.663
475	0.112 6	0.732	76.906	665	0.044 6	0.000 2	30.412
480	0.139 0	0.793	94.937	670	0.032 0	0.000 1	21.856
485	0.166 3	0.849	111.55	675	0.023 0	0.000 09	15.846
490	0.208 0	0.904	142.06	680	0.017 0	0.000 07	11.611
495	0.258 6	0.943	176.62	685	0.011 9	0.000 06	8.128
500	0.323 0	0.982	220.61	690	0.008 2	0.000 04	5.601
505	0.407 3	0.999	278.19	695	0.005 7	0.000 03	3.893
510	0.503 0	0.997	343.54	700	0.004 1	0.000 02	2.800
515	0.608 2	0.966	415.40	705	0.002 9	0.000 01	1.981
520	0.710 0	0.935	484.93	710	0.002 1	0.000 009	1.434
525	0.793 2	0.873	541.76	715	0.001 5	0.000 008	1.024 5
530	0.862 0	0.811	588.75	720	0.001 0	0.000 005	0.683
535	0.914 9	0.731	624.88	725	0.000 7	0.000 004	0.478
540	0.954 0	0.650	651.58	730	0.000 5	0.000 003	0.342
545	0.980 3	0.566	669.54	735	0.000 4	0.000 002	0.273
550	0.995 0	0.481	679.59	740	0.000 3	0.000 001	0.205
555	1.000 0	0.406	683.00	750	0.000 1	0.000 000 8	0.068 3
560	0.995 0	0.328 8	679.59	760	0.000 06	0.000 000 4	0.041 0
565	0.978 6	0.268 3	668.38	770	0.000 03	0.000 000 2	0.020 5
570	0.952 0	0.207 6	650.72	780	0.000 02	0.000 000 1	0.013 7

根据发光强度的定义,明视觉最大光谱光视效能 $K_m = 683\ \text{lm/W}$;暗视觉最大光谱光视效能 $K'_m = 1725\ \text{lm/W}$。

K_m 的倒数定义为光的最小力学当量 $M_{\min}$,即
$$M_{\min} = 1/K_m = 1.46\ \text{mW/lm}$$

其他波长的光的力学当量均大于 $M_{\min}$。

1.4.3 辐射体光视效能

一个热辐射体发射的总光通量 Φ_v 与总辐通量 Φ_e 之比,称为该辐射体的光视效能 K,即
$$K = \Phi_v / \Phi_e \tag{1-51}$$

对发射连续光谱辐射的热辐射体,由上式及式(1-52)可得总光通量为
$$\Phi_v = K_m \int_{380\,\text{nm}}^{780\,\text{nm}} \Phi_{e,\lambda} V(\lambda)\,d\lambda \tag{1-52}$$

将式(1-35)、式(1-52)代入式(1-51),得到
$$K = \frac{K_m \int_{380\,\text{nm}}^{780\,\text{nm}} \Phi_{e,\lambda} V(\lambda)\,d\lambda}{\int_0^\infty \Phi_{e,\lambda}\,d\lambda} = K_m V \tag{1-53}$$

式中,V 为辐射体的光视效率。

在光电信息变换技术领域常用色温为 2856 K 的标准钨丝灯作为光源,测量硅、锗等光电器件光的电流灵敏度等特性参数。标准钨丝灯的发光光谱的分布如图 1-6 所示。

图中的曲线分别为标准钨丝灯的相对光谱辐射分布 X_{e,λ_r}、人眼明视觉光谱光视效率 $V(\lambda)$ 和光谱光视效率与相对光谱辐射分布之积 $V(\lambda)X_{e,\lambda_r}$,积分 $\int_{380\,\text{nm}}^{780\,\text{nm}} X_{e,\lambda_r} V(\lambda)\,d\lambda$ 的结果为 $X_{e,\lambda_r} V(\lambda)$ 曲线所围的面积 A_1,而积分 $\int_0^\infty X_{e,\lambda_r}\,d\lambda$ 的值为面积 A_2。因此,由(1-53)可得标准钨丝灯的光视效能为
$$K_w = K_m \cdot \frac{A_1}{A_2} = 17.1\ (\text{lm/W})$$

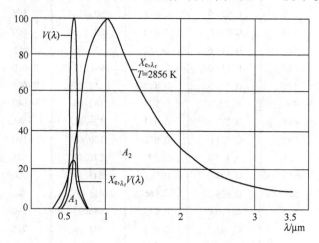

图 1-6 $T = 2856\ \text{K}$ 的标准钨丝灯的发光光谱

由式(1-51),已知某种辐射体的光视效能 K 和辐射量 X_e,就能够计算出该辐射体的光度量 X_v,该式是辐射体的辐射量和光度量的转换关系式。例如,对于色温为 2856 K 的标准钨丝灯其光视效能为 17 lm/W,当标准钨丝灯发出的辐通量 $\Phi_e = 100\ \text{W}$ 时,其光通量 $\Phi_v = 1710\ \text{lm}$。

由此可见,色温越高的辐射体,它的可见光的成分越多,光视效能越高,光度量也越高。白炽钨丝灯的供电电压降低时,灯丝温度降低,灯的可见光部分的光谱减弱,光视效能降低,此时用照度计检测出的光照度将显著下降。

1.5 半导体对光的吸收

1.5.1 物质对光吸收的一般规律

光波入射到物质表面上,用透射法测定光通量的衰减时,发现通过路程 dx 的光通量变化 $d\Phi$ 与入射的光通量 Φ 和路程 dx 的乘积成正比,即

$$d\Phi = -\alpha\Phi dx \tag{1-54}$$

式中,α 称为吸收系数。物质对光的吸收示意图如图 1-7 所示。利用初始条件 $x=0$ 时 $\Phi=\Phi_0$,解上式的微分方程,可以找到通过 x 路程的光通量为

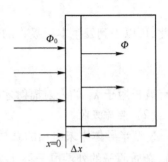

图 1-7 物质对光的吸收示意图

$$\Phi = \Phi_0 e^{-\alpha x} \tag{1-55}$$

当光在物质中传播时,透过的能量衰减到原来能量的 e^{-1} 时所通过的路程 x_α 的倒数等于该物质的吸收系数 α,即

$$\alpha = 1/x_\alpha \tag{1-56}$$

另外,根据电动力学理论,平面电磁波在物质中传播时,其电矢量和磁矢量都按指数规律 $e^{-\frac{\omega\mu x}{c}}$ 衰减。而能流密度正比于电矢量 $E_Y = E_0 e^{-\frac{\omega\mu x}{c}} e^{j\omega(t-\frac{nx}{c})}$ 和磁矢量 $H_Z = H_0 e^{-\frac{\omega\mu x}{c}} e^{j\omega(t-\frac{nx}{c})}$ 的乘积,其实数部分为辐通量,它是传播路径 x 的函数。即

$$\Phi = \Phi_0 e^{-\frac{2\omega\mu x}{c}} \tag{1-57}$$

式中,μ 称为消光系数。

由此可以得出

$$\alpha = 2\omega\mu/c = 4\pi\mu/\lambda \tag{1-58}$$

该式表明,若消光系数 μ 是与光波波长无关的常数,则吸收系数 α 与波长成反比。半导体的消光系数 μ 与入射光的波长无关,表明它对愈短波长的光吸收愈强。普通玻璃的消光系数 μ 也与波长 λ 无关,因此,它们对短波长辐射的吸收比长波长强。

当不考虑反射损失时,吸收的光通量应为

$$\Phi = \Phi_0 - \Phi = \Phi_0(1-e^{-\alpha x}) \tag{1-59}$$

1.5.2 半导体吸收光的规律

半导体对光的吸收可分为本征吸收、杂质吸收、激子吸收、自由载流子吸收和晶格吸收。

(1) 本征吸收

在不考虑热激发和杂质的作用时,半导体中的电子基本上处于价带中,导带中的电子数很少。当光入射到半导体表面时,原子外层价电子吸收足够的光子能量,越过禁带,进入导带,成为可以自由运动的自由电子。同时,在价带中留下一个自由空穴,产生电子-空穴对。如图 1-8 所示,半导体价带电子吸收光子能量跃迁入导带,产生电子-空

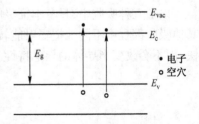

图 1-8 本征吸收

穴对的现象称为本征吸收。

显然,发生本征吸收的条件是光子能量必须大于半导体的禁带宽度 E_g,这样才能使价带 E_v 上的电子吸收足够的能量跃入到导带低能级 E_c 之上,即

$$h\nu \geqslant E_g \tag{1-60}$$

由此,可以得到发生本征吸收的光波长波限为

$$\lambda_L \leqslant \frac{hc}{E_g} = \frac{1.24}{E_g}(\mu m) \tag{1-61}$$

只有波长短于 λ_L 的入射辐射才能使器件产生本征吸收,改变本征半导体的导电特性。

(2) 杂质吸收

N 型半导体中未电离的杂质原子(施主原子)吸收光子能量 $h\nu$。若 $h\nu \geqslant \Delta E_D$(施主电离能),杂质原子的外层电子将从杂质能级(施主能级)跃入导带,成为自由电子。

同样,P 型半导体中,价带上的电子吸收能量 $h\nu > \Delta E_A$(受主电离能)的光子后,价电子跃入受主能级,价带上留下空穴。相当于受主能级上的空穴吸收光子能量跃入价带。

这两种杂质半导体吸收足够能量的光子,产生电离的过程称为杂质吸收。

显然,杂质吸收的长波限

$$\lambda_L \leqslant \frac{1.24}{\Delta E_D}(\mu m) \tag{1-62}$$

或

$$\lambda_L \leqslant \frac{1.24}{\Delta E_A}(\mu m) \tag{1-63}$$

由于 $E_g > \Delta E_D$ 或 ΔE_A,因此,杂质吸收的长波限总要长于本征吸收的长波限。杂质吸收会改变半导体的导电特性,也会引起光电效应。

(3) 激子吸收

当入射到本征半导体上的光子能量 $h\nu$ 小于 E_g,或入射到杂质半导体上的光子能量 $h\nu$ 小于杂质电离能(ΔE_D 或 ΔE_A)时,电子不产生能带间的跃迁成为自由载流子,仍受原来束缚电荷的约束而处于受激状态。这种处于受激状态的电子称为激子。吸收光子能量产生激子的现象称为激子吸收。显然,激子吸收不会改变半导体的导电特性。

(4) 自由载流子吸收

对于一般半导体材料,当入射光子的频率不够高,不足以引起电子产生能带间的跃迁或形成激子时,仍然存在着吸收,而且其强度随波长增大而增强。这是由自由载流子在同一能带内的能级间的跃迁所引起的,称为自由载流子吸收。自由载流子吸收不会改变半导体的导电特性。

(5) 晶格吸收

晶格原子对远红外谱区的光子能量的吸收,直接转变为晶格振动动能的增加,在宏观上表现为物体温度升高,引起物质的热敏效应。

以上五种吸收中,只有本征吸收和杂质吸收能够直接产生非平衡载流子,引起光电效应。其他吸收都程度不同地把辐射能转换为热能,使器件温度升高,使热激发载流子运动的速度加快,而不会改变半导体的导电特性。

1.6 光电效应

光与物质作用产生的光电效应分为内光电效应与外光电效应两类。被光激发所产生的载

流子(自由电子或空穴)仍在物质内部运动,使物质的电导率发生变化或产生光生伏特的现象,称为内光电效应。而被光激发产生的电子逸出物质表面,形成真空中的电子的现象,称为外光电效应。内光电效应是半导体光电器件的核心技术,外光电效应是真空光电倍增管、摄像管、变像管和像增强器的核心技术。本节主要讨论内光电效应与外光电效应的基本原理,这是光电技术的重要基础。

1.6.1 内光电效应

1. 光电导效应

光电导效应可分为本征光电导效应与杂质光电导效应两种。本征半导体或杂质半导体价带中的电子吸收光子能量跃入导带,产生本征吸收,导带中产生光生自由电子,价带中产生光生自由空穴。光生电子与空穴使半导体的电导率发生变化。这种在光的作用下由本征吸收引起的半导体电导率发生变化的现象,称为本征光电导效应。

如果通量为 $\Phi_{e,\lambda}$ 的单色辐射入射到如图 1-9 所示的光电导体上时,波长 λ 的单色辐射全部被吸收,则光敏层单位时间(每秒)所吸收的量子数密度为

$$N_{e,\lambda} = \frac{\Phi_{e,\lambda}}{h\nu bdl} \quad (1\text{-}64)$$

光敏层每秒产生的电子数密度为

$$G_e = \eta N_{e,\lambda} \quad (1\text{-}65)$$

式中,η 为半导体材料的量子效率。

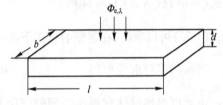

图 1-9 光电导体

在热平衡状态下,半导体的热电子产生率 G_t 与热电子复合率 r_t 相平衡。因此,光敏层内电子总产生率为

$$G_e + G_t = \eta N_{e,\lambda} + r_t \quad (1\text{-}66)$$

在光敏层内除产生电子与空穴外,还有电子与空穴的复合。导带中的电子与价带中的空穴的总复合率为

$$R = K_f(\Delta n + n_i)(\Delta p + p_i) \quad (1\text{-}67)$$

式中,K_f 为载流子的复合几率,Δn 为导带中的光生电子浓度,Δp 为导带中的光生空穴浓度,n_i 与 p_i 分别为热激发电子与空穴的浓度。

同样,热电子复合率 r_t 与导带内热电子浓度 n_i 及价带内空穴浓度 p_i 的乘积成正比,即

$$r_t = K_f n_i p_i \quad (1\text{-}68)$$

在热平衡状态下,载流子的产生率应与复合率相等,即

$$\eta N_{e,\lambda} + K_f n_i p_i = K_f(\Delta n + n_i)(\Delta p + p_i) \quad (1\text{-}69)$$

在非平衡状态下,载流子的时间变化率应等于载流子的总产生率与总复合率的差,即

$$\begin{aligned}\frac{d\Delta n}{dt} &= \eta N_{e,\lambda} + K_f n_i p_i - K_f(\Delta n + n_i)(\Delta p + p_i) \\ &= \eta N_{e,\lambda} - K_f(\Delta n \Delta p + \Delta p\ n_i + \Delta n\ p_i)\end{aligned} \quad (1\text{-}70)$$

下面分两种情况进行讨论。

(1) 在微弱辐射作用下,光生载流子浓度 Δn 远小于热激发电子浓度 n_i,光生空穴浓度 Δp

远小于热激发空穴的浓度 p_i，并考虑到本征吸收的特点：$\Delta n = \Delta p$，因此式(1-70)可简化为

$$\frac{\mathrm{d}\Delta n}{\mathrm{d}t} = \eta N_{e,\lambda} - K_f \Delta n (n_i + p_i)$$

利用初始条件：$t=0$ 时，$\Delta n = 0$，解微分方程得

$$\Delta n = \eta \tau N_{e,\lambda}(1 - e^{-t/\tau}) \tag{1-71}$$

式中，$\tau = 1/K_f(n_i + p_i)$，称为载流子的平均寿命。

由式(1-71)可见，光激发载流子浓度随时间按指数规律上升，当 $t \gg \tau$ 时，载流子浓度 Δn 达到稳态值 Δn_0，即达到动态平衡状态，有

$$\Delta n_0 = \eta \tau N_{e,\lambda} \tag{1-72}$$

光激发载流子引起半导体电导率的变化为

$$\Delta \sigma = \Delta n q \mu = \eta \tau q \mu N_{e,\lambda} \tag{1-73}$$

式中，μ 为电子迁移率 μ_n 与空穴迁移率 μ_p 之和。

半导体材料的光电导为

$$g = \Delta \sigma \frac{bd}{l} = \frac{\eta \tau q \mu b d}{l} N_{e,\lambda} \tag{1-74}$$

将式(1-64)代入式(1-74)得到

$$g = \frac{\eta q \tau \mu}{h\nu l^2} \Phi_{e,\lambda} \tag{1-75}$$

由式(1-75)可以看出，在弱辐射作用下的半导体材料的光电导与入射辐通量 $\Phi_{e,\lambda}$ 成线性关系。

对式(1-75)求导可得

$$\mathrm{d}g = \frac{\eta q \tau \mu}{h\nu l^2} \mathrm{d}\Phi_{e,\lambda}$$

由此可得半导体材料在弱辐射作用下的光电导灵敏度为

$$S_g = \frac{\mathrm{d}g}{\mathrm{d}\Phi_{e,\lambda}} = \frac{\eta q \tau \mu \lambda}{h c l^2} \tag{1-76}$$

可见，S_g 为与材料性质有关的常数，与光电导材料两电极间长度 l 的平方成反比。为提高光电导器件的光电导灵敏度 S_g，需要将光敏电阻的形状制造成蛇形。

（2）在强辐射作用下，$\Delta n \gg n_i$，$\Delta p \gg p_i$，式(1-70)可以简化为

$$\frac{\mathrm{d}\Delta n}{\mathrm{d}t} = \eta N_{e,\lambda} - K_f \Delta n^2$$

利用初始条件：$t=0$ 时，$\Delta n = 0$，解微分方程得

$$\Delta n = \left(\frac{\eta N_{e,\lambda}}{K_f}\right)^{1/2} \tanh \frac{t}{\tau} \tag{1-77}$$

式中，$\tau = 1/\sqrt{\eta K_f N_{e,\lambda}}$，为强辐射作用下载流子的平均寿命。

显然，在强辐射情况下，半导体材料的光电导与入射辐通量间的关系为

$$g = q\mu \left(\frac{\eta\, bd}{h\nu K_f l^3}\right)^{1/2} \Phi_{e,\lambda}^{\frac{1}{2}} \tag{1-78}$$

为抛物线关系。

对式(1-78)进行微分得

$$\mathrm{d}g = \frac{1}{2} q\mu \left(\frac{\eta\, bd}{h\nu K_f l^3}\right)^{1/2} \Phi_{e,\lambda}^{\frac{1}{2}} \mathrm{d}\Phi_{e,\lambda} \tag{1-79}$$

上式表明，在强辐射作用的情况下半导体材料的光电导灵敏度不仅与材料的性质有关，而且与

入射辐射量有关,是非线性的。

综上所述,半导体的光电导效应与入射辐通量的关系为:在弱辐射作用的情况下是线性的,随着辐射的增强,线性关系变坏,当辐射很强时,变为抛物线关系。

2. 光生伏特效应

光生伏特效应是基于半导体 PN 结基础上的一种将光能转换成电能的效应。当入射辐射作用在半导体 PN 结上产生本征吸收时,价带中的光生空穴与导带中的光生电子在 PN 结内建电场的作用下分开,并分别向如图 1-10 所示的方向运动,形成光生伏特电压或光生电流。

半导体 PN 结的能带结构如图 1-11 所示。当 P 型与 N 型半导体形成 PN 结时,P 区和 N 区的多数载流子要进行相对的扩散运动,以便平衡它们的费米能级差,扩散运动平衡时,它们具有如图 1-11 中所示的同一费米能级 E_F,并在结区形成由正、负离子组成的空间电荷区或耗尽区。空间电荷形成如图 1-10 所示的内建电场,内建电场的方向由 N 指向 P。当入射辐射作用于 PN 结区时,本征吸收产生的光生电子与空穴将在内建电场力的作用下做漂移运动,电子被内建电场拉到 N 区,而空穴被拉到 P 区。结果 P 区带正电,N 区带负电,形成伏特电压。

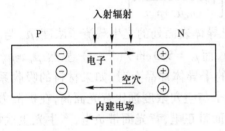
图 1-10　半导体 PN 结示意图

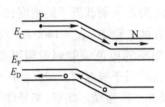
图 1-11　PN 结的能带结构

当设定内建电场的方向为电压与电流的正方向时,将 PN 结两端接入适当的负载电阻 R_L,若入射辐通量为 $\Phi_{e,\lambda}$ 的辐射作用于 PN 结上,则有电流 I 流过负载电阻,并在负载电阻 R_L 的两端产生压降 U,流过负载电阻的电流应为

$$I = I_\Phi - I_D(e^{\frac{qU}{kT}} - 1) \tag{1-80}$$

式中,$I_\Phi = \dfrac{\eta q}{h\nu}(1 - e^{-\alpha d})\Phi_{e,\lambda}$ 为光生电流,I_D 为暗电流。由式(1-80)也可以获得 I_Φ 的另一种定义:当 $U = 0$(PN 结被短路)时的输出电流 I_{SC} 即为短路电流,并有

$$I_{SC} = I_\Phi = \dfrac{\eta q}{h\nu}(1 - e^{-\alpha d})\Phi_{e,\lambda} \tag{1-81}$$

同样,当 $I = 0$ 时(PN 结开路),PN 结两端的开路电压为

$$U_{oc} = \dfrac{kT}{q}\ln\left(\dfrac{I_\Phi}{I_D} + 1\right) \tag{1-82}$$

在图像传感器中常用具有光生伏特效应的光电二极管作为像敏单元,此时的光电二极管常采用反向偏置,即式(1-80)中的电压 U 为负值,且满足 $|U| \gg kT/q$。在反向偏置的情况下,光电二极管的电流为

$$I = I_\Phi + I_D \tag{1-83}$$

一般 $I_D \ll I_\Phi$，因此，常将其忽略。光电二极管的电流与入射辐射成线性关系

$$I = \frac{\eta q}{h\nu}(1-e^{-\alpha d})\Phi_{e,\lambda} \tag{1-84}$$

3. 丹培(Dember)效应

光生载流子扩散运动如图 1-12 所示。当半导体材料的一部分被遮蔽，另一部分被光均匀照射时，在曝光区产生本征吸收的情况下，将产生高密度的电子与空穴载流子，而遮蔽区的载流子浓度很低，形成浓度差。这样，由于两部分载流子浓

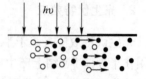

图 1-12 光生载流子扩散运动

度差很大，必然要引起载流子由受照面向遮蔽区的扩散运动。由于电子的迁移率大于空穴的迁移率，因此，在向遮蔽区扩散运动的过程中，电子很快进入遮蔽区，而空穴落在后面。这样，受照面积累了空穴，遮蔽区积累了电子，产生光生伏特现象。这种由于载流子迁移率的差别产生受照面与遮光面之间的伏特现象称为丹培效应。丹培效应产生的光生电压可由下式计算

$$U_D = \frac{kT}{q}\left(\frac{\mu_n-\mu_p}{\mu_n+\mu_p}\right)\ln\left[1+\frac{(\mu_n+\mu_p)\Delta n_0}{n_0\mu_n+p_0\mu_p}\right] \tag{1-85}$$

式中，n_0 与 p_0 为热平衡载流子的浓度；Δn_0 为半导体表面处的光生载流子浓度；μ_n 与 μ_p 分别为电子与空穴的迁移率。$\mu_n = 1400\,\text{cm}^2/(\text{V}\cdot\text{s})$，而 $\mu_p = 500\,\text{cm}^2/(\text{V}\cdot\text{s})$，显然，$\mu_n \gg \mu_p$。

以适当频率的单色辐射照射到厚度为 d 的半导体样品上时，如果材料的吸收系数 $\alpha \gg 1/d$，则背光面相当于被遮面。迎光面产生的电子与空穴浓度远比背光面高，在扩散力的作用下，形成双极性扩散运动。结果，半导体的迎光面带正电，背光面带负电，产生光生伏特电压。将这种由于双极性载流子扩散运动速率不同而产生的光生伏特现象也称为丹培效应。

4. 光磁电效应

在如图 1-13 所示的半导体上外加磁场，磁场的方向与光照方向垂直(如图中 **B** 所示的方向)，当半导体受光照射产生丹培效应时，由于电子和空穴在磁场中的运动会受到洛伦兹力的作用，使它们的运动轨迹发生偏转，空穴向半导体的上方偏转，电子偏向下方。结果在垂直于光照方向与磁场方向的半导体上、下表面上产生伏特电压，称为光磁电场。这种现象被称为半导体的光磁电效应。

光磁电场可由下式确定

$$E_Z = \frac{-qBD(\mu_n+\mu_p)(\Delta p_0 - \Delta p_d)}{n_0\mu_n+p_0\mu_p} \tag{1-86}$$

式中，Δp_0，Δp_d 分别为 $x=0$，$x=d$ 处 N 型半导体在光辐射作用下激发出的少数载流子(空穴)的浓度；D 为双极性载流子的扩散系数，有

$$D = \frac{D_n D_p(n+p)}{nD_n+pD_p} \tag{1-87}$$

式中，D_n 与 D_p 分别为电子与空穴的扩散系数。

图 1-13 所示的电路中，用低阻微安表测得短路

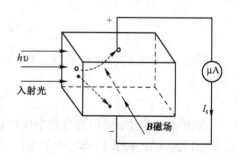

图 1-13 光磁电效应

电流为 I_s。在测量半导体样品光电导效应时,设外加电压为 U,流过样品的电流为 I,则少数载流子的平均寿命为

$$\tau = \frac{B^2 D(I/I_s)^2}{U^2} \qquad (1\text{-}88)$$

5. 光子牵引效应

当光子与半导体中的自由载流子作用时,光子把动量传递给自由载流子,自由载流子将顺着光线的传播方向做相对于晶格的运动。结果,在开路的情况下,半导体样品将产生电场,它阻止载流子的运动。这个现象被称为光子牵引效应。

利用光子牵引效应已成功地检测了低频大功率 CO_2 激光器的输出功率。CO_2 激光器输出光的波长($10.6\mu m$)远远超过激光器锗窗材料的本征吸收长波限,不可能产生光电子发射,但是,激光器锗窗的两端会产生伏特电压,迎光面带正电,出光面带负电。

在室温下,P 型锗光子牵引探测器的光电灵敏度为

$$S_v = \frac{\rho \mu_p (1-r)}{Ac} \left[\frac{1-e^{-\alpha l}}{1+re^{-\alpha l}} \left(\frac{p/p_0}{1+p/p_0} \right) \right] \qquad (1\text{-}89)$$

式中,ρ 为锗窗的电阻率;μ_p 为空穴迁移率;A 为探测器的面积;c 为光速;α 为材料的吸收系数;r 为探测器表面的反射系数;l 为探测器沿光方向的长度;p 为空穴的浓度。

1.6.2 光电发射效应

当物质中的电子吸收足够高的光子能量,电子将逸出物质表面成为真空中的自由电子,这种现象称为光电发射效应或称为外光电效应。

光电发射效应中光电能量转换的基本关系为

$$h\nu = \frac{1}{2}mv_0^2 + E_{th} \qquad (1\text{-}90)$$

式(1-90)表明,具有 $h\nu$ 能量的光子被电子吸收后,只要光子的能量大于光电发射材料的光电发射阈值 E_{th},则质量为 m 的电子的初始动能 $\frac{1}{2}mv_0^2$ 便大于零,即有电子飞出光电发射材料进入真空(或逸出物质表面)。

光电发射阈值 E_{th} 的概念是建立在材料的能带结构基础上的。对于金属材料,由于它的能级结构如图 1-14 所示,导带与价带连在一起,因此有

$$E_{th} = E_{vac} - E_f \qquad (1\text{-}91)$$

式中,E_{vac} 为真空能级,一般设为参考能级(为 0 级)。因此费米能级 E_f 为负值;光电发射阈值 $E_{th} > 0$。

对于半导体,情况较为复杂。半导体分为本征半导体与杂质半导体,杂质半导体中又分为 P 型与 N 型杂质半导体,其能级结构不同,光电发射阈值的定义也不同。图 1-15 所示为三种半导体的综合能级结构图,由能级结构图可以得到处于导带中的电子的光电发射阈值为

$$E_{th} = E_A \qquad (1\text{-}92)$$

即导带中的电子接收的能量,大于电子亲合势为 E_A 的光子后,就可以飞出半导体表面。而对于价带中的电子,其光电发射阈值为

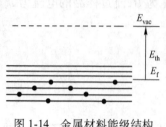
图 1-14 金属材料能级结构

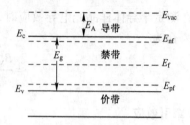
图 1-15 三种半导体的综合能级结构

$$E_{th} = E_g + E_A \tag{1-93}$$

说明电子由价带顶逸出物质表面所需要的最低能量,即为光电发射阈值。由此可以获得光电发射长波限为

$$\lambda_L = hc/E_{th} = 1239/E_{th}(\text{nm}) \tag{1-94}$$

利用具有光电发射效应的材料也可以制成各种光电探测器件,这些器件统称为光电发射器件。

光电发射器件具有许多不同于内光电器件的特点:

(1) 光电发射器件中的导电电子可以在真空中运动,因此,可以通过电场加速电子运动的动能,或通过电子的内倍增系统提高光电探测灵敏度,使它能够快速地探测极其微弱的光信号,成为像增强器与变像器技术的基本元件。

(2) 很容易制造出均匀的大面积光电发射器件,在光电成像器件方面非常有利。一般真空光电成像器件的空间分辨率要高于半导体光电图像传感器。

(3) 光电发射器件需要高稳定的高压直流电源设备,使得整个探测器体积庞大,功率损耗大,不适于野外操作,造价也昂贵。

(4) 光电发射器件的光谱响应范围一般不如半导体光电器件宽。

思考题与习题 1

1.1 辐度量与光度量的本质区别是什么?为什么量子流速率计算公式中不能直接用光度量?

1.2 试写出 Φ_e, M_e, I_e, L_e 等辐射度量参数之间的关系式,它们分别是从哪个角度来说明与度量辐射源的?

1.3 何谓余弦辐射体?余弦辐射体有哪些特征?为什么要引入余弦辐射体的概念?

1.4 辐出度 M_e 与辐照度 E_e 两个物理量的主要差异是什么?哪个是表述辐射源性能的参数?

1.5 K_m, K_λ, K_w 符号的物理意义是什么?为什么要引入这三个参数?它们之间的差异是什么?具有相同的量纲吗?

1.6 本征吸收、杂质吸收都能够产生光电导效应与光生伏特效应,二者的本质区别在哪里?差异又在哪里?

1.7 一台氦氖激光器发出功率为 3 mW,波长为 0.6328 μm 的激光束,若其光束平面发散角为 0.02 mrad,且知激光器的放电毛细管直径为 1 mm。试求:

(1) 当 $V_{0.6328}$ = 0.235 时此光束的辐射通量 $\Phi_{e,\lambda}$、光通量 $\Phi_{v,\lambda}$、发光强度 $I_{v,\lambda}$、光出射度 $M_{v,\lambda}$ 等参数各为多少？

(2) 若将其投射到 10 m 远处的屏幕上，问屏幕的光照度为多少？

1.8 一束波长为 0.5145 μm、输出功率为 3 W 的氩离子激光能够均匀地投射到 0.2 cm² 的白色屏幕上。问屏幕上的光照度为多少？若屏幕的反射系数为 0.85，其光出射度为多少？屏幕每秒钟能够接收到多少个光子？

1.9 试求一束功率为 3.0 mW 氦氖激光器所发出的光通量为多少 lm？发出光束的光子流速率 N 为多少？

1.10 在月球上测得太阳辐射的峰值光谱在 0.465 μm 处，试计算太阳表面的温度及其峰值光谱辐射出射度 M_{e,s,λ_m} 各为多少？

1.11 青年人正常体温下发出的峰值波长 λ_m 为多少微米？如果发烧到 38.5℃ 时的峰值波长又为多少？发烧到 39℃ 时的峰值光谱辐射出射度 M_{e,s,λ_m} 又为多少？

1.12 用光谱方式的高温计测得某黑体辐射的最强光谱波长为 0.63 μm，试计算出该黑体的温度为多少？

1.13 某半导体光电器件的长波限为 13 μm，试求其杂质电离能 ΔE_i 应为多少电子伏特？

1.14 某厂生产的光电器件在标准钨丝灯光源下标定出的光照灵敏度为 200 μA/lm，试求其辐射度灵敏度为多少？

1.15 一只 100 W 的标准钨丝灯在 0.2 sr 范围内能够发出多少 lm 的光通量？它所发出的总光通量又为多少？

1.16 若甲、乙两厂生产的光电器件在色温 2856 K 标准钨丝灯下标定出的灵敏度分别为 S_e = 5 μA/μW，S_v = 0.4 A/lm。试比较甲、乙两厂生产的光电器件哪个灵敏度高？

1.17 已知本征硅材料的禁带宽度 E_g = 1.2 eV，试计算该半导体材料本征吸收的长波限应为多少 μm？

1.18 在微弱辐射作用下光电导材料的光电导灵敏度表现出怎样的光电特性？为什么要把光敏电阻的敏感面制造成蛇形？

1.19 为什么说 CO_2 激光器的锗晶体出光窗的两端会产生伏特电压？迎光面与出光面相比哪端电位高？为什么？属于哪种光电效应？

1.20 光生伏特效应的主要特点是什么？半导体产生光生伏特必须具备哪些条件？

1.21 光电发射材料 K_2CsSb 的光电发射长波限为 680 nm，该光电发射材料的光电发射阈值应为多少电子伏特？

1.22 已知某种光电器件的本征吸收长波限为 1.4 μm，该半导体材料的禁带宽度应为多少电子伏特？

第 2 章　光电导器件

某些物质吸收光子的能量产生本征吸收或杂质吸收,从而改变物质电导率的现象,称为物质的光电导效应。利用具有光电导效应的材料(如硅、锗等本征半导体与杂质半导体,硫化镉、硒化镉、氧化铅等)可以制成电导率随入射光度量变化的器件,称为光电导器件或光敏电阻。

光敏电阻具有体积小、坚固耐用、价格低廉、光谱响应范围宽等优点,广泛应用于微弱辐射信号的探测领域。

本章主要介绍光敏电阻的工作原理、基本特性、光敏电阻的变换电路和典型应用。

2.1　光敏电阻的原理与结构

1. 光敏电阻的基本原理

图 2-1 所示为光敏电阻的原理图与光敏电阻的符号。在均匀的具有光电导效应的半导体材料的两端加上电极,便构成光敏电阻。当光敏电阻的两端加上适当的偏置电压 U_{bb}(如图 2-1 所示的电路)后,便有电流 I_p 流过,用检流计可以检测到该电流。改变照射到光敏电阻上的光度量(如照度),发现流过光敏电阻的电流 I_p 将发生变化,说明光敏电阻的阻值随照度变化。

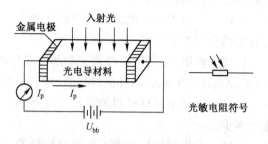

图 2-1　光敏电阻原理及符号

根据半导体材料的分类,光敏电阻有两大基本类型:本征型半导体光敏电阻与杂质型半导体光敏电阻。由式(1-60)、式(1-61)与式(1-62)可以看出,本征型半导体光敏电阻的长波长要短于杂质型半导体光敏电阻的长波长,因此,本征型半导体光敏电阻常用于可见光波段的探测,而杂质型半导体光敏电阻常用于红外波段甚至于远红外波段辐射的探测。

2. 光敏电阻的基本结构

在 1.6.1 节讨论光电导效应时我们发现:光敏电阻在微弱辐射作用情况下的光电导灵敏度 S_g 与光敏电阻两电极间距离 l 的平方成反比,参见式(1-75);在强辐射作用的情况下光电导灵敏度 S_g 与光敏电阻两电极间距离 l 的二分之三次方成反比,参见式(1-78)。可见 S_g 与两电极间距离 l 有关。因此,为了提高光敏电阻的光电导灵敏度 S_g,要尽可能地缩短光敏电阻两电极间的距离 l。这就是光敏电阻结构设计的基本原则。

根据光敏电阻的设计原则可以设计出如图 2-2 所示的 3 种光敏电阻。图 2-2(a)所示光敏面为梳形结构。两个梳形电极之间为光敏电阻材料,由于两个梳形电极靠得很近,电极间距很小,光敏电阻的灵敏度很高。图 2-2(b)所示为光敏面为蛇形的光敏电阻,光电导材料制成蛇形,光电导材料的两侧为金属导电材料,并在其上设置电极。显然,这种光敏电阻的电极间距(为蛇形光电导材料的宽度)也很小,提高了光敏电阻的灵敏度。图 2-2(c)所示为刻线式结构的光敏电阻侧向图,在制备好的光敏电阻衬基上刻出狭窄的光敏材料条,再蒸涂金属电极,构成刻线式结构的光敏电阻。

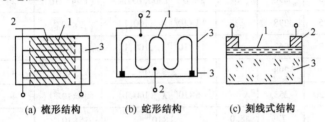

(a) 梳形结构　　(b) 蛇形结构　　(c) 刻线式结构

图 2-2　光敏电阻结构示意图
1—光电导材料　2—电极　3—衬底材料

3. 典型光敏电阻

（1）CdS 光敏电阻

CdS 光敏电阻是最常见的光敏电阻,它的光谱响应特性最接近人眼光谱光视效率 $V(\lambda)$,它在可见光波段范围内的灵敏度最高,因此被广泛地应用于灯光的自动控制,以及照相机的自动测光等。CdS 光敏电阻常采用蒸发、烧结或黏结的方法制备,在制备过程中把 CdS 和 CdSe 按一定的比例制配成 Cd(S,Se)光敏电阻材料;或者在 CdS 中掺入微量杂质铜(Cu)和氯(Cl),使它既具有本征光电导器件的响应,又具有杂质光电导器件的响应特性,可使 CdS 光敏电阻的光谱响应向红外谱区延长,峰值响应波长也变长。

CdS 光敏电阻的峰值响应波长为 0.52 μm,CdSe 光敏电阻为 0.72 μm,通过调整 S 和 Se 的比例,可使 Cd(S,Se)光敏电阻的峰值响应波长大致控制在 0.52~0.72 μm 范围内。

CdS 光敏电阻的光敏面常为如图 2-2(b)所示的蛇形光敏面结构。

表 2-1 所示为典型 CdS 光敏电阻的特性参数。表 2-2 所示为 PbS 等材料的光敏电阻特性参数。

表 2-1　典型 CdS 光敏电阻的特性参数

型号	暗电阻 (MΩ)	亮电阻 (kΩ/100 lx)	峰值波长 (nm)	时间响应 (ms)	温度系数 (%/℃)	使用温度 (℃)	最高工作电压 (V)	γ值(测试条件100 lx)	生产厂家
RGD1	0.5~10	1~25	530	30	0.15	-40~60	50	0.5~0.7	合肥半导体厂
RGD2	0.5~50	5	530	30	0.15	-40~60	100	0.5~0.7	
RGD3	10~50	5	530	30	0.15	-40~60	100	0.5~0.8	
RGD4	5~50	50	530	30	0.15	-40~60	100	0.5~0.8	
RGD5	1~50	50	530	30	0.15	-40~60	100	0.5~0.8	
MG45-5	0.5~20	0.5~100	520	30	0.2	-30~60	100	0.6	南阳市晶体管厂
MG45-7	0.5~20	0.5~100	520	30	0.2	-30~60	200	0.6	
MG45-9	0.5~20	0.5~100	520	30	0.2	-30~60	200	0.6	

表 2-2 PbS 等材料的光敏电阻特性参数

型号	材料	受光面积 mm×mm	工作温度 (K)	长波限 (μm)	峰值比探测率 ($cmHz^{1/2}W^{-1}$)	响应时间 (s)	暗电阻 (MΩ)	亮电阻 (kΩ)	应用
MG41-21	CdS	Φ9.2	233~343	0.8		≤2×10^{-2}	≥0.1	≤2	可见光探测
P397	PbS	5×5	298	3	$2×10^{10}[1300,100,1]$	$(1~4)×10^{-4}$	2		火焰探测
P791	PbSe	1×5	298	3	$1×10^{9}[\lambda_m,100,1]$	$2×10^{-4}$	2		火焰探测
9903	PbSe	1×3	263	3	$3×10^{9}[\lambda_m,100,1]$	10^{-5}	3		火焰探测
OE-10	PbSe	10×10	298	3	$2.5×10^{9}$	$1.5×10^{-6}$	4		红外探测
OTC-3M	InSb	2×2	253		$6×10^{8}[\lambda_m,100,1]$	$4×10^{-6}$	4		红外探测
Ge(Au)	Ge		77	8.0	$1×10^{10}$	$5×10^{-8}$			红外探测
Ge(Hg)	Ge		38	14	$4×10^{10}$	$1×10^{-9}$			红外探测
Ge(Cd)	Ge		20	23	$4×10^{10}$	$5×10^{-8}$			中红外探测

(2) PbS 光敏电阻

PbS 光敏电阻是近红外波段最灵敏的光电导器件。PbS 光敏电阻常用真空蒸发或化学沉积的方法制备,光电导体的厚度为微米数量级的多晶薄膜或单晶硅薄膜。由于 PbS 光敏电阻在 2 μm 附近的红外辐射的探测灵敏度很高,因此,常用于火灾等领域的探测。

PbS 光敏电阻的光谱响应及峰值比探测率等特性与工作温度有关,随着工作温度的降低其峰值响应波长和长波长将向长波方向延伸,且比探测率增加。例如,室温下的 PbS 光敏电阻的光谱响应范围为 1~3.5 μm,峰值波长为 2.4 μm,峰值比探测率 D^* 高达 $1×10^{11}cm·Hz^{1/2}·W^{-1}$。当温度降低到 195 K 时,光谱响应范围为 1~4 μm,峰值响应波长移至 2.8 μm,峰值比探测率 D^* 也增高到 $2×10^{11}cm·Hz^{1/2}·W^{-1}$。

(3) InSb 光敏电阻

InSb 光敏电阻为 3~5 μm 光谱范围内的主要探测器件之一。InSb 光敏电阻由单晶材料制备,制造工艺比较成熟,经过切片、磨片、抛光后的单晶材料,再采用腐蚀的方法减薄到所需要的厚度,便制成单晶 InSb 光敏电阻。光敏面的尺寸为 0.5 mm×0.5 mm~8 mm×8 mm。大光敏面的器件由于不能做得很薄,其探测率较低。InSb 材料不仅适用于制造单元探测器件,也适宜制造阵列红外探测器件。

InSb 光敏电阻在室温下的长波长可达 7.5 μm,峰值波长在 6 μm 附近,比探测率 D^* 约为 $1×10^{11}cm·Hz^{1/2}·W^{-1}$。当温度降低到 77 K(液氮)时,其长波限由 7.5 μm 缩短到 5.5 μm,峰值波长也将移至 5 μm,恰为大气的窗口范围,峰值比探测率 D^* 升高到 $2×10^{11}cm·Hz^{1/2}·W^{-1}$。

(4) $Hg_{1-x}Cd_xTe$ 系列光电导探测器件

$Hg_{1-x}Cd_xTe$ 系列光电导探测器件是目前所有红外探测器中性能最优良且最有前途的探测器件,尤其是对于 4~8 μm 大气窗口波段辐射的探测更为重要。

$Hg_{1-x}Cd_xTe$ 系列光电导体是由 HgTe 和 CdTe 两种材料的晶体混合制造的,其中 x 标明 Cd 元素含量的组分。在制造混合晶体时选用不同 Cd 的组分 x,可以得到不同的禁带宽度 E_g,从而制造出不同波长响应范围的 $Hg_{1-x}Cd_xTe$ 探测器件。一般组分 x 的变化范围为

0.18~0.4，长波限的变化范围为 1~30 μm。

2.2 光敏电阻的基本特性

光敏电阻为多数电子导电的光电敏感器件，它的基本特性参数与其他光电器件不同。光敏电阻的基本特性参数包括光电特性、伏安特性、温度特性、时间响应与噪声特性等。

1. 光电特性

光敏电阻在黑暗的室温条件下，由于热激发产生的载流子使它具有一定的电导，该电导称为暗电导，其倒数为暗电阻，一般的暗电导值都很小（或暗电阻值都很大）。当有光照射在光敏电阻上时，它的电导将变大，这时的电导称为光电导。电导随光照量变化越大的光敏电阻，其灵敏度越高，这个特性称为光敏电阻的光电特性。

在 1.6.1 节讨论光电导效应时我们看到，光敏电阻在弱辐射和强辐射作用下表现出不同的光电特性（线性与非线性），式（1-74）与式（1-77）分别给出了它在弱辐射和强辐射作用下的光电导与辐通量的关系。这是两种极端的情况，那么光敏电阻在一般辐射作用下的情况如何呢？

实际上，光敏电阻在由弱辐射到强辐射的作用下，它的光电特性可用在"恒定电压"下流过光敏电阻的电流 I_p 与作用到光敏电阻上的光照度 E 的关系曲线来描述。如图 2-3 所示为 CdS 光敏电阻的光照特性曲线。由图可见，曲线是由线性渐变到非线性的。

在恒定电压的作用下，流过光敏电阻的光电流为

$$I_p = g_p U = US_g E \tag{2-1}$$

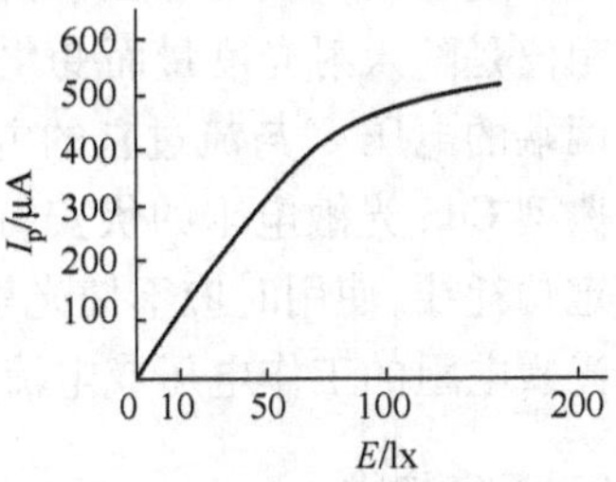

图 2-3 GdS 光敏电阻的光照特性曲线

式中，S_g 为光电导灵敏度，E 为光敏电阻的照度。显然，当照度很低时，曲线近似为线性，S_g 由式（1-75）描述；随着照度的增高，线性关系变坏，当照度变得很高时，曲线近似为抛物线形，S_g 由式（1-77）描述。为此，光敏电阻的光电特性可用一个随光度量变化的指数因子 γ 来描述，并定义 γ 为光电转换因子。将式（2-1）改为

$$I_p = g_p U = US_g E^\gamma \tag{2-2}$$

在弱辐射作用的情况下，$\gamma = 1$；随着入射辐射的增强，γ 值减小；当入射辐射很强时，γ 值降低到 0.5。

在实际使用时，常常将光敏电阻的光电特性曲线改用如图 2-4 所示的特性曲线。由图 2-4(a) 所示的线性直角坐标系可见，光敏电阻的阻值 R 与入射照度 E_v 在光照很低时随光照度的增加而迅速降低，表现为线性关系；当照度增加到一定程度后，阻值的变化变缓，然后逐渐趋向饱和。但是，在如图 2-4(b) 所示的对数坐标系中，光敏电阻的阻值 R 在某段照度 E_v 范围内的光电特性表现为线性，即式（2-2）中的 γ 保持不变，因此，γ 值为对数坐标系下特性曲线的斜率，即

$$\gamma = \frac{\lg R_1 - \lg R_2}{\lg E_2 - \lg E_1} \tag{2-3}$$

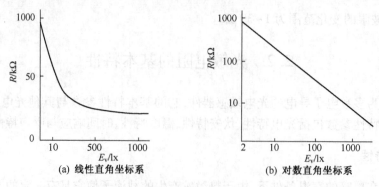

图 2-4 光敏电阻的光电特性曲线

式中，R_1 与 R_2 分别是照度为 E_1 和 E_2 时光敏电阻的阻值。显然，光敏电阻的 γ 值反映了在照度范围变化不大或照度的绝对值较大甚至光敏电阻接近饱和情况下的阻值与照度的关系。因此，定义光敏电阻 γ 值时必须说明其照度范围，否则 γ 值没有任何意义。

2. 伏安特性

光敏电阻的本质是电阻，符合欧姆定律，因此它具有与普通电阻相似的伏安特性，但是它的电阻值是随入射光度量而变化的。利用图 2-1 所示的电路可以测出在不同光照下加在光敏电阻两端的电压 U 与流过它的电流 I_p 的关系曲线，并称其为光敏电阻的伏安特性。图 2-5 所示为典型 CdS 光敏电阻的伏安特性曲线，显然，它符合欧姆定律。图中的虚线为允许功耗线或额定功耗线，使用时应不使光敏电阻的实际功耗超过额定值。在设计光敏电阻变换电路时，应使光敏电阻的工作电压或电流控制在额定功耗线之内。

3. 温度特性

光敏电阻为多数载流子导电的光电器件，具有复杂的温度特性。光敏电阻的温度特性与光电导材料有着密切的关系，不同材料的光敏电阻有着不同的温度特性。图 2-6 所示为典型 CdS（虚线）与 CdSe（实线）光敏电阻在不同照度下的温度特性曲线。以室温（25℃）的相对光电导率为 100%，观测光敏电阻的相对光电导率随温度的变化关系，可以看出光敏电阻的相对光电导率随温度的升高而下降，光电响应特性随着温度的变化较大。因此，在温度变化大的情况

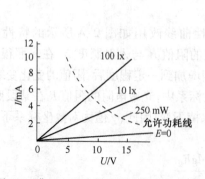

图 2-5 典型 CdS 光敏电阻的伏安特性曲线

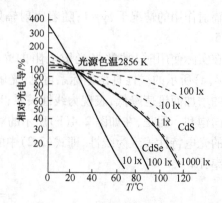

图 2-6 光敏电阻的温度特性

下,应采取制冷措施。降低或控制光敏电阻的工作温度是提高光敏电阻工作稳定性的有效办法。尤其对长波长红外辐射的探测领域更为重要。

4. 时间响应

光敏电阻的时间响应(又称为惯性)比其他光电器件要差(惯性要大)一些,频率响应要低一些,而且具有特殊性。当用一个理想方波脉冲辐射照射光敏电阻时,光生电子要有产生的过程,光生电导率 $\Delta\sigma$ 要经过一定的时间才能达到稳定。当停止辐射时,复合光生载流子也需要时间,表现出光敏电阻具有较大的惯性。

光敏电阻的惯性与入射辐射信号的强弱有关,下面分别讨论。

(1) 弱辐射作用情况下的时间响应

如图 2-7 所示,当微弱的入射辐通量 Φ_e 作用于光敏电阻的情况下,设入射辐通量 $\Phi_e(t)$ 为可用下式表示的光脉冲

$$\Phi_e(t) = \begin{cases} 0 & t=0 \\ \Phi_{e0} & t>0 \end{cases}$$

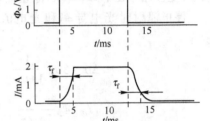

图 2-7 光敏电阻在弱辐射作用下的时间响应

对于本征光电导器件,在非平衡状态下光电导率 $\Delta\sigma$ 和光电流 I_Φ 随时间变化的规律为

$$\Delta\sigma = \Delta\sigma_0(1-e^{-t/\tau}) \tag{2-4}$$

$$I = I_{\Phi e0}(1-e^{-t/\tau}) \tag{2-5}$$

式中,$\Delta\sigma_0$ 与 $I_{\Phi e0}$ 分别为弱辐射作用下的光电导率和光电流的稳态值。显然,当 $t \gg \tau_r$ 时,$\Delta\sigma = \Delta\sigma_0, I_\Phi = I_{\Phi e0}$;当 $t = \tau_r$ 时,$\Delta\sigma = 0.63\Delta\sigma_0, I_\Phi = 0.63I_{\Phi e0}$。

τ_r 定义为光敏电阻的上升时间常数,即光敏电阻的光电流上升到稳态值 $I_{\Phi e0}$ 的 63% 所需要的时间。

停止辐射时,有
$$\Phi_e(t) = \begin{cases} \Phi_{e0} & t=0 \\ 0 & t>0 \end{cases}$$

同样,可以推导出停止辐射情况下,光电导率和光电流随时间变化的规律为

$$\Delta\sigma = \Delta\sigma_0 e^{-t/\tau} \tag{2-6}$$

$$I = I_{\Phi e0} e^{-t/\tau} \tag{2-7}$$

当 $t = \tau_f$ 时,$\Delta\sigma = 0.37\Delta\sigma_0, I_\Phi = 0.37I_{\Phi e0}$;当 $t \gg \tau_f$ 时,$\Delta\sigma$ 与 I_Φ 均下降为零。

所以,在辐射停止后,光敏电阻的光电流下降到稳态值的 37% 所需要的时间称为光敏电阻的下降时间常数,记为 τ_f。显然,光敏电阻在弱辐射作用下,$\tau_r \approx \tau_f$。

(2) 强辐射作用情况下的时间响应

如图 2-8 所示,当较强的辐通量 Φ_e 脉冲作用于光敏电阻上时,无论对本征型还是杂质型的光敏电阻,其光激发载流子的变化规律均由式(1-86)表示。设入射辐射为方波脉冲

$$\begin{cases} \Phi_e = 0 & t=0 \\ \Phi_e = \Phi_0 & t \geq 0 \end{cases}$$

光敏电阻电导率 σ 的变化规律为

$$\Delta\sigma = \Delta\sigma_0 \tanh\frac{t}{\tau} \tag{2-8}$$

其光电流的变化规律为

$$\Delta I_\Phi = \Delta I_{\Phi 0} \tanh \frac{t}{\tau} \tag{2-9}$$

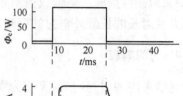

显然，当 $t \gg \tau$ 时，$\Delta\sigma = \Delta\sigma_0$，$I_\Phi = I_{\Phi e0}$；当 $t = \tau$ 时，$\Delta\sigma = 0.76\Delta\sigma_0$，$I_\Phi = 0.76 I_{\Phi e0}$。在强辐射入射时，光敏电阻的光电流上升到稳态值的76%所需要的时间 τ_r，定义为强辐射作用下的上升时间常数。

当停止辐射时，由于光敏电阻体内的光生电子和光生空穴需要通过复合才能恢复到辐射作用前的稳定状态，而且随着复合的进行，光生载流子数密度在减小，复合几率在下降，所以，停止辐射的过渡过程要远远大于入射辐射的过程。

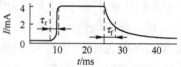

图 2-8 光敏电阻在强辐射作用下的时间响应

停止辐射时光电导率和光电流的变化规律可表示为

$$\Delta\sigma = \Delta\sigma_0 \frac{1}{1+t/\tau} \tag{2-10}$$

$$I_\Phi = I_{\Phi 0} \frac{1}{1+t/\tau} \tag{2-11}$$

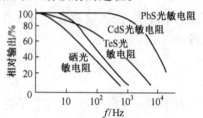

由式(2-10)和式(2-11)可知，当 $t = \tau$ 时，$\Delta\sigma = 0.5\Delta\sigma_0$，而 $I_\Phi = 0.5 I_{\Phi e0}$；当 $t \gg \tau$ 时，$\Delta\sigma$ 与 I_Φ 均下降为零。

图 2-9 光敏电阻的频率特性曲线

因此，当停止辐射时，光敏电阻的光电流下降到稳态值的50%所需要的时间，称为光敏电阻的下降时间常数，记为 τ_f。

图 2-9 所示为几种典型的光敏电阻的频率特性曲线。从曲线中不难看出硫化铅(PbS)光敏电阻的频率特性稍微好些，但是，它的频率响应也不超过 $10^4 Hz$。

当然，光敏电阻在被强辐射照射后，其阻值恢复到长期处于黑暗状态的暗电阻 R_D 所需要的时间将是相当长的。因此，光敏电阻的暗电阻 R_D 与其检测前是否被曝光有关，这个效应被称为光敏电阻的前例效应。

5. 噪声特性

光敏电阻的主要噪声有热噪声、产生复合噪声和低频噪声(或称 $1/f$ 噪声)。

(1) 热噪声

光敏电阻内载流子的热运动产生的噪声称为热噪声，或称为约翰逊(Johson)噪声。由热力学和统计物理学可以推导出热噪声公式

$$I_{NJ}^2(f) = \frac{4kT\Delta f}{R_d(1+\omega^2\tau_0^2)} \tag{2-12}$$

式中，τ_0 为载流子的平均寿命，$\omega = 2\pi f$ 为信号角频率。在低频情况下，当 $\omega\tau_0 \ll 1$ 时，热噪声电流 $I_{NJ}^2(f)$ 可简化为

$$I_{NJ}^2(f) = \frac{4kT\Delta f}{R_d} \tag{2-13}$$

当 $\omega\tau_0 \gg 1$ 时，上式可简化为

$$I_{NJ}^2(f) = \frac{4kT\Delta f}{\pi^2 f^2 \tau_0^2 R_d} \tag{2-14}$$

显然,它是调制频率 f 的函数,随频率的升高而减小。另外,它与光敏电阻的阻值成反比,随阻值的升高而降低。

(2) 产生复合噪声

光敏电阻的产生复合噪声与其平均电流 $\bar{I}$ 有关,产生复合噪声的数学表达式为

$$I_{ngr}^2 = 4q\bar{I}\frac{(\tau_0/\tau_1)\Delta f}{1+\omega^2\tau_0^2} \tag{2-15}$$

式中,τ_1 为载流子跨越电极所需要的漂移时间。同样,当 $\omega\tau_0 \ll 1$ 时,产生复合噪声可简化为

$$I_{ngr}^2 = 4q\bar{I}\Delta f\frac{\tau_0}{\tau_1} \tag{2-16}$$

(3) 低频噪声(电流噪声)

光敏电阻在偏置电压作用下产生信号光电流,由于光敏层内微粒的不均匀,或体内存有杂质,因此会产生微火花放电现象。这种微火花放电引起的电爆脉冲就是低频噪声的来源。

电流噪声的经验公式为

$$I_{nf}^2 = \frac{c_1 I^2 \Delta f}{bdlf^b} \tag{2-17}$$

式中,c_1 是与材料有关的常数,I 为流过光敏电阻的电流,f 为光的调制频率,指数 b 为接近于 1 的系数,Δf 为调制频率的带宽。显然,低频噪声与调制频率成反比,频率越低,噪声越大。故称低频噪声。

这样,光敏电阻的噪声均方根值为

$$I_N = (I_{NJ}^2 + I_{ngr}^2 + I_{nf}^2)^{1/2} \tag{2-18}$$

对于不同的器件,3 种噪声的影响不同:在几百赫兹以内以电流噪声为主;随着频率的升高,产生复合噪声变得显著;频率很高时,以热噪声为主。光敏电阻的噪声与调制频率的关系如图 2-10 所示。

6. 光谱响应

光敏电阻的光谱响应主要与光敏材料禁带宽度、杂质电离能、材料掺杂比与掺杂浓度等因素有关。图 2-11 所示为 3 种典型光敏电阻的光谱响应特性曲线。显然,由 CdS 材料制成的光

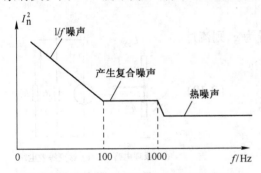

图 2-10 光敏电阻的噪声与调制频率的关系

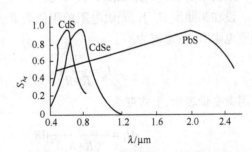

图 2-11 3 种典型光敏电阻的光谱响应曲线

敏电阻的光谱响应很接近人眼的视觉响应;CdSe 材料的光谱响应较 CdS 材料的光谱响应范围宽;PbS 材料的光谱响应范围最宽,为 $0.4\sim2.8\ \mu m$,PbS 光敏电阻常用于火点探测与火灾预警系统。

表2-3 所示为常用的红外光敏电阻探测器。

表2-3 常用的红外光敏电阻探测器

系列	型号	响应范围 (μm)	峰值响应 (μm)	比探测率 D^* ($cmHz^{1/2}/W$)	响应时间 τ (nm)	冷却方式	表面电阻 $R(\Omega)$
MPC	MPC	0.5~12	10.6	$\geq 3\times10^6$	≤ 1	室温	150~250
R005	R005-2	2~12	10.6	$\geq 2\times10^6$	≤ 1	室温	30~80
	R005-3	2~12	10.6	$\geq 3\times10^6$	≤ 1		
	R005-5	2~12	10.6	$\geq 5\times10^6$	≤ 1		
	R005-6	2~12	10.6	$\geq 6\times10^6$	≤ 1		
PCI-L	PCI-L-1	2~12	10.6	$\geq 2\times10^7$	≤ 1	室温	30~80
	PCI-L-2	2~12	10.6	$\geq 5\times10^7$	≤ 1		
	PCI-L-3	2~12	10.6	$\geq 1\times10^8$	≤ 1		
PCI	PCI-4	2~12	4	$\geq 6\times10^9$	≤ 1000	室温	30~150
	PCI-5	2~12	5	$\geq 2\times10^9$	≤ 300		
	PCI-6	2~12	6	$\geq 3\times10^8$	≤ 200		
PCI-2TE	PCI-2TE-4	2~12	4	$\geq 5\times10^{10}$	≤ 3000	半导体制冷	200~500
	PCI-2TE-6	2~12	6	$\geq 1\times10^{10}$	≤ 100		150~200
	PCI-2TE-12	2~12	12	$\geq 1\times10^8$	≤ 10		50~80

2.3 光敏电阻的变换电路

光敏电阻的阻值或电导随入射辐射量的变化而改变,因此,可以用光敏电阻将光学信息变换为电学信息。但是,电阻(或电导)值的变化信息不能直接被人们所接受,须将电阻(或电导)值的变化转变为电流或电压信号输出,完成这个转换工作的电路称为光敏电阻的偏置电路或变换电路。

2.3.1 基本偏置电路

最简单的偏置电路如图2-12所示。

设在某照度 E_v 下,光敏电阻的阻值为 R,电导为 g,则流过偏置电阻 R_L 的电流为

$$I_L = \frac{U_{bb}}{R+R_L} \qquad (2-19)$$

若用微变量表示,上式变为

$$dI_L = -\frac{U_{bb}}{(R+R_L)^2}dR$$

而 $dR = -R^2 S_g dE_v$,因此

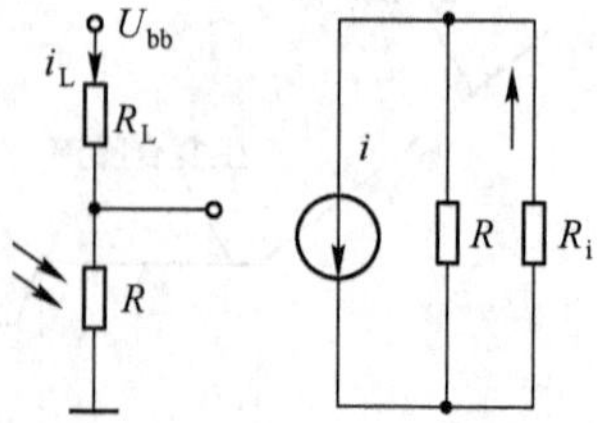

(a) 原理电路 (b) 微变等效电路

图2-12 简单偏置电路

$$dI_L = \frac{U_{bb}R^2 S_g}{(R+R_L)^2}dE_v \qquad (2-20)$$

在用微变量表示变化量时,设 $i_L = dI_L$, $e_v = dE_v$,则上式变为

$$i_L = \frac{U_{bb}R^2 S_g}{(R+R_L)^2} e_v \tag{2-21}$$

加在光敏电阻 R 上的电压为

$$U_R = \frac{R}{R+R_L} U_{bb}$$

因此,光电流的微变量为

$$i = U_R S_g e_v = \frac{U_{bb}R}{R+R_L} S_g e_v \tag{2-22}$$

将式(2-22)代入式(2-21)得

$$i_L = \frac{R}{R+R_L} i \tag{2-23}$$

由上式可以得到如图 2-12(b)所示的光电流的微变等效电路。

偏置电阻 R_L 两端的输出电压为

$$u_L = R_L i_L = \frac{RR_L}{R+R_L} i = \frac{U_{bb}R^2 R_L S_g}{(R+R_L)^2} e_v \tag{2-24}$$

从式(2-24)可以看出,当电路参数确定后,输出电压信号与弱辐射入射辐射量(照度 e_v)成线性关系。

2.3.2 恒流电路

在简单偏置电路中,当 $R_L \gg R$ 时,流过光敏电阻的电流基本不变,此时的偏置电路称为恒流电路。然而,光敏电阻自身的阻值已经很高,若再满足恒流偏置条件,就难以满足电路输出阻抗的要求,为此,可引入如图 2-13 所示的晶体管恒流偏置电路。

电路中稳压管 VD_W 用于稳定晶体三极管的基极电压,即 $U_B = U_W$,流过晶体三极管发射极的电流为

$$I_e = \frac{U_W - U_{be}}{R_e} \tag{2-25}$$

式中,U_W 为稳压二极管的稳压值,U_{be} 为三极管发射结电压,在三极管处于放大状态时基本为恒定值,R_e 为固定电阻。因此,发射极的电流 I_e 为恒定电流。三极管在放大状态下集电极电流与发射极电流近似相等,所以流过光敏电阻的电流为恒流。

在晶体管恒流偏置电路中,输出电压为

$$U_o = U_{bb} - I_c R_p \tag{2-26}$$

对式(2-26)求微分得

$$dU_o = -I_c dR_p \tag{2-27}$$

由于 $R_p = 1/g_p$,$dR_p = -\frac{1}{g_p^2} dg_p$,而 $dg_p = S_g E_v$,因此 $dR_p = -S_g R_p^2 dE_v$,

将其代入式(2-27)得

$$dU_o = \frac{U_W - U_{be}}{R_e} R_p^2 S_g dE_v \tag{2-28}$$

或

$$u_o \approx \frac{U_W}{R_e} R_p^2 S_g e_v \tag{2-29}$$

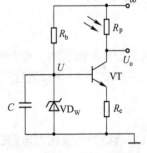

图 2-13 恒流偏置电路

显然,恒流偏置电路的电压灵敏度为

$$S_v = \frac{U_W}{R_e} R_p^2 S_g \tag{2-30}$$

与光敏电阻阻值的平方成正比,与光电导灵敏度成正比。

2.3.3 恒压电路

在如图 2-12 所示的简单偏置电路中,若 $R_L \ll R$,加在光敏电阻上的电压近似为电源电压 U_{bb},为不随入射辐射量变化的恒定电压,此时的偏置电路称为恒压偏置电路。显然,简单偏置电路很难构成恒压偏置电路。但是,利用晶体三极管很容易构成光敏电阻的恒压偏置电路。如图 2-14 所示为典型的光敏电阻恒压偏置电路。在图 2-14 中,处于放大工作状态的三极管 VT 的基极电压被稳压二极管 VD_W 稳定在稳定值 U_W,而三极管发射极的电位 $U_E = U_W - U_{be}$,处于放大状态的三极管的 U_{be} 近似为 0.7 V,因此,当 $U_W \gg U_{be}$ 时,$U_E \approx U_W$。即加在光敏电阻 R 上的电压为恒定电压 U_W。

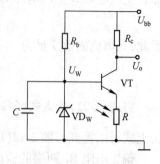

图 2-14 恒压偏置电路

光敏电阻在恒压偏置电路的情况下,其输出的电流 I_p 与处于放大状态的三极管发射极电流 I_e 近似相等。因此,恒压偏置电路的输出电压为

$$U_o = U_{bb} - I_c R_c \tag{2-31}$$

对式(2-31)取微分,则得到输出电压的变化量为

$$dU_o = -R_c dI_c = -R_c dI_e = R_c S_g U_W d\Phi \tag{2-32}$$

式(2-32)说明恒压偏置电路的输出信号电压与光敏电阻的阻值 R 无关。这一特性在采用光敏电阻的测量仪器中特别重要,在更换光敏电阻时只要使光敏电阻的光电导灵敏度 S_g 保持不变,即可以保持输出信号电压不变。

2.3.4 例题

例 2-1 在如图 2-13 所示的恒流偏置电路中,已知电源电压为 12 V,$R_b = 820\ \Omega$,$R_e = 3.3\ \text{k}\Omega$,三极管的放大倍率不小于 80,稳压二极管的输出电压为 4 V,光照度为 40 lx 时输出电压为 6 V,80 lx 时为 8 V。设光敏电阻在 30~100 lx 之间的 γ 值不变。

试求:(1) 输出电压为 7 V 时的照度。(2) 该电路的电压灵敏度(V/lx)。

解 根据图 2-13 所示的恒流偏置电路中所给的已知条件,流过稳压管 VD_W 的电流

$$I_W = \frac{U_{bb} - U_W}{R_b} = \frac{8\ \text{V}}{820\ \Omega} \approx 9.6\ \text{mA}$$

满足稳压二极管的工作条件。

当 $U_W = 4$ V 时,流过三极管发射极电阻的电流

$$I_e = \frac{U_W - U_{be}}{R_e} = 1(\text{mA})$$

以上所得为恒流偏置电路的基本工作状况。

(1) 根据题目给定的在不同光照情况下输出电压的条件,可以得到不同光照下光敏电阻的阻值

$$R_{e1} = \frac{U_{bb} - 6}{I_e} = 6(\text{k}\Omega),\quad R_{e2} = \frac{U_{bb} - 8}{I_e} = 4(\text{k}\Omega)$$

将 R_{e1} 与 R_{e2} 的值代入式(2-3),得到光照度在 40~80 lx 时

$$\gamma = \frac{\lg 6 - \lg 4}{\lg 80 - \lg 40} = 0.59$$

输出电压为 7 V 时光敏电阻的阻值应为

$$R_{e3} = \frac{U_{bb} - 7}{I_e} = 5 (k\Omega)$$

此时的光照度

$$\gamma = \frac{\lg 6 - \lg 5}{\lg E_3 - \lg 40} = 0.59$$

可得

$$\lg E_3 = \frac{\lg 6 - \lg 5}{0.59} + \lg 40 = 1.736$$

$$E_3 = 54.45 (lx)$$

(2) 电路的电压灵敏度为

$$S_v = \frac{\Delta U}{\Delta E} = \frac{7-6}{54.45-40} = 0.069 (V/lx)$$

例 2-2 在如图 2-14 所示的恒压偏置电路中,已知 VD_W 为 2CW12 型稳压二极管,其稳定电压值为 6 V,设 $R_b = 1 k\Omega, R_c = 510 \Omega$,三极管的电流放大倍数不小于 80,电源电压 $U_{bb} = 12 V$。当 CdS 光敏电阻光敏面上的照度为 150 lx 时,恒压偏置电路的输出电压为 10 V;照度为 450 lx 时,输出电压为 8 V。试计算输出电压为 9 V 时的照度(设光敏电阻在 500~100 lx 的 γ 值不变)。照度为 500 lx 时的输出电压为多少?

解 分析电路可知,流过稳压二极管的电流满足 2CW12 的稳定工作条件,三极管的基极被稳定在 6 V。

光照度为 150 lx 时流过光敏电阻的电流及光敏电阻的阻值分别为

$$I_1 = \frac{U_{bb} - 10}{R_c} = \frac{12-10}{510} = 3.92 (mA), \quad R_1 = \frac{U_W - 0.7}{I_1} = \frac{6 - 0.7}{3.92} = 1.4 (k\Omega)$$

同样,照度为 300 lx 时,流过光敏电阻的电流与光敏电阻的阻值分别为

$$I_2 = \frac{U_{bb} - 8}{R_c} = 7.8 (mA), \quad R_2 = 680 \Omega$$

由于光敏电阻在 500~100 lx 间的 γ 值不变,因此可得

$$\gamma = \frac{\lg R_1 - \lg R_2}{\lg E_2 - \lg E_1} = 0.66$$

当输出电压为 9 V 时,流过光敏电阻的电流及光敏电阻的阻值分别为

$$I_3 = \frac{U_{bb} - 9}{R_c} = 5.88 (mA), \quad R_3 = 900 \Omega$$

设输出电压为 9 V 时的入射照度为 E_3,则有

$$\gamma = \frac{\lg R_2 - \lg R_3}{\lg E_3 - \lg E_2} = 0.66, \quad \lg E_3 = \lg E_2 + \frac{\lg R_2 - \lg R_3}{0.66} = 2.292, \quad E_3 = 196 (lx)$$

当然,由 γ 值的计算公式可以得到照度为 500 lx 时,$R_4 = 214 \Omega, I_4 = 24.7 mA$。而此时的输出电压

$$U_o = U_{bb} - I_4 R_4 = 6.7 \text{ (V)}$$

即在 500 lx 的照度下恒压偏置电路的输出电压为 6.7 V。

2.4 光敏电阻的应用实例

与其他光电敏感器件不同,光敏电阻为无极性的器件,因此,可直接在交流电路中作为光电传感器完成各种光电控制。但是,在实际应用中光敏电阻主要还是在直流电路中用作光电探测与控制。

2.4.1 照明灯的光电控制电路

照明灯包括路灯、廊灯与院灯等公共场所的照明灯,它的开关常采用自动控制。照明灯实现光电自动控制后,根据自然光的情况决定是否开灯,以便节约用电。图 2-15 所示为一种最简单的用光敏电阻作为光电敏感器件的照明灯自动控制电路。该电路由 3 部分构成:第 1 部分为由整流二极管 VD 和滤波电容 C 构成的半波整流滤波电路,它为光电控制电路提供直流电源;第 2 部分为由限流电阻 R、CdS 光敏电阻及继电器绕组构成的测光与控制电路;第 3 部分为由继电器的常闭触头构成的执行电路,它控制照明灯的开关。

当自然光较暗需要点灯时,CdS 光敏电阻的阻值很高,继电器 K 的绕组电流变得很小,不能维持工作而关闭,常闭触头使照明灯点亮;当自然光增强到一定的照度 E_v 时,光敏电阻的阻值减小到一定的值,流过继电器的电流使继电器 K 动作,常闭触头断开将照明灯熄灭。设使照明灯点亮的光照度为 E_v,继电器绕组的直流电阻为 R_K,使继电器吸合的最小电流为 I_{min},光敏电阻的灵敏度为 S_R,暗电阻 R_D 很大,则

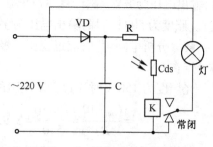

图 2-15 照明灯自动控制电路

$$E_v = \frac{\dfrac{U}{I_{min}} - (R + R_K)}{S_R}$$

显然,这种最简单的光电控制电路有很多缺点,需要改进。在实际应用中常常要附加其他电路,如楼道照明灯常配加声控开关,或者微波等接近开关,使照明灯在有人活动时才被点亮;而路灯光电控制器则要增加防止闪电光辐射或人为的光源(如手电灯光等)对控制电路的干扰措施。

2.4.2 火焰探测报警器

图 2-16 所示为采用光敏电阻作为探测元件的火焰探测报警器电路图。PbS 光敏电阻的暗电阻的阻值为 1 MΩ,亮电阻的阻值为 0.2 MΩ(辐照度 1 mW/cm² 下测试),峰值响应波长为 2.2 μm,恰为火焰的峰值辐射光谱。

由 VT_1、电阻 R_1、R_2 和稳压二极管 VD_W 构成对光敏电阻 R_3 的恒压偏置电路。恒压偏置电路具有更换光敏电阻方便的特点,只要保证光电导灵敏度 S_g 不变,输出电路的电压灵敏度就不会因为更换光敏电阻的阻值而改变,从而使前置放大器的输出信号稳定。当被探测物体

的温度高于燃点或被点燃发生火灾时,物体将发出波长接近于 2.2 μm 的辐射(或"跳变"的火焰信号),该辐射光将被 PbS 光敏电阻 R_3 接收,使前置放大器的输出跟随火焰"跳变"的信号,并经电容 C_2 耦合,发送给由 VT_2、VT_3 组成的高输入阻抗放大器放大。火焰的"跳变"信号被放大后发送给中心站放大器,并由中心站放大器发出火灾警报信号或执行灭火动作(如喷淋出水或灭火泡沫)。

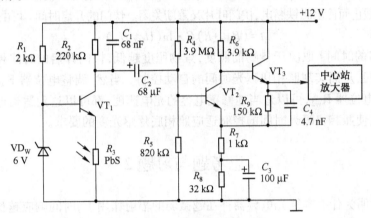

图 2-16 火焰探测报警器电路

2.4.3 照相机电子快门

图 2-17 所示为利用光敏电阻构成的照相机自动曝光控制电路,也称为照相机的电子快门。电子快门常用于电子程序快门的照相机中,其中测光器件常采用与人眼光谱响应接近的硫化镉(CdS)光敏电阻。照相机曝光控制电路是由光敏电阻 R、开关 S 和电容 C_1 构成的充电电路,时间检出电路(电压比较器),三极管 VT 构成的驱动放大电路,电磁铁 M 带动的开门叶片(执行单元)等组成。

在初始状态,开关 S 处于图中所示的位置,电压比较器的正输入端的电位为 R_1 与 R_{W1} 对电源

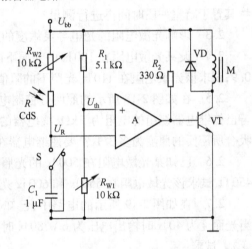

图 2-17 照相机电子快门控制电路

电压 U_{bb} 分压所得的阈值电压 U_{th}(一般为 1~1.5 V),而电压比较器的负输入端的电位 U_R 近似为电源电位 U_{bb},显然电压比较器负输入端的电位高于正输入端的电位,比较器输出为低电平,三极管截止,电磁铁不吸合,开门叶片闭合。

当按动快门的按钮时,开关 S 与由光敏电阻 R 及 R_{W2} 构成的测光与充电电路接通,这时,电容 C_1 两端的电压 U_C 为零。由于电压比较器的负输入端的电位低于正输入端而使其输出为高电平,使三极管 VT 导通,电磁铁将带动快门的叶片打开快门,照相机开始曝光。快门打开的同时,电源 U_{bb} 通过电位器 R_{W2} 与光敏电阻 R 向电容 C_1 充电,且充电的速度取决于景物的照度,景物照度愈高光敏电阻 R 的阻值愈低,充电速度愈快。U_R 的变化规律可由电容 C 的充电规律得到:

$$U_R = U_{bb}[1-\exp(-t/\tau)] \tag{2-33}$$

式中,$\tau = (R_{W2}+R)C$,为电路的时间常数;而光敏电阻的阻值 R 与入射的光照度 E_v 有关。由式(2-2)不难推出

$$R = 1/g = E^{-\gamma}/S_g$$

当电容 C_1 两端的电压 U_C 充电到一定的电位($U_R \geq U_{th}$)时,电压比较器的输出电压将由高变低,三极管 VT 截止而使电磁铁断电,快门叶片又重新关闭。快门的开启时间 t 可由下式得到:

$$t = (R_{W2}+R)C \cdot \ln(U_{bb}/U_{th})$$

显然,快门开启的时间 t 取决于景物的照度,景物照度越低,快门开启的时间越长;反之,快门开启的时间变短,从而实现照相机曝光时间的自动控制。当然,调整电位器 R_{W1} 可以调整阈值电压 U_{th},调整电位器 R_{W2},可以适当地修正电容的充电速度,都可以达到适当地调整照相机曝光时间的目的,使照相机曝光时间的控制适应照相底片感光度的要求。

思考题与习题 2

2.1 试说明为什么本征光电导器件在越微弱的辐射作用下,时间响应越长,灵敏度越高。

2.2 为什么光敏电阻的暗电阻与环境温度有关?为什么在测量光敏电阻暗电阻时要求将其置于暗室一段时间再进行测量?

2.3 影响光敏电阻的光电导灵敏度的几何尺寸因素是哪个?为什么?

2.4 设某光敏电阻在 100 lx 的光照下的阻值为 2.5 kΩ,且知它在 90~120 lx 范围内的 $\gamma = 0.9$,试求该光敏电阻在 110 lx 光照下的阻值。

2.5 在如图 2-18 所示的照明灯控制电路中,用上题所给的 CdS 光敏电阻作光电传感器,若已知继电器绕组的电阻为 5 kΩ,继电器的吸合电流为 2 mA,电阻 $R = 1$ kΩ 时,问为使继电器吸合所需要的照度为多少 lx?要使继电器在 3 lx 时吸合,问应如何调整电阻器 R?

2.6 已知某光敏电阻在 500 lx 的光照下的阻值为 550 Ω,而在 700 lx 的光照下的阻值为 450 Ω,试求该光敏电阻在 550 lx 和 600 lx 光照下的阻值。

2.7 在如图 2-19 所示的电路中,已知 $R_b = 820\,\Omega$,$R_e = 3.3$ kΩ,$U_W = 4$ V,光敏电阻为 R_P,当光照度为 40 lx 时输出电压为 6 V,80 lx 时为 9 V(设该光敏电阻在 30 到 100 lx 之间的 γ 值不变)。试求:

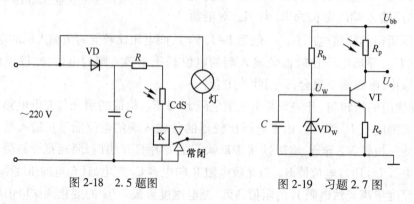

图 2-18 2.5 题图   图 2-19 习题 2.7 图

(1) 输出电压为 8 伏时的照度为多少 lx?

（2）若 R_e 增加到 6 kΩ，输出电压仍然为 8 V，问此时的照度为多少 lx？

（3）若光敏面上的照度为 70 lx，问 R_e = 3.3 kΩ 与 R_e = 6 kΩ 时的输出电压各为多少？

（4）该电路在输出电压为 8 V 时的电压灵敏度为多少（V/lx）？

2.8 设某只 CdS 光敏电阻的最大功耗为 30 mW，光电导灵敏度 $S_g = 0.5×10^{-6}$ S/lx，暗电导 $g_0 = 0$。试问当 CdS 光敏电阻上的偏置电压为 20 V 时的极限照度为多少 lx？

2.9 试设计光敏电阻的恒压偏置电路，要求光照变化在 100~150 lx 范围内的输出电压的变化不小于 2 V，电源电压为 12 V，所用光敏电阻可从表 2-1 中查找。

2.10 在如图 2-16 所示的火灾探测报警器电路中，设 U_{bb} = 12 V，其他电路参数如图中所示，若 PbS 光敏电阻的暗电阻值为 1 MΩ，在幅照度为 1 mW/cm² 的情况下的亮电阻阻值为 0.2 MΩ，问前置放大器 VT_1 集电极电压的变化量为多少？

2.11 如图 2-17 所示的照相机快门自动控制电路中，设 U_{bb} = 12 V，R_{W1} = 5.1 kΩ，R_{W2} = 8.2 kΩ，C_1 = 1 μF，CdS 光敏电阻在 1 lx 时的阻值约为 15 kΩ，问景物照度为 1 lx 时快门的开启时间为多少？

2.12 能否对"压敏电阻"实施恒流偏置电路与恒压偏置电路？实施恒流与恒压偏置后会带来哪些好处？

第3章 光生伏特器件

利用光生伏特效应制造的光电敏感器件称为光生伏特器件。光生伏特效应与光电导效应同属于内光电效应,然而两者的导电机理相差很大,光生伏特效应是少数载流子导电的光电效应,而光电导效应是多数载流子导电的光电效应。使得光生伏特器件在许多性能上与光电导器件有很大的差别。其中,光生伏特器件的暗电流小、噪声低、响应速度快、光电特性的线性,以及受温度的影响小等特点是光电导器件所无法比拟的,而光电导器件对微弱辐射的探测能力和光谱响应范围又是光生伏特器件所望尘莫及的。

具有光生伏特效应的半导体材料很多,如硅(Si)、锗(Ge)、硒(Se)、砷化镓(GaAs)等半导体材料,利用这些材料能够制造出具有各种特点的光生伏特器件。其中硅光生伏特器件具有制造工艺简单、成本低等特点,使它成为目前应用最广泛的光生伏特器件。本章主要讨论典型硅光生伏特器件的原理、特性与偏置电路,并在此基础上介绍一些具有超常特性与功能的光生伏特器件及其应用。

3.1 硅光电二极管

硅光电二极管是最简单、最具有代表性的光生伏特器件。其中 PN 结硅光电二极管为最基本的光生伏特器件,其他光生伏特器件是在它的基础上为提高某方面的特性而发展起来的。学习硅光电二极管的原理与特性可为学习其他光生伏特器件打下基础。

3.1.1 硅光电二极管的工作原理

1. 光电二极管的基本结构

光电二极管可分为以 P 型硅为衬底的 2DU 型与以 N 型硅为衬底的 2CU 型两种结构形式。图 3-1(a)所示为 2DU 型光电二极管的结构原理图。在高阻轻掺杂 P 型硅片上通过扩散或注入的方式生成很浅(约为 1 μm)的 N 型层,形成 PN 结。为保护光敏面,在 N 型硅的上面氧化生成极薄的 SiO_2 保护膜,它既可保护光敏面,又可增加器件对光的吸收。

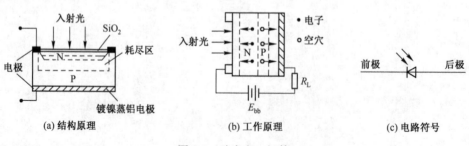

图 3-1 硅光电二极管

图 3-1(b)所示为光电二极管的工作原理图。当光子入射到 PN 结形成的耗尽层内时,PN 结中的原子吸收了光子能量,并产生本征吸收,激发出电子-空穴对,在耗尽区内建电场的作用下,空穴被拉到 P 区,电子被拉到 N 区,形成反向电流即光电流。光电流在负载电阻 R_L 上产生与入射光度量相关的信号输出。

图 3-1(c)所示为光电二极管的电路符号,其中的小箭头表示正向电流的方向(普通整流二极管中规定的正方向),光电流的方向与之相反。图中的前极为光照面,后极为背光面。

2. 光电二极管的电流方程

在无辐射作用的情况下(暗室中),PN 结硅光电二极管的伏安特性曲线与普通 PN 结二极管的伏安特性曲线一样,如图 3-2 所示。其电流方程为

$$I = I_D \left(e^{\frac{qU}{kT}} - 1 \right) \tag{3-1}$$

式中,U 为加在光电二极管两端的电压,T 为器件的温度,k 为玻耳兹曼常数,q 为电子电荷量。显然 I_D 和 U 均为负值(反向偏置时),且 $|U| \gg kT/q$ 时(室温下 $kT/q \approx 26 \text{ mV}$,很容易满足这个条件)的电流,称为反向电流或暗电流。

当光辐射作用到如图 3-1(b)所示的光电二极管上时,根据式(1-90)可得光生电流为

$$I_\Phi = \frac{\eta q}{h\nu}(1 - e^{-\alpha d})\Phi_{e,\lambda}$$

其方向应为反向。这样,光电二极管的全电流方程为

$$I = -\frac{\eta q \lambda}{hc}(1 - e^{-\alpha d})\Phi_{e,\lambda} + I_D\left(e^{\frac{qU}{kT}} - 1\right) \tag{3-2}$$

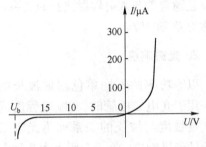

图 3-2 硅光电二极管伏安特性曲线

式中,η 为光电材料的光电转换效率,α 为材料对光的吸收系数。

3.1.2 光电二极管的基本特性

由式(3-2)所示的光电二极管全电流方程可以得到如图 3-3 所示的硅光电二极管在不同偏置电压下的输出特性曲线,这些曲线反映了光电二极管的基本特性。

光电二极管在高于 0.7 V 的正向电压情况下,表现出普通 PN 结二极管的正向导通特性,只有小于 0.7 V 才会产生光电效应。即只能工作在图 3-3 所示的第 3 象限与第 4 象限,很不方便。为此,在光电技术中常采用重新定义电流与电压正方向的方法把特性曲线旋转成如图 3-4 所示。重新定义的电流与电压的正方向均与 PN 结内建电场的方向相同。

1. 光电二极管的灵敏度

定义光电二极管的电流灵敏度为入射到光敏面上辐射量的变化(例如通量变化 $d\Phi$)引起的电流变化 dI 与辐射量变化之比。通过对式(3-2)进行微分可以得到

$$S_i = \frac{dI}{d\Phi} = \frac{\eta q \lambda}{hc}(1 - e^{-\alpha d}) \tag{3-3}$$

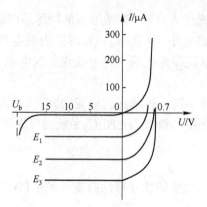
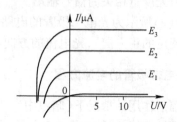

图 3-3 硅光电二极管输出特性曲线   图 3-4 旋转后的硅光电二极管输出特性曲线

显然,当某波长 λ 的辐射作用于光电二极管时,其电流灵敏度为与材料有关的常数,表明光电二极管的光电转换特性的线性关系。必须指出,电流灵敏度与入射辐射波长 λ 的关系是很复杂的,因此在定义光电二极管的电流灵敏度时,通常将其峰值响应波长的电流灵敏度作为光电二极管的电流灵敏度。在式(3-3)中,表面上看它与波长 λ 成正比,但是,材料的吸收系数 α 还隐含着与入射辐射波长的关系。因此,常把光电二极管的电流灵敏度与波长的关系曲线称为光谱响应。

2. 光谱响应

以等功率的不同单色辐射波长的光作用于光电二极管时,其响应程度或电流灵敏度与波长的关系称为光电二极管的光谱响应。图 3-5 所示为几种典型材料的光电二极管光谱响应曲线。由光谱响应曲线可以看出,典型硅光电二极管光谱响应长波限约为 $1.1\ \mu m$,短波限接近 $0.4\ \mu m$,峰值响应波长约为 $0.9\ \mu m$。硅光电二极管光谱响应长波限受硅材料的禁带宽度 E_g 的限制,短波

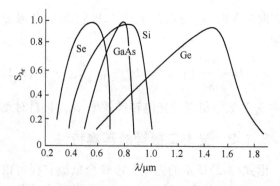

图 3-5 典型材料的光电二极管的光谱响应曲线

限受材料 PN 结厚度对光吸收的影响,减薄 PN 结的厚度可提高短波限的光谱响应。GaAs 材料的光谱响应范围小于硅材料的光谱响应,锗(Ge)的光谱响应范围较宽。

3. 时间响应

以频率 f 调制的辐射作用于 PN 结硅光电二极管光敏面时,PN 结硅光电二极管电流的产生要经过下面 3 个过程:

(1) 在 PN 结区内光生载流子渡越结区的时间,称为漂移时间 τ_{dr};
(2) 在 PN 结区外产生的光生载流子扩散到 PN 结区内所需要的时间,称为扩散时间;
(3) 由 PN 结电容 C_j、管芯电阻 R_i 及负载电阻 R_L 构成的 RC 延迟时间 τ_{RC}。

设载流子在结区内的漂移速度为 v_d,PN 结区的宽度为 W,载流子在结区内的最长漂移时间为

$$\tau_{dr} = W/v_d \tag{3-4}$$

一般的 PN 结硅光电二极管，内电场强度 E_i 都在 10^5 V/cm 以上，载流子的平均漂移速度要高于 10^7 cm/s，PN 结区的宽度一般约为 100 μm。由式(3-4)可知，漂移时间 $\tau_{dr} = 10^{-9}$ s，为 ns 数量级。

对于 PN 结硅光电二极管，入射辐射在 PN 结势垒区以外激发的光生载流子必须经过扩散运动到势垒区内，才能受内建电场的作用，并分别拉向 P 区与 N 区。载流子的扩散运动往往很慢，因此扩散时间 τ_p 很长，约为 100 ns，它是限制 PN 结硅光电二极管时间响应的主要因素。

另一个因素是 PN 结电容 C_j 和管芯电阻 R_i 及负载电阻 R_L 构成的时间常数 τ_{RC}，有

$$\tau_{RC} = C_j(R_i + R_L) \tag{3-5}$$

普通 PN 结硅光电二极管的管芯内阻 R_i 约为 250 Ω，PN 结电容 C_j 常为几个 pF，在负载电阻 R_L 低于 500 Ω 时，时间常数 τ_{RC} 也在 ns 数量级。但是，当负载电阻 R_L 很大时，时间常数 τ_{RC} 将成为影响硅光电二极管时间响应的一个重要因素，应用时必须注意。

由以上分析可见，影响 PN 结硅光电二极管时间响应的主要因素是 PN 结区外载流子的扩散时间 τ_p，如何扩展 PN 结区是提高硅光电二极管时间响应的重要措施。增高反向偏置电压会提高内建电场的强度，扩展 PN 结的耗尽区。但是反向偏置电压的提高也会加大结电容，使 RC 时间常数 τ_{RC} 增大。因此，必须从 PN 结的结构设计方面考虑如何在不使偏压增大的情况下使耗尽区扩展到整个 PN 结器件，才能消除扩散时间。

4. 噪声

与光敏电阻一样，光电二极管的噪声也包含低频噪声 I_{nf}、散粒噪声 I_{ns} 和热噪声 I_{nT} 等三种噪声。其中，散粒噪声是光电二极管的主要噪声。散粒噪声是由于电流在半导体内的散粒效应引起的，它与电流的关系为

$$I_{ns}^2 = 2qI\Delta f \tag{3-6}$$

光电二极管的电流应包括暗电流 I_D、信号电流 I_s 和背景辐射引起的背景光电流 I_b，因此散粒噪声应为

$$I_{ns}^2 = 2q(I_D + I_s + I_b)\Delta f \tag{3-7}$$

根据电流方程，将反向偏置的光电二极管电流与入射辐射的关系，即式(3-2)代入式(3-7)得

$$I_{ns}^2 = \frac{2q^2\eta\lambda(\Phi_s + \Phi_b)}{hc}\Delta f + 2qI_D\Delta f \tag{3-8}$$

另外，当考虑负载电阻 R_L 的热噪声时，光电二极管的噪声应为

$$I_n^2 = \frac{2q^2\eta\lambda(\Phi_s + \Phi_b)}{hc}\Delta f + 2qI_D\Delta f + \frac{4kT\Delta f}{R_L} \tag{3-9}$$

目前，用来制造 PN 结型光电二极管的半导体材料主要有硅、锗、硒和砷化镓等，用不同材料制造的光电二极管具有不同的特性。表 3-1 所示为几种不同材料光电二极管的基本特性参数，供实际应用时选用。

表 3-1 几种不同材料光电二极管的基本特性参数

型号	材料	光敏面积 (S/mm^2)	光谱响应 ($\Delta\lambda/\text{nm}$)	峰值波长 (λ_m/nm)	时间响应 (τ/ns)	暗电流 (I_D/nA)	光电流 ($I_P/\mu\text{A}$)	反向偏压 (U_R/V)	功耗 (P/mW)	生产厂家
2AU1A~D	Ge	0.08	0.86~1.8	1.5	≤100	10 000	30	50	15	南通光电器件厂
2CU1A~D	Si	φ8	0.4~1.1	0.9	≤100	200	0.8	10~50	300	
2CU2	Si	0.49	0.5~1.1	0.88	≤100	100	15	30	30	
2CU5A	Si	φ2	0.4~1.1	0.9	≤50	100	0.1	10	50	
2CU5B	Si	φ2	0.4~1.1	0.9	≤50	100	0.1	20	50	
2CU5C	Si	φ2	0.4~1.1	0.9	≤50	100	0.1	30	150	
2DU1B	Si	φ7	0.4~1.1	0.9	≤100	≤100	≥20	50	100	北京光电器件厂
2DU2B	Si	φ7	0.4~1.1	0.9	≤100	100~300	≥20	50	100	
2CU101B	Si	0.2	0.5~1.1	0.9	≤5	≤10	≥10	15	50	
2CU201B	Si	0.78	0.5~1.1	0.9	≤5	≤50	≥10	50	50	
2DU3B	Si	φ7	0.4~1.1	0.9	≤100	300~1000	≥20	50	100	
PIN09A	Si	0.06	0.5~1.1	0.9	≤4	50	≥10	25	10	746 厂
PIN09B	Si	0.2	0.5~1.1	0.9	≤4	50	≥10	25	15	
PIN09C	Si	0.78	0.5~1.1	0.9	≤4	300	≥20	25	30	
UV102BK	Si	4.2	0.25~1.1	0.88	≤100	0.1	5			武汉大学半导体厂
UV105BK	Si	30	0.25~1.1	0.88	≤100	1	28			
UV-110BK	Si	102	0.25~1.1	0.88	≤100	3	150			
2CUGS1A	Si	5.3	0.4~1.1	0.9	≤50	10	140	30	150	
2CUGS1B	Si	1.44	0.4~1.1	0.9	≤50	10	50	30	100	

3.2 其他类型的光生伏特器件

3.2.1 PIN 型光电二极管

为了提高 PN 结硅光电二极管的时间响应，消除在 PN 结外光生载流子的扩散运动时间，常采用在 P 区与 N 区之间生成 I 型层，构成如图 3-6(a)所示的 PIN 结构光电二极管。PIN 结构的光电二极管与 PN 结型的光电二极管在外形上没有区别，如图 3-6(b)所示。

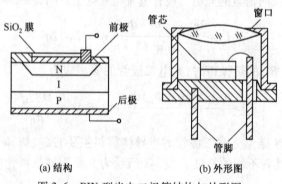

图 3-6 PIN 型光电二极管结构与外形图

PIN 型光电二极管在反向电压作用下,耗尽区扩展到整个半导体,光生载流子在内建电场的作用下只产生漂移电流,因此,PIN 型光电二极管在反向电压作用下的时间响应只取决于 τ_{dr} 与 τ_{RC},在 10^{-9} s 左右。

3.2.2 雪崩光电二极管

PIN 型光电二极管提高了 PN 结光电二极管的时间响应,但未能提高器件的光电灵敏度。为了提高光电二极管的灵敏度,人们设计了雪崩光电二极管,使光电二极管的光电灵敏度提高到需要的程度。

1. 结构

如图 3-7 所示为三种雪崩光电二极管的结构示意图。图 3-7(a)所示为在 P 型硅基片上扩散杂质浓度大的 N^+ 层,制成 P 型 N 结构;图 3-7(b)所示为在 N 型硅基片上扩散杂质浓度大的 P^+ 层,制成 N 型 P 结构的雪崩光电二极管。无论 P 型 N 还是 N 型 P 结构,都必须在基片上蒸涂金属铂形成硅化铂(约 10 nm)保护环。图 3-7(c)所示为 PIN 型雪崩光电二极管。由于 PIN 型光电二极管在较高的反向偏置电压的作用下其耗尽区会扩展到整个 PN 结结区,形成自身保护(具有很强的抗击穿功能),因此,雪崩光电二极管不必设置保护环。目前,市场上的雪崩光电二极管基本上都是 PIN 型的。

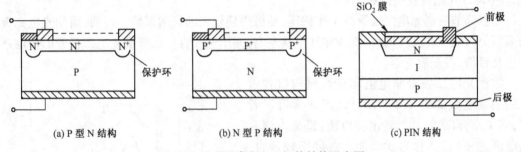

图 3-7 三种雪崩光电二极管结构示意图

2. 工作原理

雪崩光电二极管为具有内增益的一种光生伏特器件。它利用光生载流子在强电场内的定向运动产生雪崩效应,以获得光电流的增益。在雪崩过程中,光生载流子在强电场的作用下进行高速定向运动,具有很高动能的光生电子或空穴与晶格原子碰撞,使晶格原子电离产生二次电子-空穴对;二次电子和空穴对在电场的作用下获得足够的动能,又使晶格原子电离产生新的电子-空穴对,此过程像"雪崩"似地继续下去。电离产生的载流子数远大于光激发产生的光生载流子数,这时雪崩光电二极管的输出电流迅速增加。其电流倍增系数定义为

$$M = I/I_0 \tag{3-10}$$

式中,I 为倍增输出电流,I_0 为倍增前的输出电流。

雪崩倍增系数 M 与碰撞电离率有密切的关系。碰撞电离率表示一个载流子在电场作用下,漂移单位距离所产生的电子-空穴对数目。实际上电子电离率 α_n 和空穴电离率 α_P 是不完全一样的,它们都与电场强度有密切关系。由实验确定,电离率 α 与电场强度 E 近似有以下关系

$$\alpha = A e^{-(\frac{b}{E})^m} \tag{3-11}$$

式中，A、b、m 都为与材料有关的系数。

假定 $\alpha_n = \alpha_P = \alpha$，可以推导出

$$M = \frac{1}{1 - \int_0^{X_D} \alpha \, dx} \tag{3-12}$$

式中，X_D 为耗尽层的宽度。上式表明，当

$$\int_0^{X_D} \alpha \, dx \to 1 \tag{3-13}$$

时，$M \to \infty$。因此，称式(3-13)为发生雪崩击穿的条件。其物理意义是：在强电场作用下，当通过耗尽区的每个载流子平均能产生一对电子-空穴对，就发生雪崩击穿现象。当 $M \to \infty$ 时，PN 结上所加的反向偏压就是雪崩击穿电压 U_{BR}。

实验发现，在反向偏压略低于击穿电压时，也会发生雪崩倍增现象，不过这时的 M 值较小，M 随反向偏压 U 的变化可用经验公式近似表示为

$$M = \frac{1}{1 - (U/U_{BR})^n} \tag{3-14}$$

式中，指数 n 与 PN 结的结构有关。对 N^+P 结，$n \approx 2$；对 P^+N 结，$n \approx 4$。由上式可见，当 $U \to U_{BR}$ 时，$M \to \infty$，PN 结将发生击穿。

适当调节雪崩光电二极管的工作偏压，便可得到较大的倍增系数。目前，雪崩光电二极管的偏压分为低压和高压两种，低压在几十伏左右，高压达几百伏。雪崩光电二极管的倍增系数可达几百倍，甚至数千倍。

雪崩光电二极管暗电流和光电流与偏置电压的关系曲线如图 3-8 所示。从图 3-8 可以看到，当工作偏压增加时，输出亮电流（即光电流和暗电流之和）按指数形式增加。在偏压较低时，不产生雪崩过程，即无光电流倍增。所以，当光脉冲信号入射后，产生的光电流脉冲信号很小（如 A 点波形）。当反向偏压升至 B 点时，光电流便产生雪崩倍增，这时光电流脉冲信号输出增大到最大（如 B 点波形）。当偏压接近雪崩击穿电压时，雪崩电流维持自身流动，使暗电流迅速增加，光激发载流子的雪崩放大倍率却减小，即光电流灵敏度随反向偏压增加反而减小，如在 C 点处光电流的脉冲信号减小。换句话说，当反向偏压超过 B 点后，由于暗电流增加的速度更快，使

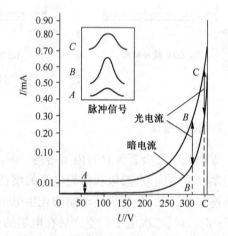

图 3-8 雪崩光电二极管暗电流和光电流与偏置电压的关系曲线

有用的光电流脉冲幅值减小。所以最佳工作点在接近雪崩击穿点附近。有时为了压低暗电流，会把工作点向左移动一些，虽然灵敏度有所降低，但是暗电流和噪声特性有所改善。

从图 3-8 所示的伏安特性曲线可以看出，在雪崩击穿点附近电流随偏压变化的曲线较陡，当反向偏压有较小变化时，光电流将有较大变化。另外，在雪崩过程中 PN 结上的反向偏压容

易产生波动,将影响增益的稳定性。所以,在确定工作点后,对偏压的稳定度要求很高。

3. 噪声

由于雪崩光电二极管中载流子的碰撞电离是不规则的,碰撞后的运动方向变得更加随机,所以它的噪声比一般光电二极管要大些。在无倍增的情况下,其噪声电流主要为如式(3-6)所示的散粒噪声。当雪崩倍增 M 倍后,雪崩光电二极管的噪声电流的均方根值可近似由下式计算:

$$I_n^2 = 2qIM^n\Delta f \tag{3-15}$$

式中,指数 n 与雪崩光电二极管的材料有关。对于锗管,$n=3$;对于硅管,$2.3<n<2.5$。

显然,由于信号电流按 M 倍增大,而噪声电流按 $M^{n/2}$ 倍增大。因此,随着 M 的增大,噪声电流比信号电流增大得更快。

3.2.3 硅光电池

硅光电池是一种不需加偏置电压就能把光能直接转换成电能的 PN 结光电器件。按硅光电池的功用可将其分为两大类:太阳能硅光电池和测量硅光电池。

太阳能硅光电池主要用做向负载提供电源,对它的要求主要是光电转换效率高、成本低。由于它具有结构简单、体积小、重量轻、可靠性高、寿命长、可在空间直接将太阳能转换成电能等特点,因此成为航天工业中的重要电源,而且还被广泛地应用于供电困难的场所和一些日用便携电器中。

测量硅光电池的主要功能是光电探测,即在不加偏置的情况下将光信号转换成电信号,此时对它的要求是线性范围宽、灵敏度高、光谱响应合适、稳定性高、寿命长等。它常被应用在光度、色度、光学精密计量和测试设备中。

1. 硅光电池的基本结构和工作原理

硅光电池按衬底材料的不同可分为 2DR 型和 2CR 型。图 3-9(a)所示为 2DR 型硅光电池的结构,它是以 P 型硅为衬底(即在本征型硅材料中掺入三价元素硼或镓等),然后在衬底上扩散磷而形成 N 型层并将其作为受光面。2CR 型硅光电池则是以 N 型硅作为衬底(在本征型硅材料中掺入五价元素磷或砷等),然后在衬底上扩散硼而形成 P 型层并将其作为受光面,构成 PN 结,再经过各种工艺处理,分别在衬底和光敏面上制作输出电极,涂上二氧化硅作为保护膜,即成硅光电池。

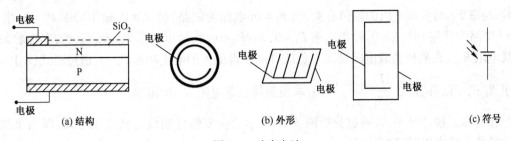

图 3-9 硅光电池

硅光电池受光面的输出电极多做成如图3-9(b)所示的梳齿状或"E"字型电极,目的是减小硅光电池的内电阻。另外,在光敏面上涂一层极薄的二氧化硅透明膜,它既可以起到防潮、防尘等保护作用,又可以减小硅光电池表面对入射光的反射,增强对入射光的吸收。

2. 硅光电池工作原理

硅光电池工作原理示意图如图3-10所示。当光作用于PN结时,耗尽区内的光生电子与空穴在内建电场力的作用下分别向N区和P区运动,在闭合的电路中将产生如图中所示的输出电流I_L,且在负载电阻R_L上产生的电压降为U。由欧姆定律可得,PN结获得的偏置电压为

$$U = I_L R_L \tag{3-16}$$

当以I_L为电流和电压的正方向时,可以得到如图3-11所示的伏安特性曲线。从该曲线可以看出,负载电阻R_L所获得的功率为

$$P_L = I_L U \tag{3-17}$$

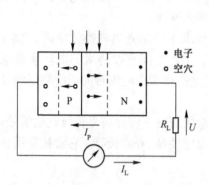

图3-10 硅光电池工作原理示意图

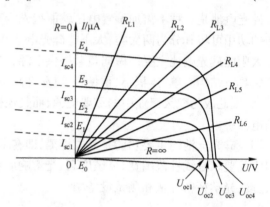

图3-11 硅光电池的伏安特性曲线

式中,光电池输出电流I_L应包括光生电流I_P、扩散电流与暗电流等三部分,即

$$I_L = I_P - I_D(e^{\frac{qU}{kT}} - 1) = I_P - I_D(e^{\frac{qI_L R_L}{kT}} - 1) \tag{3-18}$$

3. 硅光电池的输出功率

将式(3-17)代入式(3-18),得到负载所获得的功率为

$$P_L = I_L^2 R_L \tag{3-19}$$

因此,功率P_L与负载电阻的阻值有关,当$R_L = 0$(电路为短路)时,$U = 0$,输出功率$P_L = 0$;当$R_L = \infty$(电路为开路)时,$I_L = 0$,输出功率$P_L = 0$;$\infty < R_L < 0$时,输出功率$P_L > 0$。显然,存在着最佳负载电阻R_{opt},在最佳负载电阻情况下负载可以获得最大的输出功率P_{max}。通过对式(3-19)求关于R_L的1阶导数,令$\left.\dfrac{dP_L}{dR_L}\right|_{R_{opt}=R_L} = 0$,求得最佳负载电阻$R_{opt}$的阻值。

在实际工程计算中,常通过分析图3-11所示的伏安特性曲线得到经验公式,即当负载电阻为最佳负载电阻时,输出电压

$$U = U_m = (0.6 \sim 0.7) U_{oc} \tag{3-20}$$

而此时的输出电流近似等于光电流,即

$$I_\mathrm{m}=I_\mathrm{P}=\frac{\eta q\lambda}{hc}(1-\mathrm{e}^{-\alpha d})\Phi_{\mathrm{e},\lambda}=S\Phi_{\mathrm{e},\lambda} \tag{3-21}$$

式中,S 为硅光电池的电流灵敏度。

硅光电池的最佳负载电阻为

$$R_\mathrm{opt}=\frac{U_\mathrm{m}}{I_\mathrm{m}}=\frac{(0.6\sim0.7)U_\mathrm{oc}}{S\Phi_{\mathrm{e},\lambda}} \tag{3-22}$$

从上式可以看出硅光电池的最佳负载电阻 R_opt 与入射辐通量 $\Phi_{\mathrm{e},\lambda}$ 有关,它随入射辐通量 $\Phi_{\mathrm{e},\lambda}$ 的增大而减小。

负载电阻所获得的最大功率为

$$P_\mathrm{m}=I_\mathrm{m}U_\mathrm{m}=(0.6\sim0.7)U_\mathrm{oc}I_\mathrm{P} \tag{3-23}$$

4. 硅光电池的光电转换效率

将硅光电池的输出功率与入射辐通量之比,定义为硅光电池的光电转换效率,记为 η。当负载电阻为最佳负载电阻 R_opt 时,硅光电池输出最大功率 P_m 与入射辐通量之比,定义为硅光电池的最大光电转换效率,记为 η_m。有

$$\eta_\mathrm{m}=\frac{P_\mathrm{m}}{\Phi_\mathrm{e}}=\frac{(0.6\sim0.7)qU_\mathrm{oc}\int_0^\infty\lambda\eta_\lambda\Phi_{\mathrm{e},\lambda}(1-\mathrm{e}^{-\alpha d})\mathrm{d}\lambda}{hc\int_0^\infty\Phi_{\mathrm{e},\lambda}\mathrm{d}\lambda} \tag{3-24}$$

式中,η_λ 是与材料有关的光谱光电转换效率,表明硅光电池的最大光电转换效率与入射光的波长及材料的性质有关。

常温下,GaAs 材料的硅光电池的最大光电转换效率最高,为 22%~28%。实际使用效率仅为 10%~15%,因为实际器件的光敏面总存在一定的反射损失、漏电导和串联电阻的影响等。

表 3-2 所示为典型硅光电池的基本特性参数。应用硅光电池时应查阅相关厂家的技术资料。

表 3-2 典型硅光电池的基本特性参数

型 号	开路电压 (U_oc/mV)	光敏面积 (S/mm²)	短路电流 (I_sc/mA)	输出电流 (I_s/mA)	时间响应(τ_r) $R_\mathrm{L}=500\ \Omega$	时间响应(τ_r) $R_\mathrm{L}=1\mathrm{k}\ \Omega$	时间响应(τ_f) $R_\mathrm{L}=500\ \Omega$	时间响应(τ_f) $R_\mathrm{L}=1\mathrm{k}\ \Omega$	转换效率(%)
2CR11	450~600	2.5×5	2~4		15	20	15	20	≥6
2CR21	450~600	5×5	4~8		20	25	20	25	≥6
2CR31	550~600	5×10	9~15	6.5~8.5	30	35	35	35	6~8
2CR32	550~600	5×10	9~15	8.6~18.3	30	35	35	35	8~10
2CR41	450~600	10×10	18~30	17.6~22.5	35	40	40	70	6~8
2CR44	550~600	10×10	27~30	27~35	35	40	40	70	≥12
2CR51	450~600	10×20	36~60	35~45	60	150	80	150	6~8
2CR54	550~600	10×20	54~60	54~60	60	150	80	150	≥12
2CR61	450~600	φ17	40~65	30~40	70	100	90	150	6~8

续表

型号	开路电压 (U_{oc}/mV)	光敏面积 (S/mm²)	短路电流 (I_{sc}/mA)	输出电流 (I_s/mA)	时间响应(τ_r) $R_L=500\,\Omega$	时间响应(τ_r) $R_L=1\,\mathrm{k}\Omega$	时间响应(τ_f) $R_L=500\,\Omega$	时间响应(τ_f) $R_L=1\,\mathrm{k}\Omega$	转换效率(%)
2CR64	550~600	φ17	61~65	61~65	70	100	90	150	≥12
2CR71	450~600	20×20	72~120	54~120	100	120	120	150	≥6
2CR81	450~600	φ25	88~140	66~85	150	200	170	250	6~8
2CR84	500~600	φ25	132~140	132~140	150	200	170	250	≥12
2CR91	450~600	5×20	18~30	13.5~30	30	35	35	35	≥6

3.2.4 光电三极管

光电三极管与普通半导体三极管一样有两种基本结构,即 NPN 结构与 PNP 结构。用 N 型硅材料为衬底制作的光电三极管为 NPN 结构,称为 3DU 型;用 P 型硅材料为衬底制作的光电三极管为 PNP 结构,称为 3CU 型。图 3-12(a)所示为 3DU 型 NPN 光电三极管的原理结构,图(b)所示为光电三极管的电路符号,从图中可以看出,它们虽然只有两个电极(集电极和发射极),常不把基极引出来,但仍然称为光电三极管,因为它们具有半导体三极管的两个 PN 结的结构和电流的放大功能。

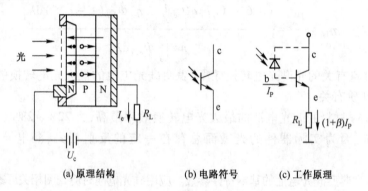

(a) 原理结构　　　(b) 电路符号　　　(c) 工作原理

图 3-12　3DU 型硅光电三极管

1. 工作原理

光电三极管的工作原理分为两个过程:一是光电转换;二是光电流放大。下面以 NPN 型硅光电三极管为例讨论其基本工作原理。光电转换过程与一般光电二极管相同,在集-基 PN 结区内进行。光激发产生的电子-空穴对在反向偏置的 PN 结内电场的作用下,电子流向集电区被集电极所收集,而空穴流向基区与正向偏置的发射结发射的电子流复合,形成基极电流 I_p,基极电流将被集电结放大 β 倍,这与一般半导体三极管的放大原理相同。不同的是一般三极管是由基极向发射结注入空穴载流子,控制发射极的扩散电流,而光电三极管是由注入到发射结的光生电流控制的。集电极输出的电流为

$$I_c = \beta I_p = \beta \frac{\eta q}{h\nu}(1-e^{-\alpha d})\Phi_{e,\lambda} \tag{3-25}$$

可以看出,光电三极管的电流灵敏度是光电二极管的 β 倍。相当于将光电二极管与三极管接

成如图 3-12(c)所示的电路形式,光电二极管的电流 I_p 被三极管放大 β 倍。在实际的生产工艺中也常采用这种形式,以便获得更好的线性和更大的线性范围。3CU 型光电三极管在原理上和 3DU 型相同,只是它以 P 型硅为衬底材料构成 PNP 的结构形式,其工作时的电压极性与之相反,集电极的电位为负。为了提高光电三极管的频率响应、增益和减小体积,常将光电二极管、光电三极管或三极管制作在一个硅片上构成集成光电器件。如图 3-13 所示为三种形式的集成光电器件。图 3-13(a)所示为光电二极管与三极管集成而构成的集成光电器件,它比图 3-12(c)所示的光电三极管具有更大的动态范围,因为光电二极管的反向偏置电压不受三极管集电结电压的控制。图 3-13(b)所示的电路为由图 3-12(c)所示的光电三极管与三极管集成构成的集成光电器件,它具有更高的电流增益(灵敏度更高)。图 3-13(c)所示的电路为由图3-12(b)所示的光电三极管与三极管集成构成的集成光电器件,也称为达林顿光电三极管。达林顿光电三极管中可以用更多的三极管集成而成为电流增益更高的集成光电器件。

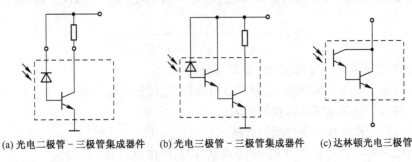

(a)光电二极管－三极管集成器件　(b)光电三极管－三极管集成器件　(c)达林顿光电三极管

图 3-13　集成光电器件

2. 光电三极管特性

(1) 伏安特性

图 3-14 所示为硅光电三极管在不同光照下的伏安特性曲线。从特性曲线可以看出,光电三极管在偏置电压为零时,无论光照度有多强,集电极电流都为零,这说明光电三极管必须在一定的偏置电压作用下才能工作。偏置电压要保证光电三极管的发射结处于正向偏置,而集电结处于反向偏置。随着偏置电压的增高伏安特性曲线趋于平坦。但是,与图 3-4 所示光电二极管的伏安特性曲线不同,光电三极管的伏安特性曲线向上偏斜,间距增大。这是因为光电三极管除具有光电灵敏度外,还具有电流增益 β,并且 β 值随光电流的增大而增大。

特性曲线的弯曲部分为饱和区,在饱和区光电三极管的偏置电压提供给集电结的反偏电压太低,集电极的收集能力低,造成三极管饱和。因此,应使光电三极管工作在偏置电压大于 5 V 的线性区域。

(2) 时间响应(频率特性)

光电三极管的时间响应常与 PN 结的结构及偏置电路等参数有关。为分析光电三极管的时间响应,首先画出光电三极管输出电路的微变等效电路。图 3-15(a)所示为光电三极管的输出电路,图 3-15(b)为其微变等效电路。分析等效电路图,不难看出,由电流源 I_p、基-射结电阻 r_{be}、电容 C_{be} 和基-集结电容 C_{bc} 构成的部分等效电路为光电二极管的等效电路,表明光电三极管的等效电路是在光电二极管的等效电路基础上增加了电流源 I_c、集-射结电阻 R_{ce}、电容 C_{ce} 和输出负载电阻 R_L。

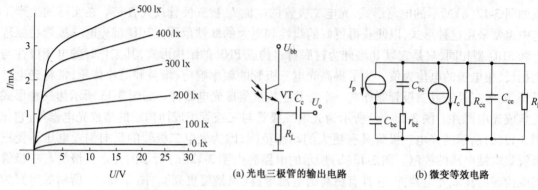

图 3-14 光电三极管伏安特性曲线　　图 3-15 光电三极管电路

选择适当的负载电阻,使其满足 $R_L<R_{ce}$,这时可以导出光电三极管电路的输出电压为

$$U_o = \frac{\beta R_L I_p}{(1+\omega^2 r_{be}^2 C_{be}^2)^{1/2}(1+\omega^2 R_L^2 C_{ce}^2)^{1/2}} \quad (3-26)$$

可见,光电三极管的时间响应由以下四部分组成:
① 光生载流子对发射结电容 C_{be} 和集电结电容 C_{bc} 的充放电时间;
② 光生载流子渡越基区所需要的时间;
③ 光生载流子被收集到集电极的时间;
④ 输出电路的等效负载电阻 R_L 与等效电容 C_{ce} 所构成的 RC 时间。
总时间常数为上述四项和,因此它比光电二极管的响应时间要长得多。

光电三极管常用于各种光电控制系统,其输入的信号多为光脉冲信号,属于大信号或开关信号,因而光电三极管的时间响应是非常重要的参数,直接影响光电三极管的质量。

为了提高光电三极管的时间响应,应尽可能地减小发射结阻容时间常数 $r_{be}C_{be}$ 和时间常数 R_LC_{ce}。即:一方面在工艺上设法减小结电容 C_{be}、C_{ce};另一方面要合理选择负载电阻 R_L,尤其在高频应用的情况下应尽量降低负载电阻 R_L。

图 3-16 绘出了在不同负载电阻 R_L 下,光电三极管的时间响应与集电极电流 I_c 的关系曲线。从曲线可以看出光电三极管的时间响应不但与负载电阻 R_L 有关,而且与光电三极管的输出电流有关,增大输出电流可以减小时间响应,提高光电三极管的频率响应。

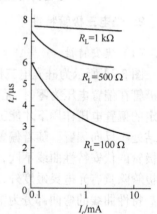

图 3-16 光电三极管的时间响应与集电极电流的关系曲线

(3) 温度特性

硅光电二极管和硅光电三极管的暗电流 I_D 和亮电流 I_L 均随温度而变化。由于硅光电三极管具有电流放大功能,所以其暗电流 I_D 和亮电流 I_L 受温度的影响要比硅光电二极管大得多。图 3-17(a) 所示为光电二极管与光电三极管暗电流 I_D 的温度特性曲线,随着温度的升高暗电流增长很快;图 3-17(b) 所示为光电二极管与光电三极管亮电流 I_L 的温度特性曲线,光电三极管亮电流 I_L 随温度的变化要比光电二极管快。由于暗电流的增加,使输出的信噪比变差,不利于弱光信号的检测。在进行弱光信号的检测时应考虑温度对光电器件输出的影响,必

要时应采取恒温或温度补偿的措施。

（4）光谱响应

硅光电二极管与硅光电三极管具有相同的光谱响应。图 3-18 所示为典型的 3DU3 硅光电三极管的光谱响应特性曲线，它的响应范围为 $0.4\sim1.0~\mu m$，峰值波长为 $0.85~\mu m$。对于光电二极管，减薄 PN 结的厚度可以使短波段波长的光谱响应得到提高，因为 PN 结的厚度变薄后，长波段的辐射光谱很容易穿透 PN 结，而没有被吸收。短波段的光谱容易被减薄的 PN 结吸收。因此，利用 PN 结的这个特性可以制造出具有不同光谱响应的光生伏特器件，如蓝敏光生伏特器件和色敏光生伏特器件等。但是，一定要注意，蓝敏光生伏特器件是以牺牲长波段光谱响应为代价获得的（减薄 PN 结厚度，减少了长波段光子的吸收）。

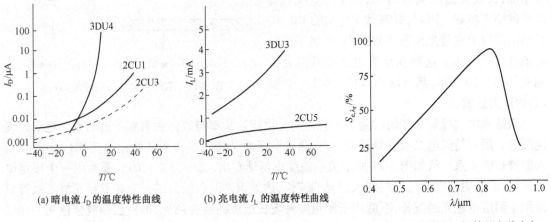

(a) 暗电流 I_D 的温度特性曲线　　(b) 亮电流 I_L 的温度特性曲线

图 3-17　光电二极管、光电三极管的温度特性曲线　　图 3-18　3DU3 光电三极管的光谱响应

表 3-3 所示为典型光电三极管的特性参数。在应用时要注意它的极限参数 U_{CEM} 和 U_{CE}，不能使工作电压超过 U_{CEM}，否则，将损坏光电三极管。

表 3-3　典型光电三极管的特性参数

型　　号	反向击穿电压 (U_{CEM}/V)	最高工作电压 (U_{CE}/V)	暗电流 ($I_D/\mu A$)	亮电流 (I_L/mA)	时间响应 ($\tau/\mu s$)	峰值波长 (λ_m/nm)	最大功耗 (P_M/mW)	生产厂家
3DU111	≥15	≥10					30	
3DU112	≥45	≥30		0.5~1.0			50	
3DU113	≥75	≥50					100	北京光电器件厂
3DU121	≥15	≥10	≤0.3	1.0~2.0	≤6	880	30	
3DU123	≥75	≥50					100	
3DU131	≥15	≥10		≥2.0			30	
3DU133	≥75	≥50					100	
3DU4A	≥30	≥20	1	5	5	880	120	上海电器电子元件厂
3DU4B	≥30	≥20	1	10	5	880	120	
3DU5	≥30	≥20	1	3	5	880	100	

3.2.5　色敏光生伏特器件

色敏光生伏特器件是根据人眼视觉的三原色原理，利用不同厚度的 PN 结光电二极管对不同波长光谱灵敏度的差别，实现对彩色光源或物体颜色、色彩的测量。色敏光生伏特器件具有结构简单、体积小、重量轻、变换电路容易掌握、成本低等特点,被广泛应用于颜色、色彩测量与颜色识别等领域。例如彩色印刷生产线中色标位置的判别,颜料、染料的颜色测量与判别,彩色电视机荧光屏彩色的测量与调整等,是一种非常有发展前途的新型半导体光电器件。

1. 双色硅色敏器件的工作原理

如图 3-19 所示为双色敏器件的结构和等效电路,在同一硅片上制作的两个深浅不同 PN 结的光电二极管 PD_1 和 PD_2 组成的。根据半导体对光的吸收理论,PN 结深,对长波光谱辐射的吸收增加,长波光谱的响应增加,而 PN 结浅对短波长的响应较好。因此,具有浅 PN 结的 PD_1 的光谱响应峰值在蓝光范围,深结 PD_2 的光谱响应峰值在红光范围。这种双结光电二极管的光谱响应如图 3-20 所示,具有双峰效应,即 PD_1 为蓝敏,PD_2 为红敏。

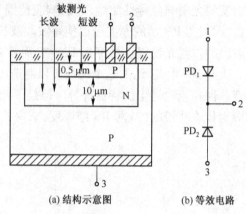

图 3-19 双结光电二极管色敏器件

双结光电二极管只能通过测量单色光的光谱辐射功率与黑体辐射相接近的光源色温来确定颜色。用双结光电二极管测量颜色时,通常测量两个光电二极管的短路电流比(I_{sc2}/I_{sc1})与入射波长的关系。从如图 3-21 所示关系曲线中不难看出,每一种波长的光都对应一个短路电流比值,根据短路电流比值判别入射光的波长,达到识别颜色的目的。上述双结光电二极管只能用于测定单色光的波长,不能用于测量多种波长组成的混合色光,即便已知混合色光的光谱特性,也很难对光的颜色进行精确检测。

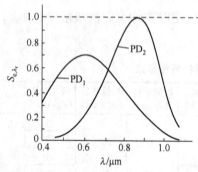

图 3-20 双结光电二极管的光谱响应

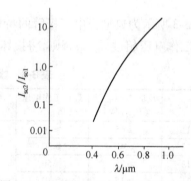

图 3-21 短路电流比与入射波长的关系

国际照明委员会(CIE)根据三原色原理建立了标准色度系统,制定了等能光谱色的 $\bar{r}$、$\bar{g}$、$\bar{b}$ 光谱三刺激值,得出了如图 3-22(a) 所示的 CIE1931-RGB 系统标准色度光谱三刺激值曲线 σ_{rgb}。从曲线中看到 $\bar{r}$、$\bar{g}$、$\bar{b}$ 光谱三刺激值有一部分为负值,计算很不方便,又难以理解。因此 1931 年 CIE 又推荐了一个新的国际通用色度系统,称为 CIE1931-XYZ 系统。它是在 CIE1931-RGB 系统的基础上改用三个假想的原色 x、y、z 所建立的一个新的色度系统。同样,在该系统中也定出了匹配等能量光谱色的三刺激值 $\bar{x}$、$\bar{y}$、$\bar{z}$,得出了如图 3-22(b) 所示的 CIE1931-XYZ 标准色度观察者光谱三刺激值曲线 σ_{xyz}。根据以上理论,对任何一种颜色,都可由颜色的三刺激值 x、y、z 表示,计算公式为

$$x = K\int_{380}^{780} \Phi(\lambda)\bar{x}(\lambda)\mathrm{d}\lambda, \quad y = K\int_{380}^{780} \Phi(\lambda)\bar{y}(\lambda)\mathrm{d}\lambda, \quad z = K\int_{380}^{780} \Phi(\lambda)\bar{z}(\lambda)\mathrm{d}\lambda \qquad (3\text{-}27)$$

式中，$\Phi(\lambda)$ 为进入人眼的光谱辐通量，称为色刺激函数，K 为调整系数。

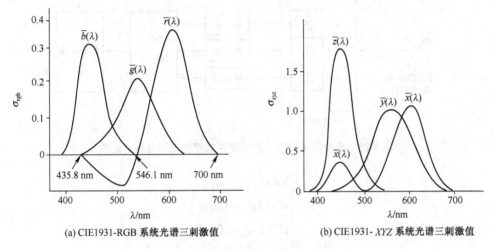

图 3-22　标准色度观察者光谱三刺激值曲线

根据色度学理论，日本的深津猛夫等人研制出可以识别混合色光的三色色敏光电器件。图 3-23 所示为非晶态硅集成全色色敏传感器的结构示意图。它是在一块非晶态硅基片上制作三个检测元件，并分别配上 R、G、B 滤色片，得到如图 3-24 所示的近似于 CIE1931-RGB 系统光谱三刺激值曲线，通过对 R、G、B 输出电流的比较，即可识别物体的颜色。

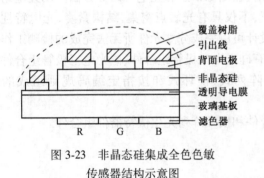

图 3-23　非晶态硅集成全色色敏
传感器结构示意图

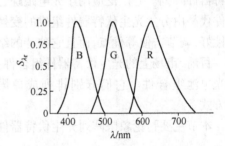

图 3-24　非晶态硅集成全色色敏
传感器光谱响应特性

2. 三色硅色敏器件的工作原理

图 3-25 所示为一种典型硅集成三色色敏器件的颜色识别电路方框图。

从标准光源发出的光，经被测物反射，投射到色敏器件后，R、G、B 三个光电二极管输出不同的光电流，经运算放大器放大、A/D 转换，将变换后的数字信号输入到微处理器中。微处理器根据式(3-27)进行颜色识别与判别，并在软件的支持下，在显示器上显示出被测物的颜色。颜色计算公式为

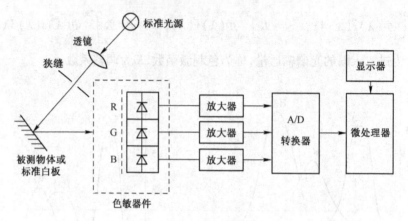

图 3-25 典型硅集成三色色敏器件的颜色识别电路方框图

$$\begin{cases} S = R_{o1} + G_{o1} + B_{o1} \\ R' = KR_{o1} \times 100\% \\ G' = KG_{o1} \times 100\% \\ B' = KB_{o1} \times 100\% \end{cases} \quad (3\text{-}28)$$

式中，R_{o1}、G_{o1}、B_{o1} 为放大器的输出电压。测量前应对放大器进行调整，使标准光源发出的光，经标准白板反射后，照到色敏器件上时应满足 $R' = G' = B' = 33\%$。

3.2.6 光生伏特器件组合件

光生伏特器件组合件是在一块硅片上制造出按一定方式排列的具有相同光电特性的光生伏特器件阵列。它广泛应用于光电跟踪、光电准值、图像识别和光电编码等方面。用光电组合器件代替由分立光生伏特器件组成的变换装置，不仅具有光敏点密集，结构紧凑，光电特性一致性好，调节方便等优点，而且它独特的结构设计可以完成分立元件所无法完成的检测工作。

目前，市场上的光生伏特器件组合件主要有硅光电二极管组合件、硅光电三极管组合件和硅光电池组合件。它们分别排列成象限式、阵列式、楔环式和按指定编码规则组成的列阵方式。

本节主要讨论象限阵列光生伏特器件组合件和楔环阵列光生伏特器件组合件。

1. 象限阵列光生伏特器件组合件

图 3-26 所示为几种典型的象限阵列光生伏特器件组合件。其中，图 3-26（a）所示为 2 象限光生伏特器件组合件，它是在一片 PN 结光电二极管（或光电池）的光敏面上经光刻的方法制成两个面积相等的 P 区（前极为 P 型硅），形成一对特性参数极为相近的 PN 结光电二极管（或光电池）。这样构成的光电二极管（或光电池）组合件具有 1 维位置的检测功能，或称具有 2 象限的检测功能。当被测光斑落在 2 象限器件的光敏面上时，光斑偏离的方向或大小就可以被如图 3-27（b）所示的电路检测出来。如图 3-27（a）所示，光斑偏向 P_2 区，P_2 的电流大于 P_1 的电流，放大器的输出电压将为大于零的正电压，电压值的大小反映光斑偏离的程度；反之，若光斑偏向 P_1 区，输出电压将为负电压，负电压的大小反映光斑偏向 P_1 区的程度。因此，由 2 象限器件组成的电路具有 1 维位置的检测功能，在薄板材料的生产中常被用来检测和控

制边沿的位置,以便卷制成整齐的卷。

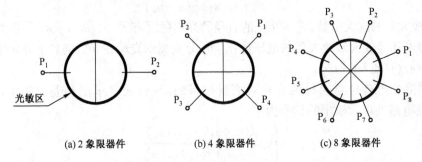

图 3-26 象限阵列光生伏特器件组合件示意图

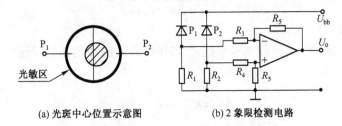

图 3-27 光斑中心位置的 2 象限检测电路

图 3-26(b)所示为 4 象限光生伏特器件组合件,它具有 2 维位置的检测功能,可以完成光斑在 $x、y$ 两个方向的偏移。

采用 4 象限光生伏特器件组合件测定光斑的中心位置,可根据器件坐标轴线与测量系统基准线间的安装角度不同,采用下面不同的电路形式进行测定。

（1）和差电路

当器件坐标轴线与测量系统基准线间的安装角度为 0°(器件坐标轴线与测量系统基准线平行)时,采用如图 3-28 所示的和差检测电路。用加法器先计算相邻象限输出光电信号之和,再计算和信号之差,最后,通过除法器获得偏差值。

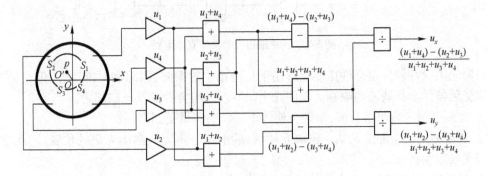

图 3-28 4 象限组合器件的和差检测电路

设入射光斑形状为弥散圆,其半径为 r,光出射度均匀,投射到 4 象限组合器件每个象限上的面积分别为 $S_1、S_2、S_3、S_4$,光斑中心 O' 相对器件中心 O 的偏移量 $OO'=p$(可用直角坐标 $x、y$ 表示),由运算电路得到的输出偏离信号分别为

$$u_x = K[(u_1+u_4)-(u_2+u_3)]$$
$$u_y = K[(u_1+u_2)-(u_3+u_4)]$$

式中,K 为放大器的放大倍数,它与光斑的直径和光出射度有关;u_1、u_2、u_3、u_4 分别为 4 个象限输出的信号电压经放大器放大后的电压值;u_x、u_y 分别表示光斑在 x 方向和 y 方向偏离 4 象限组合器件中心(O 点)的情况。

为了消除光斑自身总能量的变化对测量结果的影响,通常采用和差比幅电路(除法电路),经比幅电路处理后输出的信号为

$$\begin{cases} u_x = \dfrac{(u_1+u_4)-(u_2+u_3)}{u_1+u_2+u_3+u_4} \\ u_y = \dfrac{(u_1+u_2)-(u_3+u_4)}{u_1+u_2+u_3+u_4} \end{cases} \quad (3\text{-}29)$$

(2) 直差电路

当 4 象限组合器件的坐标线与基准线成 45°时,常采用如图 3-29 所示的直差电路。直差电路输出的偏移量为

$$\begin{cases} u_x = K \dfrac{u_1 - u_3}{u_1+u_2+u_3+u_4} \\ u_y = K \dfrac{u_2 - u_4}{u_1+u_2+u_3+u_4} \end{cases} \quad (3\text{-}30)$$

这种电路简单,而且,它的灵敏度和线性等特性相对较差。

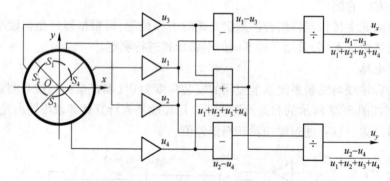

图 3-29 4 象限组合器件的直差电路

象限光生伏特器件组合件虽然能够用于光斑相位的探测、跟踪和对准工作,但是,它的测量精度受到器件本身缺陷的限制。象限光生伏特器件组合件的明显缺陷为:

① 光刻分割区将产生盲区,盲区会使微小光斑的测量受到限制;

② 若被测光斑全部落入某一象限光敏区,输出信号将无法测出光斑的位置,因此它的测量范围受到限制;

③ 测量精度与光源的光强及其漂移密切相关,使测量精度的稳定性受到限制。

图 3-26(c)所示为 8 象限阵列器件,它的分辨率虽然比 4 象限的高,但仍解决不了上述的缺陷。

表 3-4 所示为典型 4 象限光电二极管器件的特性参数。

表 3-4 典型 4 象限光电二极管器件的特性参数

参数	响应范围 (μm)	峰值响应 (μm)	最高工作电压 (U_{max}/V)	每象限暗电流 ($I_D/\mu A$)	每象限亮电流 ($I_L/\mu A$)	亮电流均匀性 (%)	光敏面直径 (mm)
测试条件			$I_R = I_D$	U_{max}以下 $E_v = 0$	U_{max}以下 $E_v = 1000$ lx		
2CU301A	0.4~1.1	0.9	20	≤0.3	≥8	≤15	2
2CU301B	0.4~1.1	0.9	20	≤0.5	≥8	≤15	5

2. 线阵列光生伏特器件组合件

线阵列光生伏特器件组合件是在一块硅片上制造出光敏面积相等,间隔也相等的一串特性相近的光生伏特器件阵列。如图 3-30 所示为由 16 只光电二极管构成的典型线阵列光生伏特器件组合件,其型号为 16NC。图 3-30(a) 所示为器件的正面视图,它由 16 个共阴的光电二极管构成,每个光电二极管的光敏面积为 5 mm×0.8 mm,间隔为 1.2 mm。16 个光电二极管的 N 极为硅片的衬底,P 极为光敏面,分别用金属线引出到管座,如图 3-30(b) 所示。光电二极管线阵列器件的原理电路如图 3-30(c) 所示,N 为公共的负极,应用时常将 N 极接电源的正极,而将每个阳极通过负载电阻接地,并由阳极输出信号。

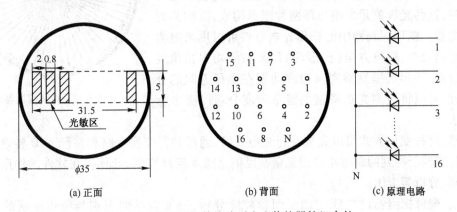

图 3-30 光电二极管线阵列光生伏特器件组合件

图 3-31 所示为由 15 只光电三极管构成的线阵列光生伏特器件组合件。图 3-31(a) 为器件的俯视图,每只光电三极管的光敏面积为 1.5 mm×0.8 mm,间隔为 1.2 mm,光敏区总长度为 28.6 mm,封装在如图 3-31(a) 所示的 DIP30 管座中。光电三极管线阵列器件的原理电路图如图 3-31(b) 所示。图 3-31(c) 与 (d) 所示分别为该管座的两个侧视图,表明其安装尺寸。显然,光电三极管线阵列器件没有公共的电极,应用时可以更灵活地设置各种偏置电路。

另外,还有用硅光电池等其他光生伏特器件构成的线阵列器件。线阵列光生伏特器件组合件是一种能够进行并行传输的光电传感器件,在精度要求和灵敏度要求并不太高的多通道检测装置、光电编码器和光电读出装置中得到广泛的应用。但是,线阵列 CCD 传感器的出现使这种器件的应用受到很大的冲击。

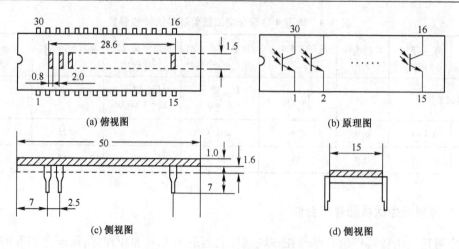

(a) 俯视图　　　　　　　　(b) 原理图

(c) 侧视图　　　　　　　　(d) 侧视图

图 3-31　光电三极管线阵列器件

3. 楔环阵列组合件

图 3-32 所示为一种用于光学功率谱探测的阵列光电器件组合器件，它是在一块 N 型硅衬底上制造出如图中所示的多个 P 型区，构成光电二极管或硅光电池的光敏单元阵列。显然，这些光敏单元由楔与环两种图形构成，故称其为楔环探测器。楔环探测器中的楔形光电器件可以用来检测光的功率谱分布，极角方向(楔形区)用来检测功率在角度方向的分布，环形区探测器用来检测功率在半径方向的分布。因此，可以将被测光功率谱的能量密度分布以极坐标的方式表示。

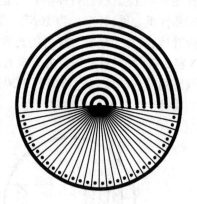

图 3-32　楔环探测器

显然，这种变换方式可以完成并行光电变换，通过并行变换电路和并行 A/D 转换电路将楔与环传感器所得到的瞬时功率谱能量密度信息送入到计算机，计算机在软件的作用下完成图像识别、分析等工作。

目前，楔环探测器已广泛应用于面粉粒度分析、癌细胞早期识别与疑难疾病的诊断技术中。

另外，还有以其他方式排列的光生伏特器件组合件，如角度、长度等光电码盘传感器中的探测器，常以格雷码的形式构成光生伏特器件组合件。

*3.2.7　光电位置敏感器件(PSD)

光电位置敏感器件是基于光生伏特器件的横向效应的器件，是一种对入射到光敏面上的光电位置敏感的光电器件。因此，称其为光电位置敏感器件(PSD，Position Sensing Detector)。PSD 器件具有比象限探测器件在光点位置测量方面更多的优点。例如，它对光斑的形状无严格的要求，即它的输出信号与光斑是否聚焦无关；光敏面也无须分割，消除了象限探测器件盲区的影响；它可以连续测量光斑在光电位置敏感器件上的位置，且位置分辨率高，一维 PSD 器件的位置分辨可高达 $0.2\ \mu m$。

1. PSD 器件的工作原理

图 3-33 所示为 PIN 型 PSD 器件的结构示意图。它由 3 层构成,上面为 P 型层,中间为 I 型层,下面为 N 型层;在 P 型层上设置有两个电极,两电极间的 P 型层除具有接收入射光的功能外,还具有横向的分布电阻特性。即 P 型层不但为光敏层,而且是一个均匀的电阻层。

当光束入射到 PSD 器件光敏层上距中心点的距离为 x_A 时,在入射位置上产生与入射辐射成正比的信号电荷,此电荷形成的光电流通过电阻 P 型层分别由电极①与②输出。设 P 型层的电阻是均匀的,两电极间的距离为 2L,流过两电极的电流分别为 I_1 和 I_2,则流过 N 型层上电极的电流为

$$I_0 = I_1 + I_2 \tag{3-31}$$

若以 PSD 器件的几何中心点 O 为原点,光斑中心距原点 O 的距离为 x_A,则

$$I_1 = I_0 \frac{L - x_A}{2L}, \quad I_2 = I_0 \frac{L + x_A}{2L}, \quad x_A = \frac{I_2 - I_1}{I_2 + I_1} L \tag{3-32}$$

利用式(3-32)即可测出光斑能量中心对于器件中心的位置 x_A,它只与电流 I_1 和 I_2 的和、差及其比值有关,而与总电流无关。

PSD 器件已被广泛地应用于激光自准直、光点位移量和震动的测量、平板平行度的检测和二维位置测量等领域。目前,已有一维和二维两种 PSD 器件。下面分别讨论。

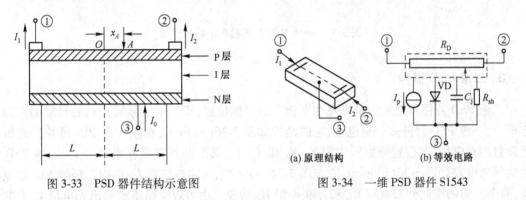

图 3-33　PSD 器件结构示意图

图 3-34　一维 PSD 器件 S1543

(a) 原理结构　　(b) 等效电路

2. 一维 PSD 器件

一维 PSD 器件主要用来测量光斑在一维方向上的位置或位置移动量。图 3-34(a)为典型一维 PSD 器件 S1543 的原理结构示意图,其中①和②为信号电极,③为公共电极。它的光敏面为细长的矩形条。图 3-34(b)所示为 S1543 的等效电路,它由电流源 I_p、理想二极管 VD、结电容 C_j、横向分布电阻 R_D 和并联电阻 R_{sh} 组成。被测光斑在光敏面上的位置由式(3-32)计算。即

$$x = \frac{I_2 - I_1}{I_2 + I_1} L \tag{3-33}$$

所输出的总光电流为

$$I_p = I_1 + I_2 \tag{3-34}$$

由式(3-33)和式(3-34)可以看出,一维 PSD 器件不但能检测光斑中心在一维空间的位置,而且能检测光斑的强度。

图 3-35 所示为一维 PSD 位置检测电路原理图。光电流 I_1 经反向放大器 A_1 放大后分别

送给放大器 A_3 与 A_4,而光电流 I_2 经反向放大器 A_2 放大后也分别送给放大器 A_3 与 A_4。放大器 A_3 为加法电路,完成光电流 I_1 与 I_2 的相加运算(放大器 A_5 用来调整运算后信号的相位);放大器 A_4 用做减法电路,完成光电流 I_2 与 I_1 的相减运算。最后,用除法电路计算出 (I_2-I_1) 与 (I_1+I_2) 的商,即为光点在一维 PSD 光敏面上的位置信号 x。光敏区长度 L,可通过调整放大器的放大倍率,利用标定的方式进行综合调整。

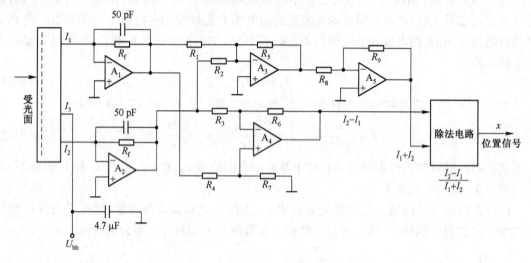

图 3-35　一维 PSD 位置检测电路原理图

3. 二维 PSD 器件

二维 PSD 器件可用来测量光斑在平面上的二维位置(即 x,y 坐标值),它的光敏面常为正方形,比一维 PSD 器件多一对电极,它的结构如图 3-36(a)所示,在正方形 PIN 硅片的光敏面上设置两对电极,其位置分别标注为 Y_1、Y_2 和 X_3、X_4,其公共 N 极常接电源 U_{bb}。二维 PSD 器件的等效电路如图 3-36(b)所示,它与图 3-34(b)类似,也由电流源 I_p、理想二极管 VD、结电容 C_j、两个方向的横向分布电阻 R_D 和并联电阻 R_{sh} 构成。由等效电路不难看出光电流 I_p 由两个方向的四路电流分量构成,即:I_{X_3}、I_{X_4}、I_{Y_1}、I_{Y_2}。可将这些电流作为位移信号输出。

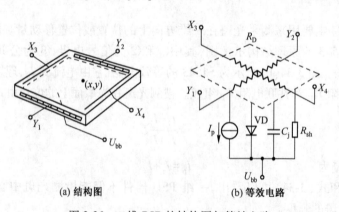

(a) 结构图　　(b) 等效电路

图 3-36　二维 DSP 的结构图与等效电路

显然,当光斑落到二维PSD器件上时,光斑中心位置的坐标值可分别表示为

$$x = \frac{I_{X_4}-I_{X_3}}{I_{X_4}+I_{X_3}}, \quad y = \frac{I_{Y_2}-I_{Y_1}}{I_{Y_2}+I_{Y_1}} \tag{3-35}$$

上式对靠近器件中心点的光斑位置测量误差很小,随着距中心点距离的增大,测量误差也会增大。为了减小测量误差常将二维PSD器件的光敏面进行改进。改进后的PSD器件的光敏面如图3-37所示。四个引出线分别从四个对角线端引出,光敏面的形状好似正方形产生了枕形畸变。这种结构的优点是光斑在边缘的测量误差大大减小。

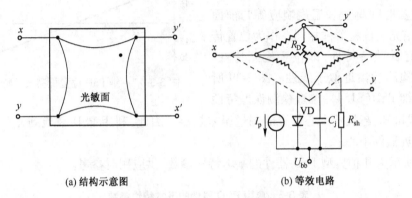

图 3-37 改进后的 PSD 器件

改进后的等效电路比改进前多了四个相邻电极间的电阻,入射光点(如图中黑点)位置(x,y)的计算公式变为

$$x = \frac{(I_{x'}+I_y)-(I_x+I_{y'})}{I_x+I_{x'}+I_y+I_{y'}}, \quad y = \frac{(I_{x'}+I_{y'})-(I_x+I_y)}{I_x+I_{x'}+I_y+I_{y'}} \tag{3-36}$$

根据式(3-36),可以设计出二维PSD的光点位置检测电路。图3-38所示为基于改进后二维PSD的光点位置检测电路原理图。电路利用了加法器、减法器和除法器进行各分支电流的加、减和除的运算,以便计算出光点在PSD中的位置坐标。目前,市场上已有适用于各种型号的PSD器件的转换电路板,可以根据需要选用。

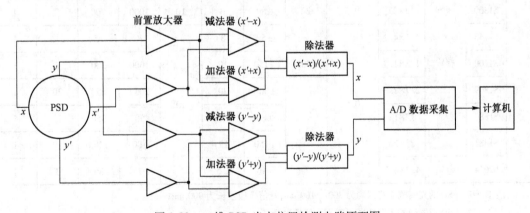

图 3-38 二维 PSD 光点位置检测电路原理图

在图 3-38 所示电路中加入 A/D 数据采集系统,将 PSD 检测电路所测得的 x 与 y 的位置信息送入计算机,可使 PSD 位置检测电路得到更加广泛的应用。当然,上述电路也可以进一步的简化,在各个前置放大器的后面都加上 A/D 数据采集电路,并将采集到的数据送入计算机,在计算机软件的支持下完成光点位置的检测工作。

4. PSD 的主要特性

PSD 器件属于特种光生伏特器件,它的基本特性与一般硅光生伏特器件基本相同。例如,光谱响应、时间响应和温度响应等与前面讲述的 PN 结光生伏特器件相同。作为位置传感器,PSD 有其独特特性,即位置检测特性。PSD 的位置检测特性近似于线性。图 3-39 所示为典型一维 PSD(S1544)位置检测误差特性

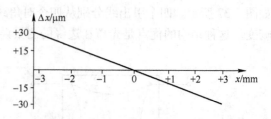

图 3-39 一维 PSD 位置检测误差特性曲线

曲线,由曲线可知,越接近中心位置的测量误差越小。因此,利用 PSD 来检测光斑位置时,尽量使光点靠近器件中心。

表 3-5 所示为几种典型 PSD 器件的基本特性参数,供应用时参考。

表 3-5 典型 PSD 器件的基本特性参数

维数	型号	封装	有效面积（mm²）	峰值灵敏度（A/W）	偏置电压（V）	位置检测误差（μm）	位置分辨率（μm）	极间电阻（kΩ）	暗电流（nA）	结电容（pF）	上升时间（μs）	最大光电流（μA）
一维	S1543	金属	1×3	0.6	20	±15	0.2	100	1	6	4	160
	S1771	陶瓷	1×3			±15	0.2	100	1	6	4	160
	S1544		1×6			±30	0.3	100	2	12	8	80
	S1545		1×12			±60	0.3	200	4	25	18	40
	S1532		1×33			±125	7	25	30	150	5	1000
	S1662		13×13			±100	6	10	100	300	8	1000
	S2153	塑料	1×3	0.55		±15	0.2	100	1	6	4	160
二维	S1300	陶瓷	13×13	0.5	20	±80	6	10	1000	200	8	1
	S1743		4.1×4.1			±50	3		20	25	2.5	1
	S1200	陶瓷	1.3×1.3		20	±150	10		1000	300	8	1
	S1869		2.7×2.7	0.6		±300	20	10	2000	650	20	1
	S1880		12×12			±80	6.0		50	350	12	1
	S1881		22×22			±150	12		100	1200	40	1
	S2044	金属	4.7×4.7			±40	2.5		35	3	1	

注：① 所有 PSD 的光谱响应范围均为 300~1100 nm；峰值响应波长为 900 nm；
② 一维 PSD 位置误差表示从中心到 75% 处的误差值；
③ 二维 PSD 位置误差分 A 区(中心区)和 B 区(边缘区)的误差,本表所列的为 A 区误差,B 区误差请查相关手册。

3.3 光生伏特器件的偏置电路

PN 结型光生伏特器件一般有自偏置电路、反向偏置电路和零伏偏置电路等三种偏置电路。每种偏置电路使得 PN 结光生伏特器件工作在特性曲线的不同区域，表现出不同的特性，使变换电路的输出具有不同特征。为此，掌握光生伏特器件的偏置电路是非常重要的。

前面介绍硅光电池的光电特性时，已经讨论了自偏置电路。自偏置电路的特点是光生伏特器件在自偏置电路中具有输出功率，且当负载电阻为最佳负载电阻时具有最大的输出功率。但是，自偏置电路的输出电流或输出电压与入射辐射间的线性关系很差，因此，在测量电路中很少采用自偏置电路。关于自偏置电路的计算问题本节不再赘述。

3.3.1 反向偏置电路

定义加在光生伏特器件上的偏置电压与内建电场的方向相同的偏置电路称为反向偏置电路。所有的光生伏特器件都可以进行反向偏置，尤其是光电三极管、光电场效应管、复合光电三极管等必须进行反向偏置。图 3-40 所示为光生伏特器件的反向偏置电路。光生伏特器件在反向偏置状态，PN 结势垒区加宽，有利于光生载流子的漂移运动，使光生伏特器件的线性范围和光电变换的动态范围加宽。因此，反向偏置电路被广泛地应用到大范围的线性光电检测与光电变换中。

1. 反向偏置电路的输出特性

在如图 3-40 所示的反向偏置电路中，$U_{bb} \gg kT/q$ 时，流过负载电阻 R_L 的电流为

$$I_L = I_p + I_d \tag{3-37}$$

输出电压

$$U_o = U_{bb} - I_L R_L \tag{3-38}$$

光生伏特器件的反向偏置电路的输出特性曲线如图 3-41 所示。从特性曲线不难看出反向偏置电路的输出电压的动态范围取决于电源电压 U_{bb} 与负载电阻 R_L，电流 I_L 的动态范围也与负载电阻 R_L 有关。适当地设计 R_L，可以获得所需要的电流、电压动态范围。图 3-41 的特性曲线中，静态工作点都为 Q 点。当负载电阻 $R_{L1} > R_{L2}$ 时，负载电阻 R_{L1} 所对应的特性曲线 1 输出电压的动态范围要大于负载电阻 R_{L2} 所对应的特性曲线 2 输出电压的动态范围；而特性曲线 1 输出电流的动态范围要小于特性曲线 2 输出电流的动态范围。应用时要注意选择适当的负载。

2. 输出电流、电压与辐射量间的关系

由式(3-37)可以求得反向偏置电路的输出电流与入射辐射量的关系

$$I_L = \frac{\eta q \lambda}{hc} \Phi_{e,\lambda} + I_d \tag{3-39}$$

由于制造光生伏特器件的半导体材料一般都采用高阻轻掺杂的器件（太阳能电池除外），因此暗电流都很小，可以忽略不计。即反向偏置电路的输出电流与入射辐射量的关系可简化为

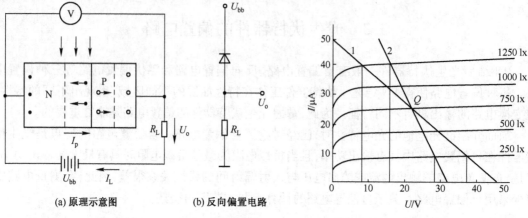

(a) 原理示意图　　(b) 反向偏置电路

图 3-40　光生伏特器件的反向偏置电路　　图 3-41　反向偏置电路输出特性曲线

$$I_L = \frac{\eta q \lambda}{hc} \Phi_{e,\lambda} \tag{3-40}$$

同样,反向偏置电路的输出电压与入射辐射量的关系为

$$U_L = U_{bb} - R_L \frac{\eta q \lambda}{hc} \Phi_{e,\lambda} \tag{3-41}$$

输出信号电压为

$$\Delta U = -R_L \frac{\eta q \lambda}{hc} \Delta \Phi_{e,\lambda} \tag{3-42}$$

表明,反向偏置电路输出信号电压 ΔU 与入射辐射量的变化成正比,变化方向相反,输出电压随入射辐射量增加而减小。

例 3-1　用 $2CU_{2D}$ 光电二极管探测激光器输出的调制信号 $\Phi_{e,\lambda} = 20 + 5\sin\omega t\,(\mu W)$ 的辐通量时,若已知电源电压为 15 V,$2CU_{2D}$ 的光电流灵敏度 $S_i = 0.5\,\mu A/\mu W$,结电容 $C_j = 3$ pF,引线分布电容 $C_i = 7$ pF。试求负载电阻 $R_L = 2$ MΩ 时该电路的偏置电阻 R_B。并计算输出信号电压最大情况下的最高截止频率。

解　首先求出入射辐通量的峰值

$$\Phi_m = 20 + 5 = 25\,(\mu W)$$

再求出 $2CU_{2D}$ 的最大输出光电流

$$I_m = S_i \Phi_m = 12.5\,(\mu A)$$

设输出信号电压最大时的偏置电阻为 R_B,则

$$R_B // R_L = \frac{U_{bb}}{I_m} = 1.2\,(M\Omega)$$

可得 $R_B = 3$ MΩ。

输出电压最大时的最高截止频率为

$$f_b = \frac{1}{\tau} = \frac{R_L + R_B}{R_L R_B (C_j + C_i)} \approx 83\,(kHz)$$

3. 反向偏置电路的设计与计算

反向偏置电路的设计与计算常采用图解的方法,下面通过例题讨论它的设计与计算。

例 3-2 已知某光电三极管的伏安特性曲线如图 3-42 所示。当入射光通量为正弦调制量,即 $\Phi_{v,\lambda} = 55+40\ \sin\omega t$ lm 时,要得到 5 V 的输出电压,试设计该光电三极管的变换电路,并画出输入/输出的波形图,分析输入与输出信号间的相位关系。

解 首先根据题目的要求,找到入射光通量的最大值与最小值:

$$\Phi_{max} = 55+40 = 95(\text{lm})$$
$$\Phi_{min} = 55-40 = 15(\text{lm})$$

在特性曲线中画出光通量的变化波形,补充必要的特性曲线。

再根据题目对输出信号电压的要求,确定光电三极管集电极电压的变化范围。本题要求输出电压为 5 V,指的是有效值,集电极电压变化范围应为双峰值。即

$$U_{ce} = 2\sqrt{2}U \approx 14(\text{V})$$

在 Φ_{max} 特性曲线上找到靠近饱和区与线性区域的临界点 A,过 A 点作垂线交于横轴的 C 点,在横轴上找到满足题目对输出信号幅度要求的另一点 D,过 D 作垂线交 Φ_{min} 特性曲线于 B 点,过 A、B 点作直线,该直线即为负载线。负载线与横轴的交点为电源电压 U_{bb},负载线的斜率为负载电阻 R_L。于是可得:$U_{bb} = 20$ V,$R_L = 5$ kΩ。最后,画出输入光信号与输出电压的波形图。从图中可以看出输出信号与入射光信号为反向关系。

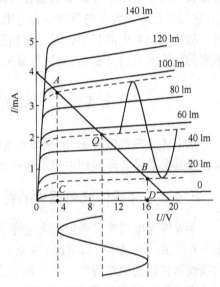

图 3-42 光电三极管反偏电路图解法

3.3.2 零伏偏置电路

PN 结光生伏特器件在自偏置的情况下,若负载电阻为零,该偏置电路称为零伏偏置电路。由式(3-2)可知,光生伏特器件在零伏偏置下,输出的短路电流 I_{sc} 与入射辐射量(如照度)成线性关系变化,因此,零伏偏置电路是理想的电流放大电路。

如图 3-43 所示为由高输入阻抗放大器构成的近似零伏偏置电路。图中 I_{sc} 为短路光电流,R_i 为光生伏特器件的内阻,集成运算放大器的开环放大倍数 A_o 很高,使得放大器的等效输入电阻很低,光生伏特器件相当于被短路。有

$$R_i \approx \frac{R_f}{1+A_o} \tag{3-43}$$

一般集成运算放大器的开环放大倍数 A_o 高于 10^5,反馈电阻 $R_f \leq 100$ kΩ,则放大器的等效输入电阻 $R_i \leq 10$ Ω,因此,可认为图 3-43 所示的电路为零伏偏置电路,放大器的输出电压 U_o 与入射辐射量成线性关系:

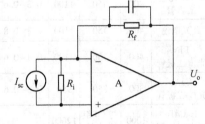

图 3-43 电流、电压放大原理

$$U_o = -I_{sc}R_f = -R_f \frac{\eta q \lambda}{hc}\Phi_{e,\lambda} \tag{3-44}$$

反馈电阻 R_f 很高,电路的放大倍率和灵敏度都很高。

除上述利用具有很高开环放大倍率的集成放大器构成的零伏偏置电路外,还可以利用由变压器的阻抗变换功能构成的零伏偏置电路,将光生伏特器件接到变压器的低阻抗端(线圈匝数少),使光的波动产生的交变信号被变压器放大并输出;另外,还可以利用电桥的平衡原理设置直流或缓变信号的零伏偏置电路。但是,这些零伏偏置电路都属于近似的零伏偏置电路,它们都有一定大小的等效偏置电阻,当信号电流较强或辐射强度较高时将使其偏离零伏偏置。故零伏偏置电路只适合对微弱辐射信号的检测,不适合较强辐射的探测领域。要获得大范围的线性光电信息变换,应该尽量采用光生伏特器件的反向偏置电路。

3.4 半导体光电器件的特性参数与选择

从上述几节可以看出,半导体光电器件种类很多,功能各异。掌握各种半导体光电器件的特性及其参数是实际应用中正确地选用半导体光电器件的关键。

3.4.1 半导体光电器件的特性参数

半导体光电器件主要包括光电导器件与光生伏特器件等两大类,它们的主要特性参数如表3-6所示。从表中可以看出,主要特性参数包括光谱响应特性、时间响应特性、光电响应的线性和它们的偏置特性。在实际应用中,并不是对所有的特性都有严格的要求,常常是对光电器件的某些特性有要求而对另外的特性要求不严或根本不做任何要求。例如,用光电器件进行火灾探测与报警时,对器件的光谱响应和灵敏度的要求很严,必须在发"火"点有很强的响应,而对响应速度则要求很低。因此,要根据具体情况选择具有不同特性参数的器件。

表3-6 半导体光电器件的特性参数

光电器件	光谱响应(nm)			灵敏度(A/W)	输出电流(mA)	光电响应线性	动态特性		电源及偏置	暗电流与噪声	应用
	短波长	峰值	长波长				频率响应(MHz)	上升时间(μs)			
CdS 光敏电阻	400	640	900	1A/lm	$10\sim10^2$	非线性	0.001	200~1000	交、直流	较低	集成或分立的光电开关
CdSe 光敏电阻	300	750	1220	1A/lm	$10\sim10^2$	非线性	0.001	200~1000	交、直流	较低	
PN结光电二极管	400	750	1100	0.3~0.6	≤1.0	好	≤10	≤0.1	三种偏置	最低	光电检测
硅光电池	400	750	1100	0.3~0.8	1~30	好	0.03~1	≤100		较低	
PIN光电二极管	400	750	1100	0.3~0.6	≤2.0	好	≤100	≤0.002	反向偏置	最低	高速光电探测
GaAs 光电二极管	300	850	950	0.3~0.6	≤1.0	好	≤100	≤0.002	反向偏置	最低	高速光电探测
HgCdTe 光电二极管	1000	与Cd组分有关	12000			好	≤10	≤0.1	反向偏置	较低	红外探测

续表

光电器件	光谱响应(nm)			灵敏度(A/W)	输出电流(mA)	光电响应线性	动态特性		电源及偏置	暗电流与噪声	应用
	短波长	峰值	长波长				频率响应(MHz)	上升时间(μs)			
光电三极管 3DU	400	880	1100	0.1~2	1~8	线性差	≤0.2	≤5	反向偏置	低	光电探测与开关
复合光电三极管 3DU	400	880	1100	2~10	2~20	线性差	≤0.1	≤10	反向偏置	较高	光电开关
光控可控硅	400	880	1100		50~10^3	线性更差	≤0.01	≤10		高	光电开关

下面分别对半导体光电器件的主要特性参数进行比较。

(1) 光电变换的线性

光电二极管(包括 PIN 与雪崩管)的线性最好,其他依次为零伏或反向偏置状态的光电池、光电三极管、复合光电三极管等。光敏电阻的光电变换的线性最差。

(2) 动态范围

动态范围分为线性动态范围与非线性动态范围。在线性动态范围方面,反向偏置状态的光电二极管动态范围最好,光电池、光电三极管、复合光电三极管较好,光敏电阻最差。光敏电阻的非线性动态范围要比其他光电器件宽。

(3) 灵敏度

光敏电阻的灵敏度最高,其他依次为雪崩光电二极管、复合光电三极管和光电三极管,光电二极管的灵敏度最低。

(4) 时间响应

PIN 与雪崩光电二极管的时间响应最快,其他依次为光电三极管、复合光电三极管和光电池,时间响应最慢的是光敏电阻,它不但惯性大,而且还具有很强的前例效应。

(5) 光谱响应

光谱响应主要与光电器件的材料有关,要视具体情况。一般来讲光敏电阻族的光谱响应要比光生伏特器件的光谱响应范围宽。尤其在红外波段光敏电阻的光谱响应更为突出。

(6) 供电电源与应用的灵活性

光敏电阻没有极性,可用于交、直流电源。光电池不须外加电源就能进行光电变换,但线性很差,而其他光生伏特器件必须在直流偏置电源下才能工作。因此,光电池的应用灵活性较高,光敏电阻与其他光生伏特器件的应用灵活性较差,但它们都适应于低压下工作。

(7) 暗电流与噪声

光电二极管的暗电流最低,光敏电阻、光电三极管、复合光电三极管和光电池的暗电流较大,尤其是放大倍率大的多极复合光电三极管及大面积的光电池的暗电流更大。

光敏电阻的噪声源有三种,而其他光电器件的噪声源只考虑一种,但是,这并不能说明光敏电阻的噪声最大。具有高放大倍率的复合光电三极管与光敏面积较大的光电池的噪声最大。

3.4.2 半导体光电器件的应用选择

半导体光电器件的应用选择,实际上是指一些应用注意事项与应用技巧或方法。在很多要求不太严格的应用中,可采用任何一种光电器件。不过在某些情况下,选用某种器件会更合适些。例如,当需要定量测量光源的发光强度时,选用光电二极管比选用光电三极管要好些,因为光度测量时对光电变换的线性和动态范围的要求比对灵敏度的要求高。但是在要求对弱辐射进行探测时(发火点的探测),对微弱光探测本领的要求高,这时,必须考虑灵敏度、光谱响应和噪声等特性,对器件的响应速度则不必过多地考虑。因此,光敏电阻是首选。

当测量对象为高速运动的物体时,光电器件的时间响应成为首选,而灵敏度和线性成为次要因素。如探测 10^{-7} s 的光脉冲是否到来,必须选用响应时间小于 10^{-7} s 的 PIN 光电二极管作为探测器件,光谱响应带宽与灵敏度的高低成为次要因素。

当然,在有些情况下选用几种光电器件都可以实现光电变换任务。例如,对于速度并不太快的物体进行速度测量,机械量的非接触尺寸测量等,可选用光电二极管、光电三极管、光电池、光敏电阻等低响应速度的器件,这时就要看体积、成本、电源等情况,选用最合理的光电器件。

为了提高转换效率,无畸变地把光学信息变换成光电信号,这时不仅要合理选用光电器件,还必须考虑光学系统和电子处理系统的设计,使每个环节相互匹配,以及相关的单元器件都处于最佳的工作状态。

为学习和掌握光电信息技术,将选用光电器件的基本原则归纳如下。

(1) 光电器件必须和辐射信号源及光学系统在光谱特性上实现匹配。例如,测量波长是紫外波段,则需选用专门的紫外光电半导体器件,或者后面要讲的光电倍增管(PMT);对于可见光,则可选用光敏电阻与硅光生伏特器件;对红外波段的信号,则选光敏电阻,或红外响应的光生伏特器件。

(2) 光电器件的光电转换特性或动态范围必须与光信号的入射辐射能量相匹配。其中首先要注意的是器件的感光面要和入射光匹配好。因此,光源必须照射到器件的有效位置,如果发生变化,则测量电路的光电灵敏度将发生变化。如太阳能电池具有大的感光面,一般用于对杂散光或者没有达到聚焦状态的光束进行探测。又如光敏电阻是一个可变电阻,有光照的部分电阻就降低,必须设计光线照在两电极间的全部电阻体上,以便有效地利用全部感光面。光电二、三极管的感光面只是在结附近的一个极小的面积,故一般把透镜作为光的入射窗,并使入射光经透镜聚焦到感光面的灵敏点上。光电池的感光面积较大,输出的光电流与感光面积较小的其他器件相比,在照射光晃动的情况下影响要小些。一般要使入射通量的变化中心处于光电器件光电特性的线性范围内,以确保获得良好的线性。对微弱的光信号,器件必须有合适的灵敏度,以确保一定的信噪比与输出足够强的信号。

(3) 光电器件的时间响应特性必须与光信号的调制形式、信号频率及波形相匹配,以确保变换后的信号不产生频率失真引起的输出波形失真。当然,变换电路的频率响应特性也要与之匹配。

(4) 光电器件与变换电路必须与后面的应用电路的输入阻抗良好地匹配,以保证具有足够大的变换系数、线性范围、信噪比及快速的动态响应等。

(5) 为保证器件长期工作时的可靠性,必须注意选择器件的参数和使用环境等。一般在长时间连续工作的条件下,要求器件的参数应该高于使用环境的要求,并留有足够的余地,能够保证在最恶劣环境下正常工作。另外还需要考虑光电器件工作的小环境设计(如制冷控温等的设计),以便满足长时间连续工作的要求。当器件的工作条件超过器件最大容限时,器件的特性将急剧恶化,特别是当工作电流超过容限值时,往往会发生永久性的损坏。使用环境的温度和电流容限一样,当超过温度的容限值后,由于器件内部的温度积累将引起特性缓慢恶化,使器件毁于一旦。总之,保证器件工作在额定使用条件范围内,是使器件稳定可靠地工作的必要条件。

思考题与习题 3

3.1 试比较硅整流二极管与硅光电二极管的伏安特性曲线,找出它们之间的差异在哪里?

3.2 硅光电二极管的全电流方程由哪几项构成?各项都有哪些物理意义?若已知硅光电二极管的光电流分别为 50 μA 与 300 μA,暗电流都为 1 μA,试计算它们的开路电压为多少伏特?

3.3 比较 2CU 型硅光电二极管和 2DU 型硅光电二极管的结构特点,说明引入环极的意义。

3.4 影响光伏器件频率响应特性的主要因素有哪些?为什么 PN 结型硅光电二极管的最高工作频率小于等于 10^7 Hz?怎样提高硅光电二极管的频率响应?

3.5 为什么硅光电池的开路电压在光照度增大到一定程度后,不再随入射照度的增大而增大?硅光电池的最大开路电压为多少?为什么硅光电池的有载输出电压总小于相同照度下的开路电压?

3.6 硅光电池的内阻与哪些因素有关?在什么条件下硅光电池的输出功率最大?

3.7 光伏器件有几种偏置电路?各有什么特点?

3.8 已知 2CR21 型硅光电池(光敏面积为 5×5 mm²)在室温 300 K、辐照度为 100 mW/cm² 时的开路电压 U_{oc} = 550 mV,短路电流 I_{sc} = 6 mA,试求:

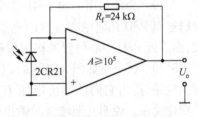

图 3-44 习题 3.8 图

(1)室温情况下,辐照度降低到 50 mW/cm² 时的开路电压 U_{oc} 与短路电流 I_{sc}。

(2)当将该硅光电池安装在如图 3-44 所示的偏置电路中时,若测得输出电压 U_o = 1 V,问此时光敏面上的照度为多少?

3.9 已知 $2CR_{44}$ 型硅光电池的光敏面积为 10×10 mm²,在室温 300 K、辐照度为 100 mW/cm² 时的开路电压 U_{oc} = 550 mV,短路电流 I_{sc} = 28 mA。试求:辐照度为 200 mW/cm² 时的开路电压 U_{oc}、短路电流 I_{sc}、获得最大功率的最佳负载电阻 R_L、最大输出功率 P_m 和转换效率 η。

3.10 已知光电三极管变换电路及其伏安特性曲线如图 3-45 所示,若光敏面上的照度变化为 $e = 120 + 80\sin\omega t$ (lx),为使光电三极管的集电极输出电压不小于 4 V 的正弦信号,求所需要的负载电阻 R_L、电源电压 U_{bb},以及该电路的电流、电压灵敏度,并画出三极管输出电压的波形图。

3.11 利用 2CU2 光电二极管和三极管 3DG40 构成如图 3-46 所示的探测电路,已知光电二极管的电流灵敏度 S_i = 0.4 μA/μW,其暗电流 I_d = 0.2 μA,三极管 3DG40 的电流放大倍数 β = 50,最高入射辐射功率为 400 μW 时的拐点电压 U_Z = 1.0 V。求使输出信号 U_o 在最高入射辐射功率时达到最大值的电阻 R_e 值与输出信号 U_o 的幅值。入射辐射变化 50 μW 时的输出电压变化量为多少？

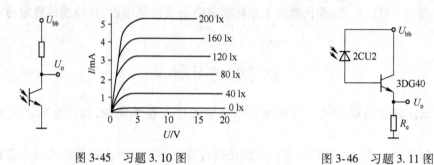

图 3-45　习题 3.10 图　　　　图 3-46　习题 3.11 图

3.12　为什么说楔环探测器能够探测光功率在极角和极轴上的分布？

3.13　4 象限光伏探测器件能够探测光斑在平面坐标上的位置吗？

3.14　线阵列光伏探测器件为什么要设有一个公共电极？能够用它探测光斑的一维位置吗？若用它探测光斑的二维位置该如何设置？

3.15　你能够用 4 象限光伏阵列探测器件检测光点的二维位置吗？应该采用怎样的电路原理方框图测量光斑的偏移量？

3.16　怎样用非晶硅集成全色色敏器件测量物体的颜色？能够用双色硅光二极管测量物体的颜色吗？

3.17　何谓 PSD 器件？PSD 器件有几种基本类型？

3.18　设某一维 PSD 器件的输出电流 $I_1 = 2$ mA, $I_2 = 4$ mA,问光斑偏向 1 电极还是 2 电极？

3.19　为什么用一维 PSD 器件探测光斑位置时越远离 PSD 几何中心位置的光点检测的误差越大，而靠近 PSD 中心位置的检测精确度越高？

3.20　试分析如图 3-47(a)、(b)所示的光电变换电路,指出它们的输出电压 U_o 与入射辐射量的变化关系。说明光照增强时输出电压如何变化？光电二极管都是属于怎样的偏置(正偏、反偏还是自偏)？哪个变换电路能够进入饱和状态？

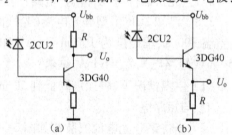

图 3-47　光电二极管控制电路

第4章 光电发射器件

光电发射器件是基于外光电效应的器件,它包括真空光电二极管、光电倍增管、变像管、像增强器和真空电子束摄像管等器件。20世纪以来,由于半导体光电器件的发展和性能的提高,在许多应用领域,真空光电发射器件已被性能价格比更高的半导体光电器件所占领。但是,由于真空光电发射器件具有极高的灵敏度、快速响应等特点,它在微弱辐射的探测和快速弱辐射脉冲信息的捕捉等方面应用很多,如在天文观测快速运动的星体或飞行物,材料工程、生物医学工程和地质地理分析等领域的应用。

4.1 光电发射阴极

光电发射阴极是光电发射器件的重要部件,它是吸收光子能量发射光电子的部件。其性能好坏直接影响整个光电发射器件的性能,为此,首先讨论用于制造光电阴极的典型光电发射材料。

4.1.1 光电发射阴极的主要特性参数

光电发射阴极的主要特性参数为灵敏度、量子效率、光谱响应和暗电流等。

1. 灵敏度

光电发射阴极的灵敏度应包括光谱灵敏度与积分灵敏度两种。

(1) 光谱灵敏度

在单色(单一波长)辐射作用于光电阴极时,光电阴极输出电流 I_k 与单色辐通量 $\Phi_{e,\lambda}$ 之比,称为光电阴极的光谱灵敏度 $S_{e,\lambda}$。即

$$S_{e,\lambda} = I_k / \Phi_{e,\lambda}$$

其量纲为 μA/W 或 A/W。

(2) 积分灵敏度

在某波长范围内的积分辐射作用于光电阴极时,光电阴极输出电流 I_k 与入射辐通量 Φ_e 之比,称为光电阴极的积分灵敏度 S_e。即

$$S_e = \frac{I_k}{\int_0^\infty \Phi_{e,\lambda} d\lambda}$$

其量纲为 mA/W 或 A/W。

在可见光波长范围内的"白光"作用于光电阴极时,光电阴极输出电流 I_k 与入射光通量 Φ_v 之比,称为光电阴极的白光灵敏度 S_v。即

$$S_v = \frac{I_k}{\int_{380}^{780} \Phi_{v,\lambda} d\lambda}$$

其量纲为 mA/lm。

2. 量子效率

在单色辐射作用于光电阴极时,光电发射阴极单位时间发射出去的光电子数 $N_{e,\lambda}$ 与入射的光子数 $N_{p,\lambda}$ 之比,称为光电阴极的量子效率 η_λ(或称量子产额)。即

$$\eta_\lambda = N_{e,\lambda} / N_{p,\lambda}$$

显然,量子效率和光谱灵敏度是一个物理量的两种表示方法,它们之间存在着一定的关系:

$$\eta_\lambda = \frac{I_k/q}{\Phi_{e,\lambda}/h\nu} = \frac{S_{e,\lambda}hc}{\lambda q} = \frac{1240 S_{e,\lambda}}{\lambda} \tag{4-1}$$

式中,波长 λ 的度量单位为 nm。

3. 光谱响应

光电发射阴极的光谱响应特性用光谱响应特性曲线描述。光电发射阴极的光谱灵敏度或量子效率与入射辐射波长之间的关系曲线,称为光谱响应。

4. 暗电流

光电发射阴极中少数处于较高能级的电子在室温下获得热能,产生热电子发射,形成暗电流。光电发射阴极的暗电流与材料的光电发射阈值有关。一般光电发射阴极的暗电流极低,其强度相当于 $10^{-16} \sim 10^{-18}$ A·cm^{-2} 的电流密度。

*4.1.2 光电阴极材料

目前,按光电发射材料种类区分,光电阴极基本上有四类:单碱与多碱锑化物光电阴极、银氧铯和铋银氧铯光电阴极、紫外光电阴极、Ⅲ~Ⅴ族元素的光电阴极。图4-1所示为几种常用的光电发射阴极材料的光谱响应曲线。

1. 单碱与多碱锑化物光电阴极

锑铯(Cs_3Sb)光电阴极是最常用的、量子效率很高的光电阴极。它的制作方法非常简单:先在玻璃管的内壁上蒸镀一层厚约零点几纳米的锑膜,然后在一定温度(130℃、170℃)下通入铯蒸气,反应生成 Cs_3Sb 化合物膜。如果再通入微量氧气,形成 Cs_3Sb(O)光电阴极,可进一步提高灵敏度和长波响应。

锑铯光电阴极的禁带宽度约 1.6 eV,电子亲和势为 0.45 eV,光电发射阈值 E_{th} 约为2 eV。表面氧化后阈值 E_{th} 略减小,阈值波长将向长波延伸,长波限约为 650 nm,对红外不灵敏。锑铯阴极的峰值量子效率较高,一般可高达 20%~30%,比银氧铯光电阴极高 30 多倍。

两种或三种碱金属与锑化合形成多碱锑化物光电阴极。其量子效率峰值可高达 30%,且暗电流低,光谱响应范围宽,在传统光电阴极中性能最佳。

Na_2KSb 光电阴极的光谱响应峰值波长在蓝光区,使用温度可高达150℃左右。K_2CsSb 光电阴极材料的光谱响应峰值在 385 nm 处,暗电流特别低。含有微量铯的 Na_2KSb(Cs)光电阴极的电子亲和势由 1.0 eV 左右降到 0.55 eV 左右,对红光敏感的阴极,甚至会降到 0.25~

0.30 eV。所以，它不仅有较高的蓝光响应，而且光谱响应会延伸至近红外区。通常含铯的光电阴极材料的使用温度不超过 60℃，否则铯被蒸发，光谱灵敏度显著降低，甚至被破坏而无光谱灵敏度。

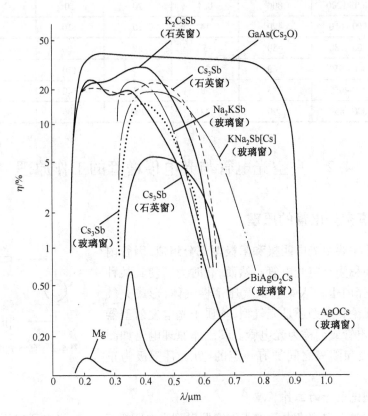

图 4-1 几种光电发射阴极材料的光谱响应曲线

2. 银氧铯与铋银氧铯光电阴极

银氧铯（Ag-O-Cs）阴极是最早使用的高效光电阴极。它的特点是对近红外辐射灵敏。制作过程是先在真空玻璃壳壁上涂上一层银膜再通入氧气，通过辉光放电使银表面氧化。对于半透明银膜，由于基层电阻太高，必须用射频加热法形成氧化银膜（不能用放电方法），再引入铯蒸气进行敏化处理，形成 Ag-O-Cs 薄膜。

从图 4-1 中可以看出，银氧铯光电阴极的相对光谱响应曲线有两个峰值，一个在 350 nm 处，一个在 800 nm 处。光谱范围为 300~1200 nm。量子效率不高，峰值处约为 0.5%~1%。

银氧铯光电阴极的工作温度可高达 100℃，但暗电流较大，且随温度变化较快。

铋银氧铯光电阴极的制作方法很多。在各种制法中，四种元素可以有各种不同的结合次序，如 Bi-Ag-O-Cs，Bi-O-Ag-Cs，Ag-Bi-O-Cs 等。

Bi-Ag-O-Cs 光电阴极的量子效率大致为 Cs_3Sb 光电阴极的一半，其优点是光谱响应与人眼相匹配。暗电流比 Cs_2Sb 光电阴极大，但比 Ag-O-Cs 光电阴极小。

表 4-1 列出几种常用光电阴极材料的特性参数，供选用时参考。

表 4-1　几种常用光电阴极材料的特性参数

光电阴极材料	光谱响应范围（nm）	峰值波长（nm）	峰值波长量子效率（%）	灵敏度典型值（μA/lm）	灵敏度最大值（μA/lm）	20℃时的典型暗电流（A/cm²）
Ag-O-Cs	400~1200	800	0.4	20	50	10^{-12}
Cs_3Sb	300~650	420	14	50	110	10^{-16}
Bi-Ag-O-Cs	400~780	450	5	35	100	10^{-14}
Na_2KSb	300~650	360	21	50	110	10^{-18}
K_2CsSb	300~650	385	30	75	140	10^{-17}
$Na_2KSb(Cs)$	300~850	390	22	200	705	10^{-16}

4.2　真空光电管与光电倍增管的工作原理

4.2.1　真空光电管的原理

真空光电管主要由光电阴极和阳极两部分组成，因管内常被抽成真空而称为真空光电管。然而，有时为了使其某种性能提高，在管壳内也充入某些低气压惰性气体，形成充气型的光电管。无论真空型还是充气型，均属于光电发射型器件，称为真空光电管或简称为光电管。其工作原理电路如图 4-2 所示，在阴极和阳极之间加有一定的电压，且阳极为正极，阴极为负极。

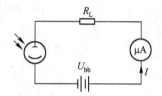

图 4-2　真空光电管原理电路

（1）真空型光电管的工作原理

当入射光透过真空型光电管的入射窗照射到光电阴极面上时，光电子就从阴极发射出去，在阴极和阳极之间形成的电场作用下，光电子在极间做加速运动，被高电位的阳极收集，其光电流的大小主要由阴极灵敏度和入射辐射的强度决定。

（2）充气型光电管的工作原理

光照产生的光电子在电场的作用下向阳极运动，由于途中与惰性气体原子碰撞而使其发生电离，电离过程产生的新电子与光电子一起被阳极接收，正离子向反方向运动被阴极接收，因此在阴极电路内形成数倍于真空型光电管的光电流。

由于半导体光电器件的发展，真空光电管已基本上被半导体光电器件所替代，因此，这里不再对光电管做进一步的介绍。

4.2.2　光电倍增管的基本原理

光电倍增管（Photo-Multiple Tube，PMT）是一种真空光电发射器件，它主要由光入射窗、光电阴极、电子光学系统、倍增极和阳极等部分组成。

如图 4-3 所示为光电倍增管工作原理示意图。从图中可以看出，当光子入射到光电阴极面 K 上时，只要光子的能量高于光电发射阈值，光电阴极就将产生电子发射。发射到真空中的电子在电场和电子光学系统的作用下，经电子限束器电极 F（相当于孔径光阑）汇聚并加速

运动到第一倍增极 D_1 上,第一倍增极在高动能电子的作用下,将发射比入射电子数目更多的二次电子(即倍增发射电子)。第一倍增极发射出的电子在第一与第二倍增极之间电场的作用下高速运动到第二倍增极。同样,在第二倍增极上产生电子倍增。依此类推,经 N 级倍增极倍增后,电子被放大 N 次。最后,被放大 N 次的电子被阳极收集,形成阳极电流 I_a,I_a 将在负载电阻 R_L 上产生电压降,形成输出电压 U_o。

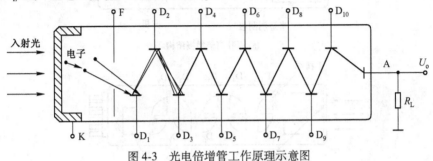

图 4-3 光电倍增管工作原理示意图

4.2.3 光电倍增管的结构

1. 入射窗结构

光电倍增管通常有端窗式和侧窗式两种形式:端窗式光电倍增管倍增极的结构如图 4-4(a)、(b)、(c)所示,光通过管壳的端面入射到端面内侧光电阴极面上;侧窗式光电倍增管倍增极的结构如图 4-4(d)所示,光通过玻璃管壳的侧面入射到安装在管壳内的光电阴极面上。端窗式光电倍增管通常采用半透明材料的光电阴极,光电阴极材料沉积在入射窗的内侧面。一般半透明光电阴极的灵敏度均匀性比反射式阴极要好,而且阴极面可以做成从几十平方毫米到几百平方厘米大小各异的光敏面。为使阴极面各处的灵敏度均匀,受光均匀,阴极面常做成半球状。另外,球面形状的阴极面所发射出的电子经电子光学系统汇聚到第一倍增极的时间散差最小,因此,光电子能有效地被第一倍增极收集。侧窗式光电倍增管的阴极为独立的,且为反射型的,光子入射到光电阴极面上产生的光电子在聚焦电场的作用下汇聚到第一倍增极,因此,它的收集效率接近于 1。

另外,窗口玻璃的不同,将直接影响光电倍增管光谱响应的短波限。从图 4-1 中可以看出,同为光电阴极材料 Cs_3Sb 的光电倍增管,石英玻璃窗口的光谱响应要比普通光学玻璃窗口的光谱响应范围宽,尤其对紫外波段的光谱响应影响更大。

2. 倍增极结构

(1) 倍增极材料

倍增极用于将以一定动能入射来的电子(或称光电子)增大 δ 倍。即倍增极将入射电子数为 N_1 的电子以电子数为 N_2 的二次电子发射出去,其中,$N_2 = \delta N_1$,显然 $\delta > 1$,称其为倍增极材料的发射系数。

倍增极发射二次电子的过程与光电发射的过程相似,所不同的是二次发射电子的过程由高能电子的激发材料产生电子发射,而不是光子激发所致。因此,一般光电发射性能好的材料也具有二次电子发射功能。

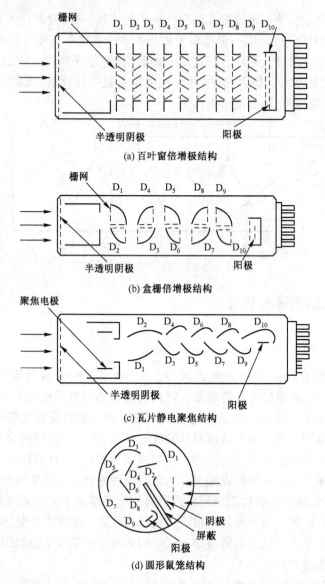

图 4-4 光电倍增管倍增极的结构

常用的倍增极材料有以下几种。

① 锑化铯(CsSb)材料：具有很好的二次电子发射功能，它可以在较低的电压下产生较高的发射系数，电压高于 400 V 时的 δ 值可高达 10 倍。但是，当电流较大时，它的增益将趋于不稳定。

② 氧化的银镁合金(AgMgO[Cs])材料：也具有二次电子发射功能，它与锑化铯相比二次电子发射能力稍差些，但是，它可以在较强电流和较高的温度(150℃)下工作。它在 400 V 电压时的发射系数 δ 最大，约为 6。

③ 铜-铍合金(铍的含量为 2%)材料：也具有二次电子发射功能，不过它的发射系数 δ 比银镁合金更低些。

新发展起来的负电子亲和势材料 GaP[Cs]，具有更高的二次电子发射功能，在电压为

1000 V 时,其倍增系数一般大于 50,甚至高达 200。

(2) 倍增极结构

光电倍增管按倍增极结构可分为聚焦型与非聚焦型两种。非聚焦型光电倍增管有百叶窗型(图 4-4(a))与盒栅式(图 4-4(b))两种结构;聚焦型有瓦片静电聚焦型(图 4-4(c))和圆形鼠笼式(图 4-4(d))两种结构。

4.3 光电倍增管的基本特性

1. 灵敏度

灵敏度是衡量光电倍增管质量的重要参数,它反映光电阴极材料对入射光的敏感程度和倍增极的倍增特性。光电倍增管的灵敏度通常分为阴极灵敏度与阳极灵敏度。

(1) 阴极灵敏度

将光电倍增管阴极电流 I_k 与入射光谱辐通量 $\Phi_{e,\lambda}$ 之比,称为阴极的光谱灵敏度,即

$$S_{k,\lambda} = I_k / \Phi_{e,\lambda} \tag{4-2}$$

量纲为 μA/W。

若入射辐射为白光,则以阴极积分灵敏度表示,即阴极电流 I_k 与所有入射辐射波长的光谱辐通量积分之比,有

$$S_k = I_k \Big/ \int_0^\infty \Phi_{e,\lambda} \mathrm{d}\lambda \tag{4-3}$$

量纲为 μA/W。当用光度单位描述光度量时,量纲为 μA/lm。

(2) 阳极灵敏度

将光电倍增管阳极输出电流 I_a 与入射光谱辐通量 $\Phi_{e,\lambda}$ 之比,称为阳极的光谱灵敏度,即

$$S_{a,\lambda} = I_a / \Phi_{e,\lambda} \tag{4-4}$$

量纲为 A/W。

若入射辐射为白光,则将其定义为阳极积分灵敏度,有

$$S_a = I_a \Big/ \int_0^\infty \Phi_{e,\lambda} \mathrm{d}\lambda \tag{4-5}$$

量纲为 A/W。当用光度单位描述光度量时,其量纲为 A/lm。

2. 电流放大倍数(增益)

电流放大倍数表征光电倍增管的内增益特性,它不但与倍增极材料的二次电子发射系数 δ 有关,而且与光电倍增管的级数 N 有关。理想光电倍增管的增益 G 与电子发射系数 δ 的关系为

$$G = \delta^N \tag{4-6}$$

考虑到光电阴极发射出的电子被第 1 倍增极所收集,其收集系数为 η_1,且每个倍增极都存在收集系数 η_i,因此,式(4-6)应修正为

$$G = \eta_1(\eta_i \delta)^N \quad (4\text{-}7)$$

对于非聚焦型光电倍增管，η_1 近似为 90%，η_i 要高于 η_1，但小于 1；对于聚焦型的，尤其是在阴极与第 1 倍增极之间具有电子限束电极 F 的倍增管，其 $\eta_i \approx \eta_1 \approx 1$，可以用式(4-6)计算增益 G。

倍增极的二次电子发射系数 δ 可用经验公式计算。

对于锑化铯(Cs_3Sb)倍增极材料有经验公式

$$\delta = 0.2(U_{DD})^{0.7} \quad (4\text{-}8)$$

对于氧化的银镁合金($AgMgO[Cs]$)材料有经验公式

$$\delta = 0.025 U_{DD} \quad (4\text{-}9)$$

式中，U_{DD} 为倍增极的极间电压。

显然，光电倍增管上述两种倍增极材料的电流增益 G 与极间电压 U_{DD} 的关系式可由式(4-6)、式(4-7)和式(4-8)得到：

对于锑化铯倍增极材料有 $\quad G = (0.2)^N U_{DD}^{0.7N} \quad (4\text{-}10)$

对于银镁合金材料有 $\quad G = (0.025)^N U_{DD}^N \quad (4\text{-}11)$

当然，在电源电压确定后，光电倍增管电流放大倍数可以从定义出发，通过测量阳极电流 I_a 与阴极电流 I_k 确定。即

$$G = I_a / I_k = S_a / S_k \quad (4\text{-}12)$$

式(4-12)给出了增益与灵敏度之间的关系。

光电倍增管的量子效率、光谱响应这两个参数主要取决于光电阴极材料，这里不再讨论。

3. 暗电流

光电倍增管在无辐射作用下的阳极输出电流称为暗电流，记为 I_D。光电倍增管的暗电流值在正常应用的情况下是很小的，一般为 $10^{-16} \sim 10^{-10}$ A，是所有光电探测器件中暗电流最低的器件。但是，影响光电倍增管暗电流的因素很多，注意不到会造成暗电流的增大，甚至于无法使光电倍增管正常工作，因此要特别注意。

影响光电倍增管暗电流的主要因素有：

（1）欧姆漏电

欧姆漏电主要指光电倍增管的电极之间玻璃漏电、管座漏电和灰尘漏电等。欧姆漏电通常比较稳定，对噪声的贡献小。在低电压工作时，欧姆漏电成为暗电流的主要部分。

（2）热发射

由于光电阴极材料的光电发射阈值较低，容易产生热电子发射，即使在室温下也会有一定的热电子发射，并被电子倍增系统倍增。这种热发射暗电流将对低频率弱辐射光信息的探测影响严重。在光电倍增管正常工作状态下，它是暗电流的主要成分。根据 W. Richardson 的研究，热发射暗电流 I_{Dt} 与温度 T 和光电发射阈值的关系为

$$I_{Dt} = AT^{5/4} e^{\frac{qE_{th}}{kT}} \quad (4\text{-}13)$$

式中，A 为常数。可见，对光电倍增管进行制冷降温是减小热发射暗电流的有效方法。例如，将锑铯光电阴极的倍增管的温度从室温降低到 0℃，它的暗电流将下降 90%。

(3) 残余气体放电

光电倍增管中高速运动的电子会使管中的残余气体电离,产生正离子和光子,它们也将被倍增,形成暗电流。这种效应在工作电压高时特别严重,使倍增管工作不稳定。尤其用做光子探测器时,可能引起"乱真"脉冲的效应。降低工作电压会减小残余气体放电产生的暗电流。

(4) 场致发射

当光电倍增管的工作电压较高时,还会引起因管内电极尖端或棱角的场强太高而产生的场致发射暗电流。显然,当降低工作电压时,场致发射暗电流也将下降。

(5) 玻璃壳放电和玻璃荧光

当光电倍增管负高压使用时,金属屏蔽层与玻璃壳之间的电场很强,尤其是金属屏蔽层与处于负高压的阴极之间的电场最强。在强电场下玻璃壳可能产生放电现象或出现玻璃荧光,放电和荧光都会引起暗电流,而且还将严重破坏信号。因此,在阴极为负高压应用时屏蔽壳与玻璃管壁之间的距离至少应为 10~20 mm。

分析上述暗电流产生的原因可以看出,随着极间电压的升高,暗电流将增大,极间电压高至 100 V,热电子发射急剧增大;电压再继续升高就将发生气体放电、场致发射,以至于玻璃壳放电或玻璃荧光等,使暗电流急剧增加。如图 4-5 所示为光电倍增管的阳极电流(包括阳极暗电流与信号电流)与电源电压的关系曲线。由图可见,电源电压较低时,暗电流较低(图中 a 段);随着电压的升高,暗电流也随之增大,当电压升高到一定程度时,暗电流随电压增高的斜率增大,以至于直线增长(图中 b 段);电压再升高,有可能进入图中 c 段,此时电压再升高,暗电流随电压增高的斜率更高,可能存在使倍增管产生自持放

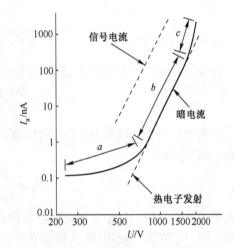

图 4-5 PMT 的阳极电流与电源电压的关系曲线

电而损坏倍增管的危险。当然,电源电压的增高使倍增管的增益增高,信号电流也随之增大,对弱信号的检测非常有利。但是,不能过分地追求高增益而使光电倍增管的极间电压或电源电压过高。否则,将损坏光电倍增管。

4. 噪声

光电倍增管的噪声主要由散粒噪声和负载电阻的热噪声组成。

负载电阻的热噪声为

$$I_{na}^2 = 4kT\Delta f / R_a \tag{4-14}$$

散粒噪声 I_{sh}^2 主要由阴极暗电流 I_{dk}、背景辐射电流 I_{bk} 及信号电流 I_{sk} 的散粒效应所引起的。阴极散粒噪声电流为

$$I_{nk}^2 = 2qI_k\Delta f = 2q\Delta f(I_{sk}+I_{bk}+I_{dk}) \tag{4-15}$$

这个散粒噪声电流将被逐级放大,并在每一级都产生自身的散粒噪声。如第 1 级输出的散粒噪声电流为

$$I_{nD1}^2 = (I_{nk}\delta_1)^2 + 2qI_k\delta_1\Delta f = I_{nk}^2\delta_1(1+\delta_1) \qquad (4-16)$$

第 2 级输出的散粒噪声电流为

$$I_{nD2}^2 = (I_{nD1}\delta_2)^2 + 2qI_k\delta_1\delta_2\Delta f = I_{nk}^2\delta_1\delta_2(1+\delta_2+\delta_1\delta_2) \qquad (4-17)$$

可以推得第 n 级倍增极输出的散粒噪声电流为

$$I_{nDn}^2 = I_{nk}^2\delta_1\delta_2\delta_3\cdots\delta_n(1+\delta_n+\delta_n\delta_{n-1}+\cdots+\delta_n\delta_{n-1}\cdots\delta_1) \qquad (4-18)$$

为简化问题,设各倍增极的发射系数都等于 δ(各倍增极的电压相等时发射系数相差很小)时,则倍增管末级倍增极输出的散粒噪声电流为

$$I_{nDn}^2 = 2qI_kG^2\frac{\delta}{\delta-1}\Delta f \qquad (4-19)$$

δ 的值通常在 3~6 之间,$\frac{\delta}{\delta-1}$ 接近于 1;并且,δ 越大,$\frac{\delta}{\delta-1}$ 越接近于 1。因此,光电倍增管输出的散粒噪声电流可简化为

$$I_{nDn}^2 = 2qI_kG^2\Delta f \qquad (4-20)$$

总噪声电流为

$$I_n^2 = \frac{4kT\Delta f}{R_a} + 2qI_kG^2\Delta f \qquad (4-21)$$

在设计光电倍增管电路时,总是力图使负载电阻的热噪声远小于散粒噪声,即使下式成立:

$$\frac{4kT\Delta f}{R_a} \ll 2qI_kG^2\Delta f \qquad (4-22)$$

设光电倍增管的增益 $G=10^4$,阴极暗电流 $I_{dk}=10^{-14}$ A,在 300 K 的室温情况下,只要阳极负载电阻 R_a 满足

$$R_a \geqslant \frac{4kT}{2qI_kG^2} = 52\ (k\Omega) \qquad (4-23)$$

则电阻的热噪声就远远小于光电倍增管的散粒噪声。这样,在计算电路的噪声时就可以只考虑散粒噪声。实际应用中,光电倍增管的阳极电流常为微安数量级,为使阳极得到适当的输出电压,阳极电阻总要大于 52 kΩ,因此式(4-23)的条件很容易满足。

当然,提高光电倍增管的增益(增高电源电压)G,以及降低阴极暗电流 I_{dk} 都会减少对阳极电阻 R_a 的要求,提高光电倍增管的时间响应。

表 4-2 所示为几种典型光电倍增管的基本特性参数。

表 4-2 几种典型光电倍增管的基本特性参数

型号	阴极材料	级数	外径 (mm)	光敏面直径 (mm)	长度 (mm)	光谱范围 (nm)	峰值波长 (nm)	典型工作电压 (V)	阳极灵敏度 (A/lm)	上升时间 (ns)
GDB14P	CsSb	9	14	10	63	300~680	440	800	1	
GDB23T	K_2CsSb	11	28	23	128	300~650	420	900	200	
GDB44D	K_2CsSb	10	51	44	124	300~650	420	1050	50	
GDB52D	K_2CsSb	13	51	44	140	300~650	420	1400	2000	2
GDB53L	K_2CsSb	13	51	10	140	300~650	420	1200	2000	2.5
GDB54Z	Na_2KSb(Cs)	11	51	44	154	200~850	420	1200	200	2
GDB76D	K_2CsSb	11	80	75	171	300~650	420	1250	200	2.5

5. 伏安特性

（1）阴极伏安特性

当入射到光电倍增管阴极面上的光通量一定时，阴极电流 I_k 与阴极和第一倍增极之间电压（简称为阴极电压 U_k）的关系曲线称为阴极伏安特性。图 4-6 所示为不同光通量下测得的阴极伏安特性曲线。从图中可见，当阴极电压较小时，阴极电流 I_k 随 U_k 的增大而增加，直到 U_k 大于一定值（几十伏特）后，阴极电流 I_k 才趋向饱和，且与入射光通量 Φ 成线性关系。

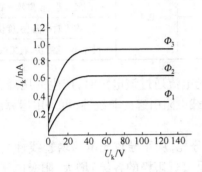

图 4-6 阴极伏安特性曲线

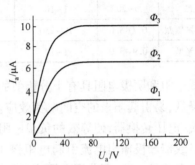

图 4-7 阳极伏安特性曲线

（2）阳极伏安特性

当入射到光电倍增管阳极面上的光通量一定时，阳极电流 I_a 与阳极和末级倍增极之间电压（简称为阳极电压 U_a）的关系曲线称为阳极伏安特性。图 4-7 所示为阳极伏安特性曲线。从图中可以看出，阳极电压较小时（例如小于 40 V），阳极电流随阳极电压的增大而增大，因为阳极电压较低，被增大的电子流不能完全被较低电压的阳极所收集，这一区域称为饱和区。当阳极电压增大到一定程度后，被增大的电子流已经能够完全被阳极所收集，阳极电流 I_a 与入射到阴极面上的辐通量 $\Phi_{e,\lambda}$ 成线性关系

$$I_a = S_a \Phi_{e,\lambda} \tag{4-24}$$

而与阳极电压的变化无关。因此，可以把光电倍增管的输出特性等效为恒流源处理。

6. 线性

光电倍增管的线性一般由它的阳极伏安特性表示，它是光电测量系统中的一个重要指标。线性不仅与光电倍增管的内部结构有关，还与供电电路及信号输出电路等因素有关。

造成非线性的原因可分为两类：（1）内因，即空间电荷、光电阴极的电阻率、聚焦或收集效率等的变化；（2）外因，光电倍增管输出信号电流在负载电阻上的压降，对末级倍增极电压产生的负反馈和电压的再分配，都可能破坏输出信号的线性。

空间电荷主要发生在光电倍增管的阳极和最后几级倍增极之间。当阳极光电流大，尤其阳极电压太低或最后几级倍增极的极间电压不足时，容易出现空间电荷。有时，阴极和第一倍增极之间的距离过大或电场太弱，在端窗式光电倍增管的第一级中也容易出现空间电荷。为防止空间电荷引起的非线性，应保持这些极间的电压较高，而让管内的电流密度尽可能小一些。

阴极电阻也会引起非线性，特别是当大面积的端窗式光电倍增管的阴极只有一小部分被光照射时，非照射部分会像串联电阻那样起作用，在阴极表面引起电位差，于是降低了被照射区域

和第一倍增极之间的电压,这一负反馈所引起的非线性是被照射面积的大小和位置的函数。

光电倍增管中,不同的倍增极结构,其入射电子的收集特性差别较大,因此对线性影响也有较大的差别。表4-3列出了各种倍增极结构的基本特性。

表 4-3 各种倍增极结构的基本特性

结构形式	上升时间 (ns)	最大线性(2%) 输出电流(mA)	收集效率 (%)	均匀性	抗磁场能力 (mT)	特点
百叶窗式	6~18	10~40	≤90	好	0.1	面积大、电流大
盒栅式	6~20	1~10	≥97			尺寸小、收集效率高
瓦片静电聚焦型	0.7~3.0	10~250	≥94	差		收集效率高、速度快
圆形鼠笼型	0.9~3.0	1~10	≥94			尺寸小、速度快、收集效率高

负载电阻和阴极电阻具有十分相似的效应。当光电流通过该电阻时,产生的压降会使阳极电压降低,易引起阳极的空间电荷效应。为防止负载电阻引起的非线性,可采用运算放大器作为电流/电压转换器,使等效的负载电阻降低。

阳极或倍增极输出电流引起电阻链中电压的再分配,从而导致光电倍增管线性的变化。一般当光电流较大时,再分配电压使极间电压(尤其是接近阳极的各级)增大,阳极电压降低,结果使得光电倍增管的增益降低;当阳极光电流进一步增大时,使得阳极和最末级电压接近于零,结果尽管入射光继续增强,而阳极输出电流却趋向饱和。因此,为降低该效应,常使电阻链中的电流至少大于阳极光电流最大值的10倍。

7. 疲劳与衰老

光电阴极材料和倍增极材料中一般都含有铯金属。当电子束较强时,电子束的碰撞会使倍增极和阴极板温度升高,铯金属蒸发,影响阴极和倍增极的电子发射能力,使灵敏度下降,甚至使光电倍增管的灵敏度完全丧失。因此,必须限制入射的光通量,使光电倍增管的输出电流不超过极限值 I_{am}。为防止意外情况发生,应对光电倍增管进行过电流保护,使阳极电流一旦超过设定值便自动关断供电电源。

在较强辐射作用下倍增管灵敏度下降的现象称为疲劳。这是暂时的现象,待管子避光存放一段时间后,灵敏度将会部分或全部恢复过来。当然,过度的疲劳也可能造成永久损坏。

光电倍增管在正常使用的情况下,随着工作时间的积累,灵敏度也会逐渐下降,且不能恢复,将这种现象称为衰老。这是真空器件特有的正常现象。

表4-4列出了部分国产光电倍增管的外型尺寸和主要特性参数。

表 4-4 光电倍增管的外型尺寸和主要特性参数

型号	直径 (mm)	长度 (mm)	级数	窗口材料	阴极材料	光谱响应 (nm)	峰值波长 (nm)	阴极灵敏度 (μA/lm)		阳极灵敏度 (A/lm)	
								白光	蓝光	电源电压1	电源电压2
GDB—106	14	68	9	透紫玻璃	SbKCs	200~700	400±50	30		30/800 V	
GDB—110	14	68	9	石英玻璃	SbKCs	185~700	400±50	30		30/860 V	
GDB—126	30	84	9	透紫玻璃	SbKCs	200~700	400±20	20	4	1/750 V	10/1100 V
GDB—142	30	100	9	硼硅玻璃	SbKCs	300~700	400±30	30	4	1/750 V	10/1100 V

续表

型号	直径(mm)	长度(mm)	级数	窗口材料	阴极材料	光谱响应(nm)	峰值波长(nm)	阴极灵敏度(μA/lm) 白光	阴极灵敏度(μA/lm) 蓝光	阳极灵敏度(A/lm) 电源电压1	阳极灵敏度(A/lm) 电源电压2
GDB—143	30	100	9	硼硅玻璃	SbNaKCs	300~850	400±20	20		1/800 V	
GDB—146	30	100	9	透紫玻璃	SbKCs	200~700	400±20	20	4	1/750 V	10/1100 V
GDB—147	30	100	9	透紫玻璃	SbNaKCs	200~850	400±20	50	红光:12.7	10/1100 V	
GDB—151	30	97	9	石英玻璃	SbNaKCs	185~850	400±20	20	红光:3	1/800 V	
GDB—152	30	97	9	石英玻璃	TeCs	200~300	235±15	20 mA/W		1000/1000 V	
GDB—153	30	72	10	硼硅玻璃	CaAs	200~910	340±20	150		20/1250 V	
GDB—221	30	95	8	钠钙玻璃	SbKCs	300~700	420±20	50		1/800 V	10/1200 V
GDB—235	30	110	8	钠钙玻璃	SbCs	300~650	400±20	40	6	1/750 V	10/1000 V
GDB—239	30	120	11	钠钙玻璃	AgOCs	400~1200	800±100	10		1/500V	
GDB—333	51	200	14	钠钙玻璃	SbNaKCs	300~850	420±30	70	红光:15	50/1800 V	500/2200 V
GDB—404	30	119	9	硼硅玻璃	SbNaKCs	300~850	450±20	90	红光:0.5	1/850V	10/1250 V
GDB—411	30	120	11	硼硅玻璃	AgOCs	400~1200	800±100	15	红外:9	10/1300 V	
GDB—413	30	120	11	硼硅玻璃	SbKCs	300~700	400±20	40	8	100/1250 V	
GDB—415	30	120	11	硼硅玻璃	SbNaK	300~650	420±20	20	4	1/1500 V	10/2000 V
GDB—423	40	137	11	硼硅玻璃	SbNaKCs	300~850	420±20	60	4	10/1100 V	100/1500 V
GDB—424	40	125	11	硼硅玻璃	SbNaK	300~650	420±20	25	5	1/1500 V	10/1900 V
GDB—526	51	128	11	硼硅玻璃	SbKCs	300~700	420±20	30	8	1/700 V	10/950 V
GDB—546	51	154	11	硼硅玻璃	SbNaKCs	300~850	420±20	70	红光:0.2	20/1300 V	200/1800 V
GDB—567	77	163	11	硼硅玻璃	SbKCs	300~700	420±20	30	8	10/1000 V	
GDB—576	91	173	11	硼硅玻璃	SbCs	300~650	420±20	20		10/1200 V	
1975A	28.5	66	9	石英玻璃	SbNaKCs	185~870	420±20	50	红光:0.25	100/1000 V	

4.4 光电倍增管的供电电路

光电倍增管具有灵敏度高和响应速度快等特点,使它在光谱探测和极微弱快速光信息的探测等方面成为首选的光电探测器。另外,微通道板光电倍增管与半导体光电器件的结合,构成独具特色的光电探测器。例如,微通道板与CCD的结合将构成具有微光图像探测功能的图像传感器,并广泛应用于天文观测与航天工程。

正确使用光电倍增管的关键是供电电路的设计。光电倍增管的供电电路种类很多,可以根据应用情况设计出各具特色的供电电路。本节介绍最常用的电阻分压式供电电路。

1. 电阻分压式供电电路

如图 4-8 所示为典型光电倍增管的电阻分压式供电电路。电路由 11 个电阻构成电阻链分压器,分别向 10 级倍增极提供极间供电电压 U_{DD}。

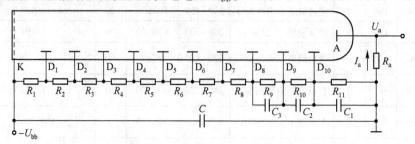

图 4-8 光电倍增管的供电电路

U_{DD} 直接影响二次电子发射系数 δ,或管子的增益 G。因此,根据增益 G 的要求来设计极间供电电压 U_{DD} 与电源电压 U_{bb}。

考虑到光电倍增管各倍增极的电子倍增效应,各级的电子流按放大倍率分布,其中,阳极 A 的电流 I_a 最大。因此,电阻链分压器中流过每级电阻的电流并不相等,但是,当流过分压电阻的电流 $I_R \gg I_a$ 时,流过各分压电阻 R_i 的电流近似相等。工程上常设计成

$$I_R \geqslant 10 I_a \tag{4-25}$$

当然,I_R 的选择要根据实际使用的情况,选择得太大将使分压电阻功率损耗加大,从而使倍增管温度升高导致性能降低,以至于温升太高而无法工作。另外也将使电源的功耗增大。

选定电流 I_R 后,可以计算出电阻链分压器的总电阻为

$$R = U_{bb} / I_R \tag{4-26}$$

从而可以算出各分压电阻 R_i。考虑到第 1 倍增极与阴极的距离较远,设计 U_{D1} 为其他倍增极的 1.5 倍,即

$$R_1 = 1.5 R_i \tag{4-27}$$

$$R_i = \frac{U_{bb}}{(N+1.5) I_R} \tag{4-28}$$

2. 末级的并联电容

当入射辐射信号为高速的迅变信号或脉冲时,末 3 级倍增极电流的变化会引起 U_{DD} 的较大变化,引起光电倍增管增益的起伏,将破坏信息的变换。为此,在末 3 级并联 3 个电容 C_1、C_2 与 C_3,通过电容的充放电过程使末 3 级电压稳定,有

$$C_1 \geqslant \frac{70 N I_{am} \tau}{L U_{DD}}, \quad C_2 \geqslant \frac{C_1}{\delta}, \quad C_3 \geqslant \frac{C_1}{\delta^2} \tag{4-29}$$

式中,N 为倍增级数,I_{am} 为阳极峰值电流,τ 为脉冲的持续时间,U_{DD} 为极间电压,L 为增益稳定度的百分数:$L = \frac{\Delta G}{G} \times 100$。

在实际设计中,一般取 $C_1 = 0.01\ \mu F$,$C_2 = 1000\ pF$,$C_3 = 330\ pF$,基本满足要求。

3. 电源电压的稳定度

对式(4-8)与式(4-9)进行微分,并用增量形式表示,可得到光电倍增管的电流增益稳定度与极间电压稳定度的关系式:

对锑化铯倍增极

$$\frac{\Delta G}{G} = 0.7n \frac{\Delta U_{DD}}{U_{DD}} \tag{4-30}$$

或

$$\frac{\Delta G}{G} = 0.7n \frac{\Delta U_{bb}}{U_{bb}} \tag{4-31}$$

而对银镁合金倍增极,则有

$$\frac{\Delta G}{G} = n \frac{\Delta U_{bb}}{U_{bb}} \tag{4-32}$$

由于光电倍增管的输出信号 $U_o = GS_k \Phi_v R_L$,因此,输出信号的稳定度与增益的稳定度有关,即

$$\frac{\Delta U}{U} = \frac{\Delta G}{G} = n \frac{\Delta U_{bb}}{U_{bb}} \tag{4-33}$$

光电倍增管倍增极的级数常大于 10。因此,在实际应用中对电源电压稳定度的要求常常可以简化,一般认为高于输出电压稳定度一个数量级即可。例如,当要求输出电压稳定度为 1% 时,则要求电源电压稳定度应高于 0.1%。

例 4-1 设入射到 PMT 光敏面上的最大光通量为 $\Phi_v = 12 \times 10^{-6}$ lm,当采用 GDB—235 型倍增管作为光电探测器探测入射时,已知 GDB—235 为 8 级的光电倍增管,阴极为 SbCs,倍增极也为 SbCs 材料,阴极灵敏度为 40 μA/lm。若要求入射为 0.6×10^{-6} lm 时的输出电压幅度不低于 0.2 V,试设计该 PMT 的变换电路。若供电电压的稳定度只能做到 0.01%,试问该 PMT 变换电路输出信号的稳定度最高能达到多少?

解 (1) 首先计算供电电源的电压

根据题目的输出电压幅度要求和 PMT 的噪声特性,阳极电阻可以选择标准电阻值 R_a = 82 kΩ,阳极电流应不小于 I_{amin},因此

$$I_{amin} = U_o / R_a = 0.2/82 = 2.439 \text{ (μA)}$$

入射光通量为 0.6×10^{-6} lm 时的阴极电流为

$$I_k = S_k \Phi_v = 40 \times 10^{-6} \times 0.6 \times 10^{-6} = 24 \times 10^{-6} \text{ (μA)}$$

此时,PMT 的增益为

$$G = \frac{I_{amin}}{I_k} = \frac{2.439}{24 \times 10^{-6}} = 1.02 \times 10^5$$

由于 $G = \delta^N, N = 8$,因此,每一级的增益 $\delta = 4.227$。另外,SbCs 倍增极材料的增益 δ 与极间电压 U_{DD} 有关: $\delta = 0.2(U_{DD})^{0.7}$,可以计算出 $\delta = 4.227$ 时的极间电压

$$U_{DD} = \sqrt[0.7]{\frac{\delta}{0.2}} = 78 \text{ (V)}$$

总电源电压为

$$U_{bb} = (N+1.5)U_{DD} = 741 \text{ (V)}$$

(2) 计算偏置电路电阻链的阻值

偏置电路采用如图 4-8 所示的供电电路,设流过电阻链的电流为 I_{R_i},流过阳极电阻 R_a 的

最大电流为
$$I_{am} = G\ S_k \Phi_{vm} = 1.02\times10^5 \times 40\times10^{-6} \times 12\times10^{-6} = 48.96(\mu A)$$

取 $I_{R_i} \geq 10\ I_{am}$，则有 $I_{R_i} = 500\ \mu A$。因此，电阻链的电阻

$$R_i = U_{DD}/I_{R_i} = 156(k\Omega)$$

取 $R_i = 120\ k\Omega, R_1 = 1.5 R_i = 180\ k\Omega$。

（3）根据式(4-33)可得输出信号电压的最高稳定度为

$$\frac{\Delta U}{U} = n\ \frac{\Delta U_{bb}}{U_{bb}} = 8 \times 0.01\% = 0.08\%$$

例 4-2 如果 GDB—235 的阳极最大输出电流为 2 mA，求阴极面上的入射光通量的最大值。

解 由于
$$I_{am} = G\ S_k \Phi_{vm}$$

故阴极面上的入射光通量的最大值为

$$\Phi_{vm} = \frac{I_{am}}{G\ S_k} = \frac{2\times10^{-3}}{1.02\times10^5 \times 40\times10^{-6}} = 0.49\times10^{-3}(lm)$$

4.5 光电倍增管的典型应用

由于光电倍增管具有极高的光电灵敏度和极快的响应速度，它的暗电流低，噪声也很低，使得它在光电检测技术领域占有极其重要的地位。它能够探测低至 10^{-13} lm 的微弱光信号，能够检测持续时间低至 10^{-9} s 的瞬变光信息。另外，它的内增益特性的可调范围宽，使其能够在背景光变化很大的自然光照环境下工作。因此，在微光探测、快速光子计数和微光时域分析等领域已得到广泛应用。

目前，光电倍增管已广泛地用于微弱荧光光谱探测、大气污染监测、生物及医学病理检测、地球地理分析、宇宙观测与航空航天工程等领域，并发挥着越来越大的作用。本节将分别讨论光电倍增管在光谱探测及时间分辨荧光免疫分析领域中的典型应用。

4.5.1 光谱探测领域的应用

光电倍增管与各种光谱仪器相匹配，可以完成各种光谱的探测与分析工作，它已在石油、化工、冶金等生产过程的控制、油质分析、金属成分分析、大气监测等应用领域发挥着重要的作用。

光谱探测仪常分为发射光谱仪与吸收光谱仪两大类型。

（1）发射光谱仪

发射光谱仪的基本原理如图 4-9 所示。采用电火花、电弧或高频高压对气体进行等离子激发、放电等方法，使被测物质中的原子或分子被激发发光，形成被测光源；被测光源发出的光经狭缝进入光谱仪后，被凹面反光镜 1 聚焦到平面光栅上，光栅将其光谱展开；落入到凹面反光镜 2 上的发散光谱被凹面反光镜 2 聚焦到光电器件的光敏面上，光电器件将被测光谱能量转变为电流或电压信号。由于光栅转角是光栅闪耀波长的函数，测出光栅的转角，便可检测出被测光谱的波长。发射光谱的波长分布隐含着被测元素化学成分的信息，光谱的强度表征被测元素化学成分的含量或浓度。用光电倍增管作为光电检测器件，不但能够快速地检测出浓度极低元素的含量，还能检测出瞬间消失的光谱信息。由于光电倍增管的光谱响应带宽的限制，在中、远红外波段的光谱探测中还要利用 $Hg_{1-x}Cd_xTe$ 等光电导器件或 TGS 热释电器件等进行红外探测。当然，

利用 CCD 等集成光电器件探测光谱,可同时快速地探测多通道光谱的特性。

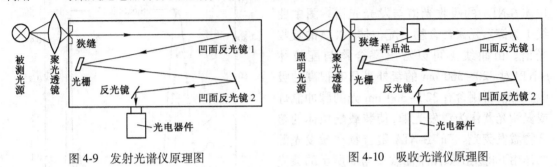

图 4-9　发射光谱仪原理图　　　　　图 4-10　吸收光谱仪原理图

(2) 吸收光谱仪

吸收光谱仪是光谱分析中的另一种重要仪器。吸收光谱仪的基本原理如图 4-10 所示。它与发射光谱仪的主要差别是光源。发射光谱仪的光源为被测光源,而吸收光谱仪的光源为已知光谱分布的光源。吸收光谱仪比发射光谱仪多一个承载被测物的样品池。样品池安装在光谱仪的光路中,被测液体或气体放置在吸收光谱仪的样品池中,已知光谱通过被测样品后,表征被测样品化学元素的特征光谱被吸收。根据吸收光谱的波长可以判断被测样品的化学成分,吸收深度表明其含量。吸收光谱仪的光电接收器件可以选用光电倍增管或其他光电探测器件。选用光电倍增管可以提高吸收光谱仪的光谱探测速度,选用 CCD 器件可以同时探测不同波长光谱的吸收状况。

*4.5.2　时间分辨荧光免疫分析中的应用

1983 年,Pettersson 和 Eskola 等人提出了用时间分辨荧光免疫分析(Time-Resolved FluoroImmunoAssay,TRFIA)法测定人绒毛膜促性腺激素和胰磷脂酶在临床医学研究中的应用课题,在随后的 10 多年中,获得迅速发展,成为最有发展前途的一种全新的非同位素免疫分析技术。

(1) TRFIA 的原理

TRFIA 是用镧系元素作为标记物,标记抗原或抗体,用时间分辨技术测量荧光,同时利用波长和时间两种分辨方法,极其有效地排除了非特异荧光的干扰,大大地提高了分析灵敏度。

波长和时间两种分辨是指用激光器发出的高能量单色光激发镧系元素作为标记物的螯合物,螯合物将在不同的时间段发出不同波长的辐射光。辐射光载荷着抗原或抗体的信息,通过测量不同波长的辐射光便可分析抗原或抗体。另外,螯合物对不同配位体发射最强光谱波长的衰变时间不同。表 4-5 所示为一些镧系元素螯合物的荧光特性。从表中可以看出不同配位体螯合物会发出不同波长的辐射光谱,光谱的衰变时间也各不相同。

表 4-5　一些镧系元素螯合物的荧光特性

镧系元素离子	配 位 体	激发光峰值波长(nm)	发射光谱波长(nm)	衰变时间(μs)	荧光相对强度(%)
Sm^{3+}	β-NTA	340	600.643	65	1.5
Sm^{3+}	PTA	295	600.643	60	0.3
Eu^{3+}	β-NTA	340	613	714	100.0
Eu^{3+}	PTA	295	613	925	36.0
Tb^{3+}	PTA	295	490.543	96	8.0
Dy^{3+}	PTA	295	573	~1	0.2

图 4-11 所示为镧系元素螯合物与典型配位体 β-NTA 的吸收光谱与发光光谱。图中曲线 1 为镧系元素螯合物与配位体 β-NTA 的吸收光谱。由曲线 1 可以看出螯合物与配位体 β-NTA 对 320~360 nm 的紫外光具有很高的吸收,因此,常用含有 320~360 nm 光的脉冲氙灯或氮激光器作为激发光源,使装载配位体的螯合物激发荧光。$Eu^{3+}\beta$-NTA 螯合物在激发光源的作用下将发出如图中曲线 2 与 3 所示的荧光光谱。曲线 3 的光谱载荷着配位体 β-NTA 的信息。

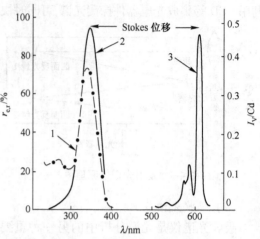

图 4-11 镧系元素螯合物与典型配位体 β-NTA 的吸收光谱和发光光谱

图 4-11 中为双坐标曲线图,其中 $r_{e,r}$ 为螯合物的相对吸收系数,I_V 为螯合物激发出的荧光光强。

图 4-12 所示为载荷配位体 β-NTA 的螯合物荧光时间特性。图中,激发光刚刚结束的时刻为初始时刻($t=0$),在最初的很短时间内,短寿命荧光很快结束,长寿命荧光也会在 400 ns 内消失或降低到很低的程度,而有用的荧光出现在 400~800 ns 时间段内(图中斜线所标注的时间段)。在 800~1000 ns 时间段内有用的荧光将衰减到零。1000 ns 后开始新的循环。

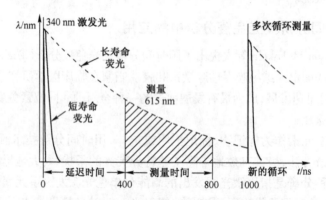

图 4-12 载荷配位体 β-NTA 的螯合物荧光时间特性

(2) TRFIA 的测量原理

根据图 4-11 所示荧光光谱的特性和图 4-12 所示的荧光时间特性就可以设计 TRFIA 的测量系统。详细结构见二维码。

思考题与习题 4

4.1 试写出 N 型与 P 型半导体材料的光电发射阈值公式,指出两种半导体材料光电发射阈值的差异在哪里?它与金属材料的"逸出功"有哪些差异?引入"光电发射阈值"对分析外光电效应有哪些意义?

4.2 为什么真空光电倍增管的光电灵敏度要分为光电阴极灵敏度与阳极灵敏度?它们有哪些差异?

4.3 为什么有些真空光电倍增管的光电阴极面做成球面?做成球面以后,会带来哪些优点?

4.4 光电倍增管的增益是怎样产生的?光电倍增管各倍增极之间的发射系数 δ 与哪些因素有关?其中哪些因素能够在不改变倍增管材料与结构情况下人为控制与调整增益?

4.5 光电倍增管产生暗电流的主要原因有哪些?如何降低暗电流?哪些暗电流随电压的升高而迅速增大?

4.6 光电倍增管的主要噪声有哪些?为什么负载电阻增大到一定值后光电倍增管的热噪声可以被忽略?

4.7 怎样理解光电倍增管的光谱灵敏度与积分灵敏度?二者的根本差别是什么?二者之间的关系如何?

4.8 为什么光电倍增管必须要加屏蔽罩,而且屏蔽罩还必须要能够屏蔽电与磁?用什么样的材料制造光电倍增管的屏蔽罩才能达到屏光、屏电与屏磁的目的?要求屏蔽罩必须与光电倍增管阴极玻璃壳至少分离 20 mm 的原因是什么?

4.9 什么叫光电倍增管的疲劳与衰老?两者之间有哪些差别?为什么不能在明亮的室内观看光电倍增管倍增极的结构?

4.10 光电倍增管的短波限与长波限各由哪些因素决定?

4.11 某光电倍增管的阳极灵敏度为 10 A/lm,为什么还要限制它的阳极输出电流在 50~100 μA 范围内?

4.12 已知某光电倍增管的阳极灵敏度为 100 A/lm,阴极灵敏度为 2 μA/lm,阳极输出电流限制在 100 μA 范围内,问允许入射到光电阴极面上的最大光通量为多少 lm?

4.13 光电倍增管的供电电路分为负高压供电与正高压供电,试说明两种供电电路的特点,举例说明它们适用于哪种情况?

4.14 已知 GDB44F 光电倍增管的阴极光照灵敏度为 0.5 μA/lm,阳极光照灵敏度为 50 A/lm,长期使用时阳极允许电流应限制在 2 μA 以内。问:

(1) 阴极面上最大允许的光通量为多少 lm?

(2) 当阳极电阻为 75 kΩ 时,问其最大输出电压为多少?

(3) 若已知该光电倍增管为 12 级的 Cs_3Sb 倍增极,其倍增系数为 $\delta = 0.2(U_{DD})^{0.7}$,试计算它的供电电压值。

(4) 当要求输出信号的稳定度为 1% 时,求高压电源电压的稳定度应为多少?

4.15 用表 4-4 所示的光电倍增管 GDB-151 设计探测光谱强度为 2×10^{-9} lm 的光谱时,

若要求输出信号电压不小于 0.3 mV,稳定度要求高于 0.1%,试设计该光电倍增管的供电电路。

4.16　设入射到 PMT 光敏面上的最大光通量为 $\varphi_v \approx 8 \times 10^{-6}$ lm,采用 GDB-239 型倍增管作为光电探测器探测入射,已知 GDB-239 为 11 级的光电倍增管,阴极为 AgOCs 材料,倍增极为 AgMg 合金材料,阴极灵敏度为 10 μA/lm,若要求入射光通量为 8×10^{-6} lm 时的输出电压幅度不低于 0.15 V,试设计该 PMT 的变换电路。若供电电压的稳定度只能做到 0.01%,试问该 PMT 变换电路输出信号的稳定度最高能达到多少?

4.17　分析如图 4-9 所示原子发射光谱仪,光谱仪外面的聚光透镜在光谱仪中起到什么作用?能否将其省略掉?省略后会带来哪些益处与缺陷?

4.18　分析如图 4-9 所示原子发射光谱仪,能否将光谱仪内部的第 1 个反光镜省略掉?省掉后的光学系统又该如何布局?

4.19　分析如图 4-12 所示测量原理图,将采取怎样的控制方式能够用光电倍增管测量出 Eu^{3+} β-NTA 螯合物发出的信息荧光?

4.20　分析如图 4-13 所示的测量系统,采用 2 只光电倍增管分别测量 620 nm 和 655 nm 辐射波长时间分布的意义何在?能否对其测量原理进行适当的变更?

第 5 章 热辐射探测器件

本章主要介绍热辐射探测器件的工作原理、基本特性、热辐射探测器件的变换电路和典型应用。热辐射探测器是不同于光子探测器的另一类光电探测器。它是基于光辐射与物质相互作用的热效应而制成的器件。也是研究历史最早,并且最早得到应用的探测器件。它具有工作时不需要制冷,光谱响应无波长选择性等突出特点,至今仍在广泛应用。在某些领域甚至是光子探测器所无法取代的探测器件。近年来,由于新型热探测器的出现,使它进入某些过去被光子探测器所独占的应用领域,以及光子探测器无法实现的应用领域。

热辐射探测器件也在响应速度、灵敏度与稳定性等方面得到不断的改进与提高,新型热辐射探测器件不断涌现,以热释电探测器件为代表的新型探测器件正在为人类探索未知世界做出贡献。

近年来,新型热探测器件、温度传感器与远红外探测器与光子探测器互补,在机器人技术和智能制造领域及安检方面得到广泛应用。

5.1 热辐射的一般规律

热探测器是将入射到器件上的辐射能转换成热能,然后再把热能转换成电能的器件。显然,输出信号的形成过程包括两个阶段:第一阶段为将辐射能转换成热能(入射辐射引起温升的阶段),这个阶段是所有热探测器都要经过的,是共性的,具有普遍的意义。第二阶段为将热能转换成各种形式的电能(各种电信号的输出),是个性表现的阶段,随具体器件表现各异。本节首先讨论第一阶段的内容,第二阶段的内容放在后面其他节讨论。

5.1.1 温度变化方程

热探测器在没有受到辐射作用的情况下,器件与环境温度处于平衡状态,其温度为 T_0。当辐射功率为 Φ_e 的热辐射入射到器件表面时,令表面的吸收系数为 α,则器件吸收的热辐射功率为 $\alpha\Phi_e$;其中一部分功率使器件的温度升高,另一部分用于补偿器件与环境热交换所损失的能量。设单位时间器件的内能增量为 $\Delta\Phi_i$,则有

$$\Delta\Phi_i = C_\theta \frac{\mathrm{d}(\Delta T)}{\mathrm{d}t} \tag{5-1}$$

式中,C_θ 称为热容,表明内能的增量为温度变化的函数。

热交换能量的方式有三种:传导、辐射和对流。设单位时间通过传导损失的能量

$$\Delta\Phi_\theta = G\Delta T \tag{5-2}$$

式中,G 为器件与环境的热传导系数。根据能量守恒原理,器件吸收的辐射功率应等于器件内能的增量与热交换能量之和。即

$$\alpha\Phi_e = C_\theta \frac{\mathrm{d}(\Delta T)}{\mathrm{d}t} + G\Delta T \tag{5-3}$$

设入射辐射为正弦辐射量，$\Phi_e = \Phi_0 e^{j\omega t}$，则式(5-3)变为

$$C_\theta \frac{d(\Delta T)}{dt} + G\Delta T = \alpha \Phi_0 e^{j\omega t} \tag{5-4}$$

若选取刚开始辐射的时间为初始时间，则此时器件与环境处于热平衡状态，即 $t=0$, $\Delta T=0$。将初始条件代入微分方程(式(5-4))，解此方程，得到热传导方程为

$$\Delta T(t) = -\frac{\alpha \Phi_0 e^{-\frac{G}{C_\theta}t}}{G + j\omega C_\theta} + \frac{\alpha \Phi_0 e^{j\omega t}}{G + j\omega C_\theta} \tag{5-5}$$

设 $\tau_T = C_\theta / G = R_\theta C_\theta$，称为热探测器的热时间常数；$R_\theta = 1/G$，称为热阻。热探测器的热时间常数一般为毫秒至秒的数量级，它与器件的大小、形状和颜色等参数有关。

当时间 $t \gg \tau_T$ 时，式(5-5)中的第一项可以忽略，则有

$$\Delta T(t) = \frac{\alpha \Phi_0 \tau_T e^{j\omega t}}{C_\theta (1 + j\omega \tau_T)} \tag{5-6}$$

为正弦变化的函数。其幅值为

$$|\Delta T| = \frac{\alpha \Phi_0 \tau_T}{C_\theta (1 + \omega^2 \tau_T^2)^{\frac{1}{2}}} \tag{5-7}$$

可见，热探测器吸收交变辐射能所引起的温升与吸收系数 α 成正比。因此，几乎所有的热探测器都被涂黑。

另外，它又与工作频率 ω 有关，ω 增高，其温升下降，在低频时($\omega \tau_T \ll 1$)，它与热导 G 成反比，因此式(5-7)可写为

$$|\Delta T| = \frac{\alpha \Phi_0}{G} \tag{5-8}$$

温升与热导 G 成反比，减小热导是增高温升及灵敏度的好方法。但是热导与热时间常数成反比，提高温升将使器件的惯性增大，时间响应变坏。

式(5-6)中，当 ω 很高(或器件的惯性很大)时，$\omega \tau_T \gg 1$，式(5-7)可近似为

$$|\Delta T| = \frac{\alpha \Phi_0}{\omega C_\theta} \tag{5-9}$$

结果是温升与热导无关，而与热容成反比，且随频率的增高而衰减。

当 $\omega = 0$ 时，由式(5-5)得

$$\Delta T(t) = \frac{\alpha \Phi_0}{G}(1 - e^{-\frac{t}{\tau_T}}) \tag{5-10}$$

$\Delta T(t)$ 由初始零值开始随时间 t 增加，当 $t \to \infty$ 时，ΔT 达到稳定值 $\alpha \Phi_0 / G$。$t = \tau_T$ 时，ΔT 上升到稳定值的 63%。故 τ_T 被称为器件的热时间常数。

5.1.2 热电器件的最小可探测功率

根据斯忒藩-玻耳兹曼定律，若器件的温度为 T，接收面积为 A，并可以将探测器近似为黑体(吸收系数与发射系数相等)，当它与环境处于热平衡时，单位时间所辐射的能量为

$$\Phi_e = A\alpha \sigma T^4 \tag{5-11}$$

由热导的定义

$$G = \frac{d\Phi_e}{dT} = 4A\alpha \sigma T^3 \tag{5-12}$$

经证明,当热敏器件与环境温度处于平衡时,在频带宽度 Δf 内,热敏器件温度起伏的均方根值为

$$|\Delta T| = \left[\frac{4kT^2 G\Delta f}{G^2(C_\theta^2\omega^2\tau_T^2)}\right]^{\frac{1}{2}} \tag{5-13}$$

考虑式(5-7),可以求出热敏器件仅仅受温度影响的最小可探测功率(或称为温度等效功率)为

$$P_{NE} = \left(\frac{4kT^2 G\Delta f}{\alpha^2}\right)^{\frac{1}{2}} = \left(\frac{16A\sigma kT^5 \Delta f}{\alpha}\right)^{\frac{1}{2}} \tag{5-14}$$

例如,在常温环境下($T = 300$ K),对于黑体($\alpha = 1$),热敏器件的面积为 100 mm²,频带宽度为 $\Delta f = 1$,斯忒藩-玻耳兹曼系数 $\sigma = 5.67 \times 10^{-12}$ W/(cm² · K⁴),玻耳兹曼常数 $k = 1.38 \times 10^{-23}$ J/K。则由式(5-14)可以得到常温下热敏器件的最小可探测功率约为 5×10^{-11} W。

由式(5-14)很容易得到热敏器件的比探测率为

$$D^* = \frac{(A\Delta f)^{\frac{1}{2}}}{P_{NE}} = \left(\frac{\alpha}{16\sigma kT^5}\right)^{\frac{1}{2}} \tag{5-15}$$

它只与探测器的温度有关。

5.2 热敏电阻与热电堆探测器

5.2.1 热敏电阻

1. 热敏电阻及其特点

凡吸收入射辐射后引起温升而使电阻值改变,导致负载电阻两端电压的变化,并输出电信号的器件叫做热敏电阻。

相对于一般的金属电阻,热敏电阻有如下特点:

① 电阻的温度系数大,灵敏度高,热敏电阻的温度系数一般为金属电阻的 10~100 倍。
② 结构简单,体积小,可以测量近似几何点的温度。
③ 电阻率高,热惯性小,适宜做动态测量。
④ 阻值与温度的变化关系呈非线性。
⑤ 不足之处是稳定性和互换性较差。

大部分半导体热敏电阻由各种氧化物按一定比例混合,经高温烧结而成。多数热敏电阻具有负的温度系数,即当温度升高时,其电阻值下降,同时灵敏度也下降。由于这个原因,限制了它在高温情况下的使用。

2. 热敏电阻的原理、结构及材料

半导体材料对光的吸收除了直接产生光生载流子的本征吸收和杂质吸收外,还有不直接产生载流子的晶格吸收和自由电子吸收等,并且会不同程度地转变为热能,引起晶格振动加剧,使器件温度上升,即器件的电阻值发生变化。

由于热敏电阻的晶格吸收,对任何能量的辐射都可以使晶格振动加剧,只是吸收辐射的波

长不同，晶格振动加剧的程度不同而已，因此，可以说它是一种无选择性的敏感器件。

一般金属的能带结构外层无禁带，自由电子密度很大，以致外界光作用引起的自由电子密度的相对变化较半导体而言可忽略不计。相反，吸收光以后，使晶格振动加剧，妨碍了自由电子做定向运动。因此，当光作用于金属元件使其温度升高的同时，其电阻值还略有增加。即由金属材料组成的热敏电阻具有正温度系数，而由半导体材料组成的热敏电阻具有负温度特性。

图 5-1 所示为半导体材料和金属材料（白金）的温度特性曲线。白金的电阻温度系数为正值，大约为 ±0.37%。将金属氧化物（如铜的氧化物，锰-镍-钴的氧化物）的粉末用黏合剂黏合后，涂敷在瓷管或玻璃上烘干，即构成半导体材料的热敏电阻。半导体材料热敏电阻的温度系数为负值，大约为 -3% ~ -6%，约为白金的 10 倍以上。所以热敏电阻探测器常用半导体材料制作而很少采用贵重的金属。

图 5-2 所示为热敏电阻探测器的结构示意图。

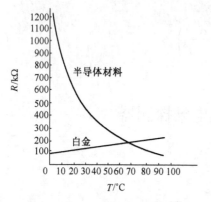

图 5-1 不同材料热敏电阻的温度特性曲线

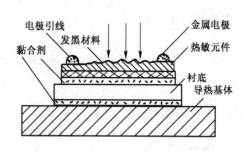

图 5-2 热敏电阻探测器结构示意图

图 5-3 所示为几种常用的热敏电阻外形图。

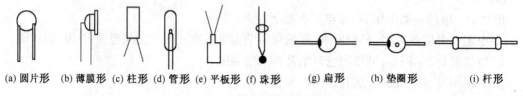

图 5-3 几种热敏电阻的外形图

由热敏材料制成的厚度为 0.01 mm 左右的薄片电阻（因为在相同的入射辐射下得到较大的温升）黏合在导热能力高的绝缘衬底上，电阻体两端蒸发金属电极以便与外电路连接，再把衬底同一个热容很大、导热性能良好的金属相连，构成热敏电阻。红外辐射通过探测窗口投射到热敏元件上，引起元件的电阻变化。为了提高热敏元件接收辐射的能力，常将热敏元件的表面进行黑化处理。

通常把两个性能相似的热敏电阻安装在同一个金属壳内，形成如图 5-4 所示的热敏电阻器。其中一个用做工作元件，接收入射辐射；另一个接收不到入射辐射，为环境温度的补偿元件。为使它们

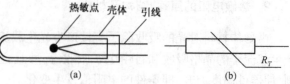

图 5-4 热敏电阻器结构图与电路符号

的温度尽量接近,应使两个元件尽可能地靠近,并用硅橡胶灌封把补偿元件掩盖起来。

热敏电阻同光敏电阻十分相似,为了提高输出信噪比,必须减小其长度。但为了不使接收辐射的能力下降,有时也采用浸没技术,以提高探测灵敏度。

热敏电阻一般做成二端器件,但也有构成三端或四端的,二端和三端器件为直热式,即直接由电路中获得功率。根据不同的要求,可以把热敏电阻做成不同形状的结构,其典型结构如图 5-4 所示。

3. 热敏电阻探测器的参数

热敏电阻探测器有以下主要参数。

(1) 电阻-温度特性

热敏电阻的电阻-温度特性是指实际阻值与电阻体温度之间的依赖关系,这是它的基本特性之一。电阻-温度特性曲线如图 5-1 所示。

热敏电阻器的实际阻值 R_T 与其自身温度 T 的关系有正温度系数与负温度系数两种,分别表示为:

① 正温度系数的热敏电阻

$$R_T = R_0 e^{AT} \tag{5-16}$$

② 负温度系数的热敏电阻

$$R_T = R_\infty e^{B/T} \tag{5-17}$$

式中,R_T 为绝对温度 T 时的实际电阻值;R_0、R_∞ 分别为背景环境温度下的阻值,是与电阻的几何尺寸和材料物理特性有关的常数;A、B 为材料常数。

例如,标称阻值 R_{25} 指环境温度为 25℃ 时的实际阻值。测量时若环境温度过大,可分别按下式计算其阻值:

对于正温度系数的热敏电阻有

$$R_{25} = R_T e^{A(298-T)}$$

对于负温度系数的热敏电阻有

$$R_{25} = R_T e^{B\left(\frac{1}{298} - \frac{1}{T}\right)}$$

式中,R_T 用热力学温度 T 表示环境温度时测得的实际阻值。

由式(5-16)和式(5-17)可分别求出正、负温度系数的热敏电阻的温度系数 a_T。

温度系数 a_T 表示温度每变化 1℃ 时,热电阻实际阻值的相对变化,即

$$a_T = \frac{1}{R} \frac{dR_T}{dT} (1/℃) \tag{5-18}$$

式中,R_T 为对应于温度 $T(K)$ 时热电阻的阻值。

对于正温度系数的热敏电阻,其温度系数为

$$a_T = A \tag{5-19}$$

对于负温度系数的热敏电阻,其温度系数为

$$a_T = \frac{1}{R_T} \frac{dR_T}{dT} = -\frac{B}{T^2} \tag{5-20}$$

可见,在工作温度范围内,正温度系数热敏电阻的 a_T 在数值上等于常数 A,负温度系数热

敏电阻的 a_T 随温度 T 的变化很大,并与材料常数 B 成正比。因此,通常在给出热敏电阻温度系数的同时,必须指出测量时的温度。

材料常数 B 是用来描述热敏电阻材料物理特性的一个参数,又称为热灵敏指标。在工作温度范围内,B 值并不是一个严格的常数,其值随温度的升高而略有增大。一般说来,B 值大电阻率也高。对于负温度系数的热敏电阻器,B 值可按下式计算:

$$B = 2.303 \frac{T_1 T_2}{T_2 - T_1} \lg \frac{R_1}{R_2} \tag{5-21}$$

而对于正温度系数的热敏电阻器,A 值可按下式计算:

$$A = 2.303 \frac{1}{T_1 - T_2} \lg \frac{R_1}{R_2} \tag{5-22}$$

式中,R_1、R_2 分别为温度为 T_1、T_2 时的阻值。

(2) 热敏电阻阻值变化量

已知热敏电阻温度系数为 a_T,当热敏电阻接收入射辐射后温度变化 ΔT 时,则阻值变化为

$$\Delta R_T = R_T a_T \Delta T$$

式中,R_T 为温度 T 时的电阻值。上式只有在 ΔT 的值不大的条件下才能成立。

(3) 热敏电阻的输出特性

热敏电阻电路如图 5-5 所示。图中 $R_T = R'_T$,$R_{L_1} = R_{L_2}$。在热敏电阻上加偏压 U_{bb} 之后,由于辐射的照射使热敏电阻值改变,因而负载电阻电压增量

$$\Delta U_L = \frac{U_{bb} \Delta R_T}{4 R_T} = \frac{U_{bb}}{4} a_T \Delta T \tag{5-23}$$

上式是在假定 $R_{L_1} = R_T$,$\Delta R_T \ll R_T + R_{L_1}$ 的条件下得到的。

(4) 冷阻与热阻

热敏电阻在某个温度下的电阻值 R_T 称为冷阻。如果功率为 φ 的辐射入射到热敏电阻上,设其吸收系数为 α,则热敏电阻的热阻 R_θ 定义为吸收单位辐射功率所引起的温升,即

$$R_\theta = \frac{\Delta T}{\alpha \varphi} \tag{5-24}$$

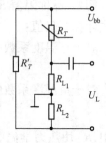

图 5-5 热敏电阻电路

因此,式(5-23)可写成
$$\Delta U_L = \frac{U_{bb}}{4} a_T \alpha \varphi R_\theta \tag{5-25}$$

若入射辐射为正弦信号,$\varphi = \varphi_0 e^{j\omega t}$,则负载上的输出电压增量为

$$\Delta U_L = \frac{U_{bb}}{4} \frac{a_T \alpha \varphi R_\theta}{\sqrt{1 + \omega^2 \tau_\theta^2}} \tag{5-26}$$

式中,$\tau_\theta = R_\theta C_\theta$,为热敏电阻的热时间常数;$R_\theta$、$C_\theta$ 分别为热阻和热容。由式(5-26)可见,随着辐照频率的增加,热敏电阻传递给负载的电压增量减小。热敏电阻的时间常数约为 $1 \sim 10\ \mu s$,因此,使用频率上限约为 $20 \sim 200\ kHz$。

(5) 灵敏度(响应率)

将单位入射辐射功率下热敏电阻变换电路的输出信号电压称为灵敏度或响应率。它常分为直流灵敏度 S_0 与交流灵敏度 S_S。

直流灵敏度 $$S_0 = \frac{U_{bb}}{4} a_T \alpha R_\theta$$

交流灵敏度 $$S_S = \frac{U_{bb}}{4} \frac{a_T \alpha R_\theta}{\sqrt{1+\omega^2 \tau_\theta^2}}$$

可见,要提高热敏电阻的灵敏度,需采取以下措施:

① 增加偏压 U_{bb}。但受到热敏电阻的噪声,以及不损坏元件的限制。

② 把热敏电阻的接收面涂黑,以提高吸收率。

③ 增大热阻 R_θ。办法是减小元件的接收面积及元件与外界对流所造成的热量损失。常将元件装入真空壳内,但随着热阻 R_θ 的增大,响应时间 τ_θ 也增大。为了减小响应时间,通常把热敏电阻贴在具有高热导的衬底上。

④ 选用 a_T 大的材料,也即选取 B 值大的材料。当然还可使元件冷却工作,以增大 a_T 的值。

(6) 最小可探测功率

热敏电阻的最小可探测功率受噪声的影响。热敏电阻的噪声主要有:

① 热噪声。热敏电阻的热噪声与光敏电阻阻值的关系相似为:$\overline{U_T^2} = 4kTR_\theta \Delta f$。

② 温度噪声。因环境温度的起伏而造成元件温度起伏变化所产生的噪声称为温度噪声。将元件装入真空壳内可降低这种噪声。

③ 电流噪声。与光敏电阻的电流噪声类似,当工作频率 $f < 10$ Hz 时,应该考虑此噪声。若 $f > 10$ kHz 时,此噪声完全可以忽略不计。

根据以上这些噪声,热敏电阻可探测的最小功率约为 $10^{-8} \sim 10^{-9}$ W。

5.2.2 热电偶探测器

热电偶虽然是发明于1826年的古老红外探测器件,然而至今仍在光谱、光度探测仪器中得到广泛的应用。尤其是在高、低温温度探测领域中的应用,是其他探测器件所无法取代的。

1. 热电偶的工作原理

热电偶是利用物质温差产生电动势的效应探测入射辐射的。

图 5-6(a) 所示为温差热电偶的原理图。两种材料的金属 A 和 B 组成回路时,若两金属连接点的温度存在着差异(一端高而另一端低),则在回路中会有如图 5-6(a) 所示的电流产生。即由于温度差而产生的电位差 ΔU。回路电流 $I = \Delta U/R$。式中,R 称为回路电阻。这一现象称为温差热电效应(也称为泽贝克热电效应)(Seebeck Effect)。

温差电位差 ΔU 的大小与 A、B 材料有关,通常由铋和锑所构成的一对金属有最大的温差电位差,约为 $100\mu V/℃$。用来接触测温度的测温热电偶,常用由铂(Pt)、铑(Rh)等合金组成的测温热电偶,它具有较宽的测量范围,一般为 $-200℃ \sim 1000℃$,测量准确度高达 $1/1000℃$。

测量辐射能的热电偶称为辐射热电偶,它与温差热电偶的原理相同,结构不同。如图 5-6(b) 所示,辐射热电偶的热端接收入射辐射,因此在热端装有一块涂黑的金箔,当入射辐通量 Φ_e 被金箔吸收后,金箔的温度升高,形成热端,产生温差电势,在回路中将有电流流过。图 5-6(b) 中用检流计 G 检测出电流为 I。显然,图中结 J_1 为热端,J_2 为冷端。

由于入射辐射引起的温升 ΔT 很小,因此对热电偶材料要求很高,结构也非常严格和复杂,成本昂贵。

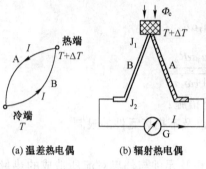
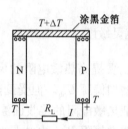

图 5-6 热电偶　　　　图 5-7 半导体辐射热电偶

采用半导体材料构成的辐射热电偶不但成本低，而且具有更高的温差电位差。半导体辐射热电偶的温差电位差可高达 500 μV/℃。图 5-7 所示为半导体辐射热电偶的结构示意图。图中用涂黑的金箔将 N 型半导体材料和 P 型半导体材料连在一起构成热结，N 型半导体及 P 型半导体的另一端(冷端)将产生温差电势，P 型半导体的冷端带正电，N 型半导体的冷端带负电。两端的开路电压 U_{OC} 与入射辐射使金箔产生的温升 ΔT 的关系为

$$U_{OC} = M_{12}\Delta T \tag{5-27}$$

式中，M_{12} 为泽贝克常数，又称温差电势率(V/℃)。

辐射热电偶在恒定辐射作用下，用负载电阻 R_L 构成回路，将有电流 I 流过负载电阻，并产生电压降 U_L，则

$$U_L = \frac{M_{12}}{(R_i+R_L)}R_L\Delta T = \frac{M_{12}R_L\alpha\Phi_0}{(R_i+R_L)G_Q} \tag{5-28}$$

式中，Φ_0 为入射辐通量(W)；α 为金箔的吸收系数；R_i 为热电偶的内阻；M_{12} 为热电偶的温差电势率；G_Q 为总热导(W/m℃)。

若入射辐射为交流辐射信号，$\Phi = \Phi_0 e^{j\omega t}$，则产生的交流信号电压为

$$U_L = \frac{M_{12}R_L\alpha\Phi_0}{(R_i+R_L)G_Q\sqrt{1+\omega^2\tau_T^2}} \tag{5-29}$$

式中，$\omega = 2\pi f$，f 为交流辐射的调制频率，τ_T 为热电偶的时间常数，$\tau_T = R_Q C_Q = C_Q/G_Q$。式中，$R_Q$、$C_Q$、$G_Q$ 分别为热电偶的热阻、热容和热导。热导 G_Q 与材料的性质及周围环境有关，为使热导稳定，常将热电偶封装在真空管中，因此，通常称其为真空热电偶。

2. 热电偶的基本特性参数

真空热电偶的基本特性参数有灵敏度(响应率)、响应时间和最小可探测功率等。

(1) 灵敏度(响应率)

在直流辐射作用下，热电偶的灵敏度为

$$S_0 = \frac{U_L}{\Phi_0} = \frac{M_{12}R_L\alpha}{(R_i+R_L)G_Q} \tag{5-30}$$

在交流辐射信号的作用下，热电偶的灵敏度为

$$S_s = \frac{U_L}{\Phi} = \frac{M_{12}R_L\alpha}{(R_i+R_L)G_Q\sqrt{1+\omega^2\tau_T^2}} \tag{5-31}$$

由式(5-30)和式(5-31)可见,提高热电偶灵敏度的办法,除选用泽贝克系数较大的材料外,增加辐射的吸收率 α,减小内阻 R_i,减小热导 G_Q 等措施都是有效的。对于交流灵敏度,降低工作频率,减小时间常数 τ_T,也会使其有明显的提高。但是,热电偶的灵敏度与时间常数是一对矛盾,应用时只能兼顾。

(2) 响应时间

热电偶的响应时间约为几毫秒到几十毫秒,比较长,因此,它常被用来探测直流状态或低频率的辐射,一般不超过几十赫兹。但是,在 BeO 衬底上制造 Bi-Ag 结结构的热电偶有望得到更快的时间响应,据资料报道,这种工艺的热电偶,其响应时间可达到或超过 10^{-7} s。

(3) 最小可探测功率

热电偶的最小可探测功率取决于探测器的噪声,主要包括热噪声和温度起伏噪声,电流噪声几乎被忽略。半导体热电偶的最小可探测功率一般为 10^{-11} W 左右。

*5.2.3 热电堆探测器

为了减小热电偶的响应时间,提高灵敏度,常把辐射接收面分为若干块,每块都接一个热电偶,并把它们串联起来构成如图 5-8 所示的热电堆。在镀金的铜基体上蒸镀一层绝缘层,在绝缘层的上面蒸发制造工作结和参考结。参考结与铜基之间既要保证电气绝缘又要保持热接触,而工作结与铜基间是电气和热都要绝缘的。热电材料敷在绝缘层上,把这些热电偶串接或并接起来构成热电堆。

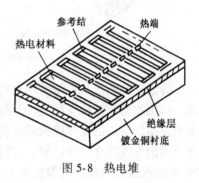

图 5-8 热电堆

1. 热电堆的灵敏度

热电堆的灵敏度为 $$S_t = nS \quad (5\text{-}32)$$

式中,n 为热电堆中热电偶的对数(或 PN 结的个数),S 为热电偶的灵敏度。

热电堆的响应时间常数为 $$\tau_\theta \propto C_\theta R_\theta \quad (5\text{-}33)$$

式中,C_θ 为热电堆的热容量,R_θ 为热电堆的热阻抗。

从式(5-32)和式(5-33)可以看出,要想使高速化和提高灵敏度两者并存,就要在不改变 R_θ 的情况下减小热容量 C_θ。热阻抗 R_θ 由导热通路长度、热电堆数目及膜片的剖面面积比决定。因而,要想使传感器实现高性能化,就要减小热电堆的多晶硅间隔,减小构成膜片的材料厚度,以便减小热容量。

2. 微机械红外热电堆探测器及其应用

早先的红外热电堆探测器是利用掩膜真空镀膜的方法,将热电偶材料沉积到塑料或陶瓷衬底上获得的,但器件的尺寸较大,且不易批量生产。随着微电子技术的发展,提出了微电子机械系统的概念,进而发展了微机械红外热电堆探测器。金属热电偶的加工与 IC 集成工艺并不兼容,并且,其吸收系数 α 的值总比硅热电偶要小得多,现在已基本上退出了微机械红外热电堆探测器的领域。虽然与化合物半导体相比,硅的 M_{12} 较小,但是它的制造工艺与 IC 工艺的兼容性要好得多,可以进行批量生产,因此硅基的微机械红外热电堆探测器获得较大的发展。

与一般的红外探测器件相比，微机械红外热电堆探测器的优点为：① 具有较高的灵敏度、宽松的工作环境与非常宽的频谱响应。② 与标准 IC 工艺兼容，成本低廉且适合批量生产。

微机械热电堆探测器由热电堆结构、支撑膜及红外吸收层组成，热电偶有多种选择，但双金属的组合已经逐渐被含有半导体材料的热电偶组合所代替。为实现有效的热传导，需要设计一定的隔热结构。图 5-9 所示为微机械红外热电堆芯片的基本结构。它利用薄膜热导率较小的特点，采用封闭膜与悬臂膜两种支撑膜隔热的设计。在支撑膜上生长红外吸收层，可以大幅度、宽光谱地吸收红外辐射，提高热结区的温度，改善热电堆的性能。

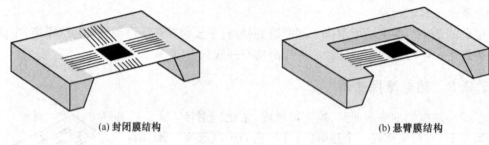

(a) 封闭膜结构　　　　　　　　　　(b) 悬臂膜结构

图 5-9　微机械红外热电堆芯片的基本结构

为建立热结区与冷结区的有效热传导，需要构建一定的隔热结构，现在主要通过薄膜来实现。应用的薄膜结构有两类，即封闭膜结构（图 5-9(a)）和悬臂膜结构（图 5-9(b)）。其中封闭膜是指热电堆的支撑膜为整层的复合介质膜，一般为氮化硅与氧化硅的复合膜。悬臂膜则是指周围为气体介质所包围，一端固定、一端悬空的膜结构，其中的膜亦为复合介质膜。热电堆、热结区及红外吸收区都在膜上。从隔热效果来说，悬臂膜更具优势。因为这种膜结构的周围是导热性能很差的气体介质（如空气），因此热耗散小，热阻高，隔热效果好，同时吸收的热可以沿着膜的方向，也就是热电偶对的方向进行有效传导，故热电转换效率较高，灵敏度高；对封闭膜而言，吸收红外辐射后，热可以沿着介质支撑膜传播，并不完全沿着热电偶对传播，故热耗散较大，热电转换效率低，灵敏度低。但是，从工艺制造过程及成品率角度来说，封闭膜更具优势，因为这种膜结构的优点在于结构稳定。由于膜与基体处处相连，因此，受应力影响小，制造过程中，膜本身不易破裂，成品率高，易制造；而悬臂膜与基体间只通过固定端相连，另一端悬空，因此受应力的影响显著，制造过程中膜容易发生翘曲或破裂，成品率较低，不易制造。

目前，热电堆探测器在耳式体温计、放射体温计、电烤炉、食品温度检测等领域中作为温度检测器件，获得了广泛的应用。半导体热电堆发电技术为我们开辟了利用低温热源发电（如工业余热、地热、太阳能发电等）的一个崭新分支。尤其是进入 20 世纪 50 年代后期，随着半导体热电材料技术的飞速发展，半导体热电发电技术以其体积小、重量轻、无运动部件、运行寿命长、可靠性高，以及无污染等诸多优点，在军事、医疗、科研、通信、航海、动力，以及工业生产等各个领域得到了广泛的应用。

图 5-10 所示为一个典型的微机械热电堆红外传感器，它包括一个基座和一个热电堆。基座内有一个薄膜区和一个围在薄膜区外面的厚壁区；热电堆则由许多个串联的热电偶组成。因此，冷结位于厚壁区上，而热结则位于薄膜区上。由于热敏区与厚壁区是相接触的，因此，它可以用高精度的参考温度来确定基于热电偶输出的温度。此元件可以用来制作测量精度高、成本低、结构紧凑的测温元件。

图 5-11(a)所示为日本石冢电子公司新近推出的 15TP551N 型热电堆探测器的外形结构,其吸收膜为一种热容量小、温度容易上升的薄膜。在紧靠近衬板中央的下部为一空洞结构,这种结构的设计确保了冷端和测温热端的温度差。热电偶由多晶硅与铝构成,两者串联连接,如图 5-11(b)所示。当各个热电偶测温热端升温时,热电偶之间就会产生热电动势 ΔU_i,输出端就可以获得它们的电压之和。此热电堆具有高灵敏度、响应速度快和灵敏度的温度系数小等特点。

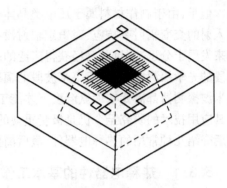

图 5-10 热电堆红外传感器

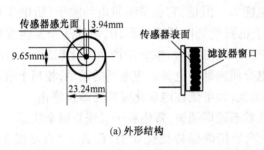

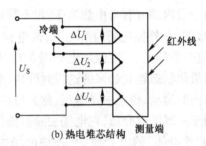

(a) 外形结构　　　　　　　　(b) 热电堆芯结构

图 5-11　15TP551N 型热电堆探测器

另外,还可以提供各种温差的热电堆探测器,这些探测器在很宽的波段范围内,在所有的波长上均具有相同的灵敏度,可以进行可见光和红外辐射的测量。美国还发明了用于预防犯罪行为的热电堆远红外探测仪,此探测仪可以用来探测进入监视区的入侵者,其特点是无论监视区的温度有什么变化,或者入侵者以多快的速度进入监视区,它都能发现入侵者。这种红外探测仪利用三个或更多个热电堆来探测进入监视区的入侵者。它首先获得一对热电堆的输出差值,然后将不同对的热电堆的输出差值进行比较,通过这种比较便可发现入侵者。

5.3　热释电器件

热释电器件是一种利用热释电效应制成的热探测器件。与其他热探测器相比,热释电器件具有以下优点。

① 具有较宽的频率响应,工作频率接近兆赫兹,远远超过其他热探测器的工作频率。一般热探测器的时间常数典型值在 $1\sim 0.01\,\mathrm{s}$ 范围内,而热释电器件的有效时间常数可低至 $10^{-4}\sim 3\times 10^{-5}\,\mathrm{s}$;

② 热释电器件的探测率高,在热探测器中只有气动探测器的探测率比热释电器件稍高,且这一差距正在不断减小;

③ 热释电器件可以有均匀的大面积敏感面,而且工作时可以不必外加偏置电压;

④ 与 5.2 节讨论的热敏电阻相比,它受环境温度变化的影响更小;

⑤ 热释电器件的强度和可靠性比其他多数热探测器都要好,且制造比较容易。

但是，由于制作材料属于压电类晶体，因而热释电器件容易受外界震动的影响，并且它只对入射的交变辐射有响应，对恒定辐射没有响应。由于热释电器件具有上述诸多特点，因而近年来发展十分迅速，目前已经获得广泛的应用。它不但广泛应用于热辐射和从可见光到红外波段的光学探测，而且在亚毫米波段的辐射探测方面也在受到重视。因为其他性能较好的亚毫米波探测器都需要在液氦温度下才能工作，而热释电器件不需制冷。对于热释电材料、器件及其应用技术的研究至今仍是极受重视的领域。下面先讨论热释电器件的工作原理和特性，然后介绍几种常用的热释电器件，最后简要介绍热释电器件的应用。

5.3.1 热释电器件的基本工作原理

1. 热释电效应

电介质内部没有自由载流子，没有导电能力。但是，它也是由带电的粒子（价电子和原子核）构成的，在外加电场的情况下，带电粒子也要受到电场力的作用，使其运动发生变化。例如，在电介质的上、下两侧加上如图5-12中所示的电场后，电介质产生极化现象，从电场的加入到电极化状态建立起来的这段时间内，电介质内部的电荷适应电场的运动，相当于电荷沿电力线方向的运动，也是一种电流，称为位移电流，该电流在电极化完成时即告停止。

对于一般的电介质，在电场去除后极化状态随即消失，带电粒子又恢复原来状态。而有一类称为"铁电体"的电介质，在外加电场去除后仍能保持极化状态，称其为"自发极化"。图5-13所示为电介质的极化曲线。从图5-13(a)可知，一般电介质的极化曲线通过中心，而图5-13(b)所示铁电体电介质的极化曲线在电场去除后仍能保持一定的极化强度。

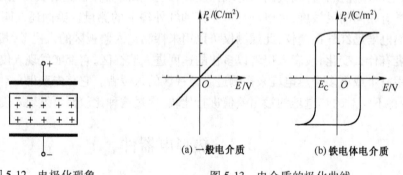

图 5-12 电极化现象　　　图 5-13 电介质的极化曲线

铁电体的自发极化强度 P_s（单位面积上的电荷量）随温度变化的关系曲线如图 5-14 所示。随着温度的升高，极化强度减低，当温度升高到一定值，自发极化突然消失，这个温度被称为"居里温度"或"居里点"。在居里点以下，极化强度 P_s 为温度 T 的函数。利用这一关系制造的热敏探测器称为热释电器件。

当红外辐射照射到已经极化的铁电体薄片上时，引起薄片温度升高，表面电荷减少，相当于热"释放"了部分电荷。释放的电荷可用放大器转变成电压输出。如果辐射持续作用，表面电荷将达到新的平衡，不再释放电荷，也不再有电压信号输出。因此，热释电器件不同于其他光电器件，在恒定辐射作用的情况下其输出信号电压为零。只有在交变辐射的作用下才会有信号输出。

无外加电场的作用而具有电矩,且在温度发生变化时电矩的极性发生变化的介质,又称为热电介质。外加电场能改变这种介质自发极化矢量的方向,即在外加电场的作用下,无规则排列的自发极化矢量趋于同一方向,形成所谓的单畴极化。当外加电场去除后仍能保持单畴极化特性的热电介质,又称为铁电体或热电-铁电体。热释电器件就是用这种热电-铁电体制成的。

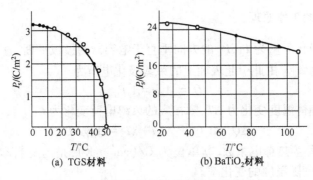

(a) TGS材料　　(b) BaTiO$_2$材料

图 5-14　自发极化强度随温度变化的关系曲线

产生热释电效应的原因是:没有外电场作用时,热电晶体具有非中心对称的晶体结构。自然状态下,极性晶体内的分子在某个方向上的正、负电荷中心不重合,即电矩不为零,形成电偶极子。当相邻晶胞的电偶极子平行排列时,晶体将表现出宏观的电极化方向。在交变的外电场作用下还会出现如图 5-13 所示的电滞回线。图中的 E_C 称为矫顽电场,即在该外电场作用下无极性晶体的电极化强度为零。

对于经过单畴化的热释电晶体,在垂直于极化方向的表面上,将由表面层的电偶极子构成相应的静电束缚电荷。因为自发极化强度是单位体积内的电矩矢量之和,所以面束缚电荷密度 σ 与自发极化强度 P_s 之间的关系可由下式确定:

$$P_s = \frac{\sum \sigma \Delta s \Delta d}{Sd} = \sigma \tag{5-34}$$

式中,S 和 d 分别是晶体的表面积和厚度。上式表明热释电晶体的表面束缚面电荷密度 σ 在数值上等于它的自发电极化强度 P_s。但在温度恒定时,这些面束缚电荷被来自晶体内部或外围空气中的异性自由电荷所中和,因此观察不到它的自发极化现象。如图 5-15(a)所示,由内部自由电荷中和表面束缚电荷的时间常数 $\tau = \varepsilon\rho$,ε 和 ρ 分别为晶体的介电常数和电阻率。大多数热释电晶体材料的 τ 值一般在 1~1 000 s 之间,即热释电晶体表面上的面束缚电荷可以保持 1~1 000 s 的时间。因此,只要使热释电晶体的温度在面束缚电荷被中和掉之前因吸收辐射而发生变化,晶体的自发极化强度 P_s 就会随温度 T 的变化而变化,相应的束缚电荷面密度

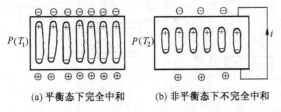

(a) 平衡态下完全中和　　(b) 非平衡态下不完全中和

图 5-15　热释电晶体的内部电偶极子和外部自由电荷的补偿情况

σ 也随之变化,如图 5-15(b)所示。这一过程的平均作用时间很短,约为 10^{-12} s。若入射辐射是变化的,且仅当它的调制频率 $f>1/\tau$ 时才会有热释电信号输出,即热释电器件为工作在交变辐射作用下的非平衡器件时,将束缚电荷引出,就会有变化的电流输出,也就有变化的电压输出。这就是热释电器件的基本工作原理。利用入射辐射引起热释电器件温度变化这一特性,可以探测辐射的变化。

2. 热释电器件的工作原理

设晶体的自发极化矢量为 P_s,P_s 的方向垂直于电容器的极板平面。接收辐射的极板和另一极板的重叠面积为 A_d。由此引起表面上的束缚极化电荷为

$$Q = A_d \sigma = A_d P_s \tag{5-35}$$

若辐射引起的晶体温度变化为 ΔT,则相应的束缚电荷变化为

$$\Delta Q = A_d (\Delta P_s / \Delta T) \Delta T = A_d \gamma \Delta T \tag{5-36}$$

式中,$\gamma = \Delta P_s / \Delta T$,称为热释电系数,其单位为 $C/(cm^2 \cdot K)$,是与材料本身特性有关的物理量,表示自发极化强度随温度的变化率。

若在晶体的两个相对的极板上敷上电极,在两电极间接上负载 R_L,则负载上就有电流通过。由于温度变化在负载上产生的电流可以表示为

$$i_s = \frac{dQ}{dt} = A_d \gamma \frac{dT}{dt} \tag{5-37}$$

式中,$\frac{dT}{dt}$ 为热释电晶体的温度随时间的变化率,它与材料的吸收率和热容有关,吸收率大,热容小,则温度变化率大。

按照性能的不同要求,通常将热释电器件的电极做成如图 5-16 所示的面电极和边电极两种结构。在图 5-16(a)所示的面电极结构中,电极置于热释电晶体的前、后表面上,其中一个电极位于光敏面内。这种电极结构的电极面积较大,极间距离较短,因而极间电容较大,故不适于高速应用。此外,由于辐射要通过电极层才能到达晶体,所以电极对于待测的辐射波段必须透明。在图 5-16(b)所示的边电极结构中,电极所在的平面与光敏面互相垂直,电极间距较大,电极面积较小,因此极间电容较小。由于热释电器件的响应速度受极间电容的限制,因此,在高速运用时采用极间电容小的边电极为宜。

热释电器件产生的热释电电流在负载电阻 R_L 上产生的电压为

$$U = i_d R_L = \left(\gamma A_d \frac{dT}{dt}\right) R_L \tag{5-38}$$

可见,热释电器件的电压响应正比于热释电系数和温度的变化速率 dT/dt,而与晶体和入射辐射达到平衡的时间无关。

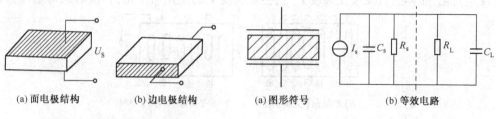

(a) 面电极结构　　(b) 边电极结构　　(a) 图形符号　　(b) 等效电路

图 5-16　热释电的电极结构　　　　　图 5-17　热释电器件

热释电器件的图形符号如图5-17(a)所示。如果将热释电器件跨接到放大器的输入端，其等效电路如图5-17(b)所示。图中I_s为恒流源，R_s和C_s为晶体内部介电损耗的等效阻性和容性负载，R_L和C_L为外接放大器的负载电阻和电容。由等效电路可得热释电器件的等效负载电阻为

$$R'_L = \frac{1}{1/R + j\omega C} = \frac{R}{1 + j\omega RC} \tag{5-39}$$

式中，$R = R_s // R_L$，$C = C_s + C_L$，分别为热释电器件与放大器的等效电阻和等效电容。可得

$$|R'_L| = \frac{R}{(1 + \omega^2 R^2 C^2)^{1/2}} \tag{5-40}$$

对于热释电系数为 λ，电极面积为 A 的热释电器件，其在以调制频率为 ω 的交变辐射照射下的温度可以表示为

$$T = |\Delta T_\omega| e^{j\omega t} + T_0 + \Delta T_0 \tag{5-41}$$

式中，T_0 为环境温度，ΔT_0 表示热释电器件接收光辐射后的平均温升，$|\Delta T_\omega| e^{j\omega t}$ 表示与时间有关的温度变化。于是热释电器件的温度变化率为

$$\frac{dT}{dt} = \omega |\Delta T_\omega| e^{j\omega t} \tag{5-42}$$

将式(5-40)和式(5-42)代入式(5-38)，可得输入到放大器的电压为

$$U = \gamma A_d \omega |\Delta T_\omega| \frac{R}{(1 + \omega^2 R^2 C^2)^{1/2}} e^{j\omega t} \tag{5-43}$$

由热平衡温度方程(式(5-7))可知

$$|\Delta T_\omega| = \frac{\alpha \Phi_\omega}{G(1 + \omega^2 \tau_T^2)^{1/2}} \tag{5-44}$$

式中，$\tau_T = C_\theta/G$，为热释电器件的热时间常数。

将式(5-44)代入式(5-43)，可得热释电器件的输出电压的幅值解析表达式为

$$|U| = \frac{\alpha \omega \gamma A_d R}{G(1 + \omega^2 \tau_e^2)^{1/2}(1 + \omega^2 \tau_T^2)^{1/2}} P_\omega \tag{5-45}$$

式中，$\tau_e = RC$，为热释电器件的电路时间常数，$R = R_s // R_L$，$C = C_s + C_L$；$\tau_T = C_\theta/G$，为热时间常数，τ_e、τ_T 的数值为 $0.1 \sim 10\ \mathrm{s}$；A_d 为光敏面的面积；α 为吸收系数；ω 为入射辐射的调制频率。

5.3.2 热释电器件的灵敏度

按照光电器件灵敏度的定义，热释电器件的电压灵敏度 S_v 为热释电器件输出电压的幅值 $|U|$ 与入射光功率之比。由式(5-45)可得热释电器件的电压灵敏度为

$$S_v = \frac{\alpha \omega \gamma A_d R}{G(1 + \omega^2 \tau_T^2)^{1/2}(1 + \omega^2 \tau_e^2)^{1/2}} \tag{5-46}$$

分析式(5-46)可以看出：
(1) 当入射辐射为恒定辐射，即 $\omega = 0$ 时，$S_v = 0$，这说明热释电器件对恒定辐射不灵敏；
(2) 在低频段，$\omega < 1/\tau_T$ 或 $1/\tau_e$ 时，灵敏度 S_v 与 ω 成正比，这正是热释电器件交流灵敏的

体现。

（3）当 $\tau_e \neq \tau_T$ 时，通常 $\tau_e < \tau_T$，在 $\omega = 1/\tau_T \sim 1/\tau_e$ 范围内，S_v 为与 ω 无关的常数；

（4）高频段（$\omega > 1/\tau_T$ 或 $1/\tau_e$）时，S_v 则随 ω^{-1} 变化。所以在许多应用中，式(5-45)的高频近似式为

$$S_v \approx \frac{\alpha \gamma A_d}{\omega C_\theta C} \tag{5-47}$$

即灵敏度与信号的调制频率 ω 成反比。式(5-47)表明，减小热释电器件的有效电容和热容有利于提高高频段的灵敏度。

表 5-1 所示为几种典型热释电材料热性能特性参数。

表 5-1 热释电材料热性能特性参数

名 称	居里点 T_c (℃)	介电常数 ε	极化强度 P_s (C·cm^{-2})	热释电系数 γ ((C·cm^{-2}·℃$^{-1}$)×10^{-3})	密 度 (g·cm^{-3})	测量温度 T (℃)	测量频率 f (Hz)
铌酸锂	1200±10	30	50×10^{-6}	0.4	4.65	27	1k,100k
铌酸锂	450	1×10^5		1			
钽酸锂	660	47	50×10^{-6}	1.9	7.45	25	1
钽酸锂	618	70	45×10^{-6}	2.1		250	10k
铌酸锶钡	115	380	29.8×10^{-6}	6.5	5.2	25	1k
硫酸三甘肽	45	50	2.75×10^{-6}	3.5	1.65~1.85	25	1k
氘硫酸三甘肽	62.9	20	2.6×10^{-6}	2.5	1.7	23	1k
硝酸三甘肽	−67	50	0.6×10^{-6}	5	1.58	−77	10k
磷酸三甘肽	−150	2500	4.8×10^{-6}	3.3	0.94	−178	1k

图 5-18 给出了不同负载电阻 R_L 下灵敏度与频率的关系曲线。由图可见，增大 R_L 可以提高灵敏度，但是，频率响应的带宽变得很窄。应用时必须考虑灵敏度与频率响应带宽的矛盾，根据具体应用条件，合理选用恰当的负载电阻。

5.3.3 热释电器件的噪声

热释电器件的基本结构是个电容器，其输出阻抗很高，所以它后面常接有场效应管，构成源极跟随器的形式，使输出阻抗降低到适当数值。因此在分析噪声的时候，也要考虑放大器的噪声。这样，热释电器件的噪声主要有电阻热噪声、温度噪声和放大器噪声等。

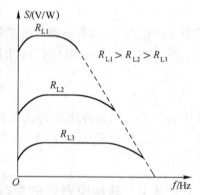

图 5-18 不同负载电阻下，热释电器件的灵敏度与工作频率的关系曲线

1. 热噪声

电阻热噪声来自晶体的介电损耗和与探测器相并联的电阻。如果其等效电阻为 R_{eff}，则电阻热噪声电流的方均值为

$$\overline{i_R^2} = 4kT_R \Delta f / R_{eff} \tag{5-48}$$

式中,k 为玻耳兹曼常数,T_R 为灵敏元的温度,Δf 为测试系统的带宽。等效电阻为

$$R_{\text{eff}} = R_e \frac{1}{\frac{1}{R} + j\omega C} = \frac{R}{(1+\omega^2 R^2 C^2)^{1/2}} \tag{5-49}$$

式中,R 为热释电器件的直流电阻、交流损耗和放大器输入电阻的并联;C 为热释电器件的电容 C_d 与前置放大器的输入电容 C_A 之和。

热噪声电压为

$$\sqrt{\overline{U_{\text{NJ}}^2}} = \frac{(4kTR\Delta f)^{1/2}}{(1+\omega^2 \tau_e^2)^{1/4}} \tag{5-50}$$

当 $\omega^2 \tau_e^2 \gg 1$ 时,上式可简化为

$$\sqrt{\overline{U_{\text{NJ}}^2}} = \left(\frac{4kTR\Delta f}{\omega \tau_e}\right)^{1/2} \tag{5-51}$$

这表明热释电器件的热噪声电压随调制频率的升高而下降。

2. 放大器噪声

放大器噪声来自放大器中的有源元件和无源元件,以及信号源的源阻抗与放大器的输入阻抗之间的噪声是否匹配等方面。如果放大器的噪声系数为 F,把放大器输出端的噪声折合到输入端,认为放大器是无噪声的,这时,放大器输入端附加的噪声电流方均值为

$$\overline{I_K^2} = 4k(F-1)T\Delta f/R \tag{5-52}$$

式中,T 为背景温度。

3. 温度噪声

温度噪声来自热释电器件的灵敏面与外界辐射交换能量的随机性,噪声电流的方均值为

$$\overline{I_T^2} = \gamma^2 A^2 \omega^2 \overline{\Delta T^2} = \gamma^2 A_d^2 \omega^2 \left(\frac{4kT^2 \Delta f}{G}\right) \tag{5-53}$$

式中,A 为电极的面积,A_d 为光敏区的面积,$\overline{\Delta T^2}$ 为温度起伏的方均值。

如果这三种噪声是不相关的,则总噪声为

$$\overline{I_N^2} = \frac{4kT\Delta f}{R} + \frac{4kT(F-1)\Delta f}{R} + \frac{4kT^2 \gamma^2 A_d^2 \omega^2 \Delta f}{G}$$

$$= \frac{4kT_N \Delta f}{R} + \frac{4kT^2 \gamma^2 A_d^2 \omega^2 \Delta f}{G}$$

式中,$T_N = T + (F-1)T$,称为放大器的有效输入噪声温度。

考虑统计平均值时的信噪功率比为

$$\text{SNR}_p = I_S^2/\overline{I_N^2} = \Phi^2/(4kT^2 G\Delta f/\alpha^2 + 4kT_N G^2 \Delta f/\alpha^2 \gamma^2 A^2 \omega^2 R) \tag{5-54}$$

如果温度噪声是主要噪声源而忽略其他噪声时,噪声等效功率为

$$(\text{NEP})^2 = (4kT^2 G^2 \Delta f/\alpha^2 A^2 \gamma^2 \omega^2 R)[1+(T_N/T)^2] \tag{5-55}$$

由上式可以看出,热释电器件的噪声等效功率 NEP 具有随着调制频率的增高而减小的性质。

4. 响应时间

热释电探测器的响应时间可由式(5-46)求出。由图 5-18 可见,热释电探测器在低频段

的电压灵敏度与调制频率成正比,在高频段则与调制频率成反比,仅在 $1/\tau_T \sim 1/\tau_e$ 范围内,S_v 与 ω 无关。电压灵敏度高端半功率点取决于 $1/\tau_T$ 或 $1/\tau_e$ 中较大的一个,因而按通常的响应时间定义,τ_T 和 τ_e 中较小的一个为热释电探测器的响应时间。通常 τ_T 较大,而 τ_e 与负载电阻大小有关,多在几秒到几个微秒之间。由图 5-18 可见,随着负载的减小,τ_e 变小,灵敏度也相应减小。

5. 热释电探测器的阻抗特性

热释电探测器几乎是一种纯容性器件,由于电容量很小,所以阻抗很高。因此必须配以高阻抗的负载,通常在 $10^9\ \Omega$ 以上。由于空气潮湿、表面沾污等原因,普通电阻不易达到这样高的阻值。由于结型场效应管(JFET)的输入阻抗高,噪声又小,所以常用 JFET 器件作为热释电探测器的前置放大器。图 5-19 示出了一种常用电路。图中用 JFET 构成源极跟随器,进行阻抗变换。

最后要特别指出的是,由于热释电材料具有压电特性,对微震等应变十分敏感,因此在使用时应注意减震防震。

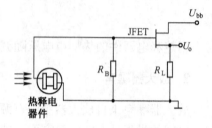

图 5-19 带有前置放大器的热释电器件

5.3.4 热释电器件的类型

在具有热释电效应的大量晶体中,热释电系数最大的为铁电晶体材料。因此铁电晶体以外的其他热释电材料很少被用来制作热释电器件。已知的热释电材料有上千种,但目前仅对其中约十分之一的材料特性进行了研究。研究发现真正能满足制作热释电器件要求的材料不过十多种,其中最重要的常用材料有硫酸三甘肽(TGS)晶体、LT 钽酸锂(LiTaO$_3$)晶体、锆钛酸铅(PZT)类陶瓷、聚氟乙烯(PVF)和聚二氟乙烯(PVF$_2$)聚合物薄膜等。无论哪一种材料,都有一个特定温度,称为居里温度。当温度高于居里温度后,自发极化矢量会减小为零;只有低于居里温度时,材料才有自发极化性质。所以正常使用时,都要使器件工作在离居里温度稍远一点的温度区域。

1. 硫酸三甘肽(TGS)晶体热释电器件

TGS 热释电器件是发展最早、工艺最成熟的热辐射探测器件。它在室温下的热释电系数较大,介电常数较小,比探测率 D^* 的值较高[$D^*(500,10,1)$ 为 $1\sim 5\times 10^9\ \text{cm}\cdot\text{Hz}^{1/2}\cdot\text{W}^{-1}$]。在较宽的频率范围内,这类探测器的灵敏度较高,因此,至今仍是广泛应用的热辐射探测器件。

TGS 属水溶性晶体,其物理化学性能稳定性较差。由于 TGS 单晶的居里温度仅为 49℃,因此不能承受大的辐射功率。例如,几毫瓦的 CO_2 激光器的辐射就会使它发生分解(TGS 的分解温度为 150℃)。在常温下由于部分铁电畴反转而产生退极化现象。TGS 晶体经过掺杂、辐射等处理可以克服这些缺点,故目前多不用纯的 TGS 单晶材料制作热释电器件。氘化硫酸三甘肽(DTSG)的居里温度有所提高,但工艺较为复杂,成本亦较高。

TGS 可在室温下工作,具有光谱响应宽(紫外光到远红外范围内均能工作)、灵敏度高等优点,是一种性能优良的红外探测器,广泛应用于红外光谱领域。

掺杂丙乙酸的 TGS(LATGS)具有很好的锁定极化特点。温度由居里温度以上降到室温时,仍无退极化现象。它的热释电系数也有所提高。掺杂后 TGS 晶体的介电损耗减小,介电常数下降。前者降低了噪声,后者改进了高频特性。在低频情况下,这种热释电器件的 NEP $= 4 \times 10^{-11}$ W/Hz$^{-1/2}$,相应的 $D^* = 5 \times 10^9$ cm·Hz$^{1/2}$·W^{-1}。它不仅灵敏度高,而且响应速度也很快。图 5-20 所示为 LATGS 的等效噪声功率 NEP 和比探测率 D^* 随工作频率 f 的变化关系曲线。

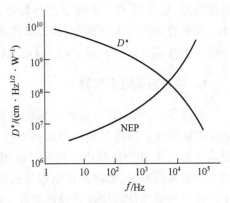

图 5-20 LATGS 的 NEP 和 D^* 与频率的关系曲线

2. 铌酸锶钡(SBN)热释电器件

这种热释电器件由于材料中钡含量的提高而使居里温度相应提高。例如,钡含量从 0.25 增加到 0.47,其居里温度相应地从 47℃提高到 115℃。在室温下去极化现象基本消除。SBN 探测器在大气条件下性能稳定,无需窗口材料保护,电阻率高,热释电系数大,机械强度高,在红外波段吸收率高,可不必涂黑。其在 500 MHz 尚未出现明显的压电谐振,故可用于快速光辐射的探测。但 SNB 晶体在钡含量 $x<0.4$ 时,如不加偏压,在室温下就趋于退极化。而当 $x>0.6$ 时,晶体在生长过程中趋于开裂。

在 SNB 中掺入少量 La_2O_2 可提高热释电系数,用掺杂的 SBN 制作的热释电器件无退极化现象,$D^*(500,10,1)$ 可达 8.0×10^8 cm·Hz$^{1/2}$·W^{-1}。掺镧后其居里温度有所降低,但极化仍很稳定,损耗也有所改善。

3. 钽酸锂(LiTaO$_3$)

这种热释电器件具有很吸引人的特性。在室温下它的热释电响应约为 TGS 的一半,但在低于零度或高于 45℃时都比 TGS 好。这种器件的居里温度 T_c 高达 620℃,在室温下其响应率几乎不随温度变化,可在很高的环境温度下工作,能够承受较高的辐射能量,且不退极化;它的物理化学性质稳定,不需要保护窗口,机械强度高,响应快(时间常数为 13×10^{-12} s,其极限为 1×10^{-12} s,受晶体振动频率限制),适于探测高速光脉冲,已用于测量峰值功率为几个千瓦,上升时间为 100 ps 的 Nd:YAG 激光脉冲。其 $D^*(500,30,1)$ 已达 8.5×10^8 cm·Hz$^{1/2}$·W^{-1}。

4. 压电陶瓷热释电器件

压电陶瓷热释电器件的特点是材料的热释电系数 γ 较大,但介电常数 ε 也较大,所以二者的比值并不高。其机械强度大、物理化学性能稳定、电阻率可用掺杂来控制,能承受的辐射功率可超过 LiTaO$_3$ 热释电器件、居里温度高,不易退极化。例如,锆钛酸铅热释电器件的 T_c 高达 365℃,$D^*(500,1,1)$ 可达 7×10^8 cm·Hz$^{1/2}$·W^{-1}。此外,这种热释电器件容易制造,成本低廉。

5. 聚合物热释电器件

有机聚合物热释电材料的导热小,介电常数也小,易于加工成任意形状的薄膜,物理化学性能稳定,造价低廉。虽然它的热释电系数 γ 不大,但介电系数 ε 也小,所以比值 γ/ε 并不小。在聚合物热释电材料中,聚二氟乙烯(PVF_2)、聚氟乙烯(PVF)及聚氟乙烯和聚四氟乙烯共聚物的性能较好。利用 PVF_2 薄膜已得到 $D*(500,10,1)$ 达 $10^8 cm \cdot Hz^{1/2} \cdot W^{-1}$。

6. 快速热释电探测器

如前所述,由于热释电器件的输出阻抗高,需要配以高阻抗负载,因而其时间常数较大,即响应时间较长。这样的热释电器件不适于探测快速变化的光辐射。即使用补偿放大器,其高频响应也仅为 10^3 Hz 量级。在高频应用中,例如用热释电器件测量脉冲宽度很窄的激光峰值功率和观察波形时,要求热释电器件的响应时间要小于光脉冲的持续时间。为此,近年来发展了快速热释电器件。快速热释电器件一般都设计成同轴结构,将光敏元件置于阻抗为 50 Ω 同轴线的一端,采用面电极结构时,时间常数可达到 1 ns 左右,采用边电极结构时,时间常数可降至几个 ps。图 5-21 所示为一种快速热释电探测器的结构。光敏元件是 SBN 晶体薄片,采用边电极结构,电极 Au 的厚度为 0.1 μm,衬底采用 Al_2O_3 或 BeO 陶瓷等导热良好的材料。输出采用 SMA/BNC 高频接头。这种结构的热释电探测器的响应时间为 13 ps,其最低极限值受晶格振动弛豫时间的限制,约为 1 ps。不采用同轴结构而采用一般的管脚引线封装结构,热释电探测器的频响带宽已扩展到几十兆赫。

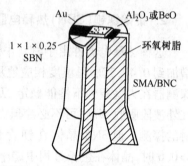

图 5-21 快速热释电探测器结构

快速热释电器件一般用于测量大功率脉冲激光,因而需要能承受大功率辐射而不受到损伤,为此应选用损伤阈值高的热释电材料和高热导衬底材料制成的探测器。

5.3.5 典型热释电器件

如图 5-22 所示为典型 TGS 热释电器件的结构。把制好的 TGS 晶体连同衬底贴于普通三极管管座上,上、下电极通过导电胶、铟环或细铜丝与管脚相连,加上窗口后便构成完整的 TGS 热释电探测器件。由于晶体本身的阻抗很高,因此,整个封装工艺过程中必须严格清洁处理,以便提高电极间的阻抗,降低噪声。

为了降低器件的总热导,一般采用热导率较低的衬底。管内抽成真空或充氙气等热导很低的气体。为获得

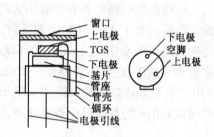

图 5-22 曲型 TGS 热释电器件结构

均匀的光谱响应,可在热释电器件灵敏层表面涂特殊的漆,增加对入射辐射的吸收。

所有的热释电器件同时又是压电晶体。因此它对声频振动很敏感,入射辐射脉冲的热冲击会激发热释电晶体的机械振荡,而产生压电谐振。这意味着在热释电效应上叠加有压电效应,产生虚假信号,使探测器在高频段的应用受到限制。为防止压电谐振,常采用如下方法:(1)选用声频损耗大的材料,如 SBN,在很高的频率下没有发现谐振现象;(2)选取压电效应最小的取向;(3)探测器件要牢靠地固定在底板上,例如可用环氧树脂将 $LiTaO_3$ 粘贴在玻璃板上,再封装成管,会有效地消除谐振;(4)热释电器件在使用时,一定要注意防震。显然,前两

种方法限制了器件的选材范围,第三种方法降低了灵敏度和比探测率。

对于热释电灵敏器件的尺寸,应尽量减小其体积,以便减小热容,提高热探测率。

为了提高热释电器件的灵敏度和信噪比,常把热释电器件与前置放大器(常为场效应管)做在一个管壳内。如图 5-23 所示为一种典型的热释电探测器与场效应管放大器组合在一起的结构图。由于热释电器件本身的阻抗高达 $10^{10} \sim 10^{12}$ Ω,因此场效应管的输入阻抗应高于 10^{10} Ω,而且应采用具有较低噪声、较高跨导($g_m > 2\,000$)的场效应管作为前置放大器。引线要尽可能地短,最好将场效应管的栅极直接焊接到器件的一个管脚上,并一同封装在金属屏蔽壳内。

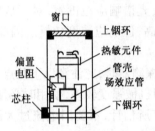

图 5-23 带场效应管放大器的热释电器件

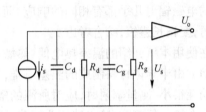

图 5-24 热释电器件的等效电路

带有场效应管放大器的热释电器件的等效电路如图 5-24 所示。其等效输出阻抗 Z、电流和电压灵敏度等参数如 5.3.2 节所讨论,与工作频率等参数有关。

表 5-2 列出了几种国产热释电探测器件特性参数,供选用时参考。

表 5-2 国产热释电探测器件的特性参数

参数名称		比探测率 D^* (cm·Hz$^{0.5}$/W)	电压灵敏度 R (V/W)	元件阻抗 Z (Ω)	灵敏面积 A (mm^2)	居里温度 T_c (℃)	最高使用温度 (℃)	工作波长
测试条件		黑体温度 500 K 调制频率 80 Hz 放大器带宽 4 Hz	调制频率 80 Hz 放大器带宽 4 Hz					带 ZnS 窗口;长波截止波长 14 μm
SBN 铌酸锶钡	RD-S-A	$3 \sim 5 \times 10^7$	30~50	$10^{10} \sim 10^{11}$	6	80~115	55	
	RD-S-B	$5 \sim 7 \times 10^7$	50~70		8			
	RD-S-C	$7 \times 10^7 \sim 1 \times 10^8$	70~100		10			
LT 钽酸锂	RD-L-A	$7 \sim 10 \times 10^7$	100~150	10^{12}	6	618	120	无窗口;从 340 nm 起至远红外
	RD-L-B	$1 \sim 2 \times 10^8$	150~200		8			
	RD-L-C	$\geq 2 \times 10^8$	≥ 200		10			
PT 钛酸锂	RD-P-A	$3 \sim 5 \times 10^7$	30~50	$10^{10} \sim 10^{11}$	6	470	120	
	RD-P-B	$5 \sim 7 \times 10^7$	50~70		8			
	RD-P-C	$7 \times 10^7 \sim 1 \times 10^8$	70~100		10			

5.4 热探测器概述

热探测器是一类基于光辐射与物质相互作用的热效应制成的器件。这类器件的共同特点是，光谱响应范围宽，对于从紫外到毫米量级的电磁辐射几乎都有平坦的响应，而且灵敏度都很高，但响应速度较慢。所以热探测器对于交变光辐射来说，又是一类窄带响应器件。因此，具体选用器件时，要扬长避短，综合考虑。

在热探测器中最受重视的是热释电探测器。它除具有一般热探测器的优点外，还具有探测率高，时间常数小的优点。热释电器件的共同特点是，光谱响应范围宽，对于从紫外到毫米量级的电磁辐射几乎都有相同的响应，而且灵敏度都很高，但响应速度较慢。因此，具体选用器件时，要扬长避短，综合考虑。

在使用本章介绍的温差热电偶、热敏电阻和热释电探测器时，应注意以下几点：

（1）由半导体材料制成的温差热电堆，灵敏度很高，但机械强度较差，使用时必须十分当心。它的功耗很小，测量辐射时，应对所测的辐射强度范围有所估计，不要因电流过大而烧毁热端的黑化金箔。保存时，输出端不能短路，要防止电磁感应。

（2）热敏电阻的响应灵敏度也很高，对灵敏面采取制冷措施后，灵敏度会进一步提高。它的机械强度也较差，容易破碎，所以使用时要小心。与它相接的放大器要有很高的输入阻抗。流过它的偏置电流不能大，以免电流产生的焦耳热影响灵敏面的温度。

（3）热释电器件是一种比较理想的热探测器，其机械强度、灵敏度、响应速度都很高。根据它的工作原理，它只能测量变化的辐射，入射辐射的脉冲宽度必须小于自发极化矢量的平均作用时间。辐射恒定时无输出。利用它来测量辐射体温度时，它的直接输出是背景与热辐射体的温差，而不是热辐射体的实际温度。所以，要确定热辐射体实际温度时，必须另设一个辅助探测器，先测出背景温度，然后再将背景温度与热辐射体的温差相加，即得被测物的实际温度。另外，因各种热释电材料都存在一个居里温度，所以它只能在低于居里温度的范围内使用。

思考题与习题 5

5.1 热辐射探测器的工作通常分为哪两个阶段？哪个阶段能够产生热电效应？

5.2 试说明热容、热导和热阻的物理意义，热惯性用哪个参量来描述？它与 RC 时间常数有什么区别？

5.3 热释电器件的最小可探测功率与哪些因素有关？

5.4 为什么半导体材料的热敏电阻常具有负温度系数？何谓热敏电阻的"冷阻"与"热阻"？

5.5 热敏电阻灵敏度与哪些因素有关？

5.6 热电堆可以理解成热电偶的有序累积而成的器件吗？累积的方式为串、并联方式吗？

5.7 某热探测器的光敏面积 $A_d = 1\ mm^2$，工作温度 $T = 300\ K$，工作带宽 $\Delta f = 10\ Hz$，若该器件表面的发射率 $\varepsilon = 1$，试求由于温度起伏所限制的最小可探测功率 P_{min}（斯忒藩-玻耳兹曼常数 $\sigma = 5.67 \times 10^{-12}\ W \cdot cm^{-2} \cdot K^4$，玻耳兹曼常数 $k = 1.38 \times 10^{-23}\ J \cdot K^{-1}$）。

5.8 某热电传感器的探测面积为 5 mm², 吸收系数 $\alpha=0.8$, 试计算该热电传感器在室温 300 K 与低温 280 K 时 1 Hz 带宽的最小探测功率 P_{NE}、比探测率 D^* 与热导 G。

5.9 热释电器件为什么不能工作在直流辐射状态? 工作频率等于何值时热释电器件的电压灵敏度达到最大值?

5.10 为什么热释电器件总是工作在 $\omega\tau_e \gg 1$ 的状态? 在 $\omega\tau_e \gg 1$ 的情况下热释电器件的电压灵敏度如何?

5.11 某热探测器具有热导 G 和热容 C_θ, 试证明: 如果热探测器和其周围环境之间存在功率交换的无规则起伏 $W(t)$(例如由于背景噪声所引起的), 则

$$W(t) = G\Delta t + C_\theta \frac{\mathrm{d}}{\mathrm{d}t}(\Delta T)$$

式中, ΔT 是热探测器和周围环境之间的温度差。

5.12 为什么热释电器件的工作温度不能在居里点? 当工作温度远离居里点时热释电器件的电压灵敏度会怎样? 工作温度接近居里点时又会怎样?

5.13 热释电探测器件常与场效应管放大器组合在一起, 并封装在同一个管壳内, 这样封装有什么好处?

5.14 热释电探测器可视为一个与电阻 R 并联的电容器。假定电阻 R 中的热噪声是主要的噪声源, 试导出热释电探测器的最小可探测功率的表达式。

5.15 已知 TGS 热释电探测器的面积 $A_d = 4 \text{ mm}^2$, 厚度 $d = 0.1 \text{ mm}$, 体积比热 $c = 1.67 \text{ J} \cdot \text{cm}^{-3} \cdot \text{K}^{-1}$, 若视其为黑体, 求 $T = 300$ K 时的热时间常数 τ_T。若入射光辐射 $P_\omega = 10$ mW, 调制频率为 1 Hz, 求输出电流(热释电系数 $\gamma = 3.5 \times 10^{-8} \text{C} \cdot \text{K}^{-1} \cdot \text{cm}^{-2}$)。

5.16 如果热探测器的热容 $H = 10^{-7} \text{ J} \cdot \text{K}^{-1}$, 试求在 $T = 300$ K 时热探测器的热时间常数 τ_T(假定热探测器只通过辐射与周围环境交换能量)。

5.17 如果热探测器的光敏面积 $A_d = 1 \text{ mm}^2$, 试求在热探测器温度分别为 77 K 和 300 K 条件下本振光所产生的散粒噪声等于热噪声时的本振光功率。

5.18 能否将恒流与恒压偏置电路应用于热敏电阻的变换电路? 对热敏电阻实施恒压偏置后会带来哪些好处?

第6章 发光器件与光电耦合器件

除热辐射发光外还有多种激发光现象,而且激发光的光谱范围很宽,涵盖紫外、可见光与红外光。从激发光的原理与方式上,可分为半导体载流子能级跃迁发光(电致发光)、化学发光、光致发光、阴极射线致发光和摩擦发光等。光电技术中最常用的是电致发光。它又有结型(注入式)、粉末、薄膜电致发光三种形态。本章将着重介绍目前占据光源市场分量最大的LED发光二极管及其光电耦合器。尽管半导体激光器也属于该发光类型,但是考虑到在"激光原理"课里已经讲得很清楚,这里不再赘述。

6.1 LED的基本工作原理与特性

1907年首次发现半导体二极管在正向偏置情况下会发光。1970年以后,发光二极管(LED)开始用作数码显示器和简单图像的显示器。近20年来,由于发光二极管的发光效率、发光光谱与半导体制造工艺的进步,使LED的制造成本急剧下降,应用市场急剧升温,并被世人重视,成为21世纪科技发展的一大亮点。尤其是蓝色LED与荧光材料配合能够制造出各种不同功率的"白光"LED器件,使替代钨丝灯与"节能荧光灯"而跃居环保照明市场。它所具有的高效节能,调控便利等特点,还因时间响应快便于大规模集成而在信息、数据与图像显示、虚拟环境设计等方面发挥着越来越大的作用。LED的突出优点为:

(1) 电光转换效率高(高于90%)、响应速度快;
(2) 体积小(单珠尺寸已经小于1mm),重量轻,便于集成;
(3) 工作电压低,耗电少,驱动简便,容易通过软、硬件实现计算机数字控制;
(4) 既能制成单色性好的各种单色LED,又能制成发各种色品的白光LED;
(5) 发光亮度高,色泽鲜艳易于数字调整与控制,成为数字仪表显示器的重要组成部件,构成光电检测领域的特种光源(线光源与理想光谱光源),易于构成大屏幕图像显示器,成为室内、外宣传广告的主要手段。

1. LED发光机理

LED是一种注入型电致发光器件,它由P型和N型半导体组合而成。发光机理可分为PN结注入发光与异质结注入发光两种类型。

(1) PN结注入发光

处于平衡状态的PN结,存在一定高度的势垒区,注入发光能带的结构如图6-1所示。当在PN结的两端加正向偏压时,PN结区的势垒将降低,大量非平衡载流子从扩散区N区注入到P区,并与P区向N区扩散的空穴不断地产生复合而发光,由于空穴的扩散速度远小于电子的扩散速度而使发光主要发生在P区。电子的迁移率μ_n比空穴的迁移率μ_p高约

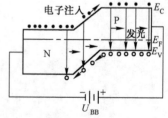

图6-1 注入发光的能带结构

20倍,电子很快从N区迁移到P区;N区的费米能级因简并而处于很高能级的位置;而P区的受主能级很深且形成杂质能带,因而减小了有效带隙的宽度,使之复合。复合的过程是电子从高能级跌落到低能级的过程,若以光辐射的形式释放能量便产生光的辐射或称发光。

PN结型发光器件有发红外光的GaAs发光二级管,发红光的GaP掺Zn-O发光二级管,发绿光的GaP掺Zn发光二级管,发黄光的GaP掺Zn-N发光二级管,以及其他各种单色光谱的发光二极管和通过光致发光物质而发白光的发光二极管。

(2) 异质结注入发光

为了提高载流子注入效率,可以采用异质结。图6-2(a)所示为理想的异质结能带图。由于P区和N区的禁带宽度不相等,当加上正向电压时小区的势垒降低,两区的价带几乎相同,空穴就不断地向N区扩散,这就保证了空穴向发光区的高注入效率。对N区的电子,势垒仍然较高,不能注入P区。这样,禁带宽的P区成为注入源,禁带窄的N区成为载流子复合发光的发光区。异质结注入发光机理如图6-2(b)所示。例如,禁带宽$E_{G2}=1.32\ eV$的P-GaAs与禁带宽$E_{G1}=0.7\ eV$的N-GaSb组成异质结后,N-GaAs的空穴注入N-GaAs区复合发光。由于N区所发射的光子能量$h\nu$比E_{G2}要小得多,它进入P区不会引起本征吸收而直接透射出去。因此,异质结发光二极管中禁带宽度大的区域(注入区)又兼作光的透射窗。

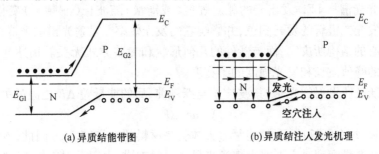

(a) 异质结能带图　　　(b) 异质结注入发光机理

图6-2　异质结注入发光

2. 基本结构

(1) 面发光二极管

图6-3示出了波长为$0.8\sim0.9\ \mu m$的双异质结GaAs/AlGaAs面发光型LED的结构。它的有源发光区是圆形平面,直径约为$50\ \mu m$,厚度小于$2.5\ \mu m$。一段光纤(尾纤)穿过衬底上的小圆孔与有源发光区平面正垂直接入,周围用黏合材料加固,用以接收有源发光区平面射出的光,光从尾纤输出。有源发光区光束的水平、垂直发散角均为$120°$。

(2) 边发光二极管

图6-4示出了波长为$1.3\ \mu m$的双异质结InGaAsP/InP边发光型LED的结构。它的核心部分是一个N型AlGaAs有源层,及其两边的P型AlGaAs和N型AlGaAs导光层(限制层)。导光层的折射率比有源层低,比周围其他材料的折射率高,从而构成以有源层为芯层的光波导,有源层产生的光辐射从其端面射出,因而称为边发光型LED。

为了和光纤的纤芯尺寸相配合,有源层射出光的端面宽度通常为$50\sim70\ \mu m$,长度为$100\sim150\ \mu m$。边发光型LED的方向性比面发光器件要好,其发散角水平方向为$25°\sim35°$,垂直方向为$120°$。

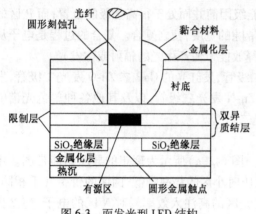
图 6-3 面发光型 LED 结构

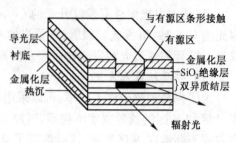
图 6-4 边发光型 LED 的结构

3. LED 的特性参数

(1) 发光光谱和发光效率

LED 的发光光谱指 LED 发出光的相对强度(或能量)随波长(或频率)变化的分布曲线。它直接决定着发光二极管的发光颜色,并影响它的发光效率。发射光谱的形成由材料的种类、性质及发光中心的结构所决定,而与器件的几何形状和封装方式无关。描述光谱分布的两个主要参量是它的峰值波长和发光强度的半宽度。

对于辐射跃迁所发射的光子,其波长 λ 与跃迁前、后的能量差 ΔE 之间的关系为

$$\lambda = hc/\Delta E$$

对于发光二极管,复合跃迁前、后的能量差大体就是材料的禁带宽 E_g。因此,发光二极管的峰值波长由材料的禁带宽度决定。对大多数半导体材料来讲,由于折射率较大,在发射光逸出半导体之前,可能在样品内已经过了多次反射。因为短波光比长波光更容易被吸收,所以与峰值波长相对应的光子能量比禁带宽度所对应的光子能量小些。

例如 GsAs 的峰值波长出现在 1.1 eV,比室温下的禁带宽度所对应的光子能量小 0.3 eV。图 6-5 给出了 $GaAs_{0.6}P_{0.4}$ 和 GaP 的发射光谱。当 $GaAs_{1-x}P_x$ 中的 x 值不同时,峰值波长在 620~680 nm 之间变化,谱线半宽度大致为 20~30 nm。GaP 发红光的峰值波长在 700 nm 附近,半宽度大约为 100 nm。

峰值光子的能量还与温度有关,它随温度的升高而减小。在结温上升时,谱带波长以 0.2~0.3 nm/℃ 的比例向长波方向移动。

发光二极管发射的光通量与输入电能之比为发光

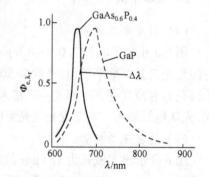
图 6-5 $GaAs_{0.6}P_{0.4}$ 与 GaP 的发射光谱

效率,单位为 lm/W;也有人把光强度与注入电流之比称为发光效率,单位为 cd/A(坎/安)。GaAs 红外发光二极管的发光效率由输出辐射功率与输入电功率的百分比表示。

发光效率由内部量子效率与外部量子效率决定。内部量子效率在平衡时,电子-空穴对的激发率等于非平衡载流子的复合率(包括辐射复合和无辐射复合),而复合率又分别决定于

载流子寿命 τ_r 和 τ_{nr}，其中辐射复合率与 $1/\tau_r$ 成正比，无辐射复合率为 $1/\tau_{nr}$，内部量子效率为

$$\eta_{in} = \frac{n_{eo}}{n_i} = \frac{1}{1+\tau_r/\tau_{nr}} \tag{6-1}$$

式中，n_{eo} 为每秒发射出的光子数，n_i 为每秒注入到器件的电子数，τ_r 是辐射复合的载流子寿命，τ_{nr} 是无辐射复合的载流子寿命。由上式可以看出，只有 $\tau_{nr} \gg \tau_r$，才能获得有效的光子发射。

对以间接复合为主的半导体材料，一般既存在发光中心，又存在其他复合中心。通过发光中心的复合产生辐射，通过其他复合中心的复合不产生辐射。因此，要使辐射复合占压倒优势，必须使发光中心浓度远大于其他杂质浓度。

必须指出，辐射复合发光的光子并不是全部都能离开晶体向外发射的。光子通过半导体时一部分被吸收，一部分到达界面后因高折射率（折射系统的折射系数约为 3~4）产生全反射而返回晶体内部后被吸收，只有一部分发射出去。因此定义外部量子效率为

$$\eta_{ex} = n_{ex}/n_{in} \tag{6-2}$$

式中，n_{ex} 为单位时间发射到外部的光子数，n_{in} 为单位时间内注入到器件的电子-空穴对数。

表 6-1 所示为几种典型发光二极管的发光效率与发光波长。

表 6-1 几种典型发光二极管的发光效率与发光波长

名　　称		发光波长（μm）	外部量子效率（%）		可见光发光效率（lm/W）	禁带宽度 E_g（eV）
			数　值	平均值		
$GaAs_{0.6}P_{0.4}$	红光	0.65	0.5	0.2	0.38	1.9
$Ga_{0.65}Al_{0.35}As$	红光	0.66	0.5	0.2	0.27	1.9
GaP:EnO	红光	0.79	12	12.3	2.4	1.77
GaP:N	绿光	0.568	0.7	0.05~0.15	4.2	2.19
GaP:NN	黄光	0.59	0.1	—	0.45	2.1
GaP	纯绿光	0.555	0.66	0.02	0.4	2.05
$GaAs_{0.35}P_{0.65}$:N	红光	0.638	0.5	0.2	0.95	1.96
$GaAs_{0.15}P_{0.85}$:N	黄光	0.589	0.2	0.05	0.90	2.1
GaAs	红外	0.9				1.35
$In_{0.32}Ga_{0.68}P[Te,Zn]$			0.2	0.1		

对 GaAs 这类直接带隙半导体，η_{in} 可接近 100%。但 η_{ex} 很小，如 CaP[Zn-O] 红光发射效率 η_{ex} 很小，最高为 15%；发绿光的 GaP[N] 的 η_{ex} 约为 0.7%；对发红光的 $GaAs_{0.6}P_{0.4}$，其 η_{ex} 约为 0.4%；对发红外光的 $In_{0.32}Ga_{0.68}P[Te,Zn]$，其 η_{ex} 约为 0.1%。

提高外部量子效率的措施有三条：

① 用比空气折射率高且透明的物质如环氧树脂（$n_2 = 1.55$）涂敷在发光二极管上；

② 把晶体表面加工成半球形；

③ 用禁带较宽的晶体作为衬底，以减小晶体对光的吸收。

（2）时间响应特性与温度特性

发光二极管的时间响应快，短于 1 μs，比人眼的时间响应要快得多，但用做光信号传递时，

响应时间又太长。发光二极管的响应时间取决于注入载流子非发光复合的寿命和发光能级上跃迁的几率。

发光二极管的外部发光效率均随温度上升而下降。图 6-6 所示为 GaP(绿色)、GaP(红色)、GaAsP 三种发光二极管的相对光亮度 L_{e,λ_r} 与温度的关系曲线。

(3) 发光亮度与电流的关系

发光二极管的发光亮度 L 是单位面积发光强度的量度。在辐射发光发生在 P 区的情况下,发光亮度 L 与电子扩散电流 i_{dn} 之间有如下关系:

$$L \propto i_{dn} \frac{\tau}{\exp(\tau_r)} \tag{6-3}$$

式中,τ 是载流子辐射复合寿命 τ_r 和非辐射复合寿命 τ_{nr} 的函数。

图 6-7 所示为发光二极管的发光亮度与电流密度的关系曲线。这些 LED 的亮度与电流密度近似成线性关系,且在很大范围内不易饱和。该特性使得 LED 可以作为亮度可调的光源,而且,这样的光源在亮度调整过程中发光光谱保持不变。当然,它也很适合于用做脉冲电流驱动,在脉冲工作状态下 LED 工作时间缩短,产生的发热量低,因此在平均电流与直流相等的情况下,可以得到更高的亮度,而且长时间稳定度较高。

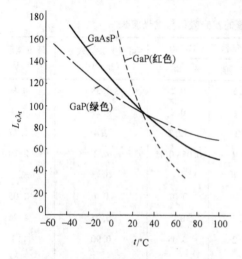

图 6-6 GaAsP 及 GaP(红色、绿色)发光二极管的相对光亮度与温度的关系曲线

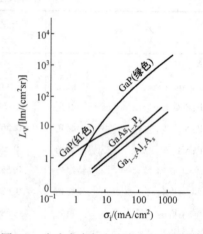

图 6-7 发光亮度与电流密度的关系曲线

(4) 最大工作电流

在低工作电流下,发光二极管发光效率随电流的增大而明显提高,但电流增大到一定值时,发光效率不再提高;相反,发光效率会随工作电流的继续增大而降低。图 6-8 所示为发红光的 GaP 发光二极管内部量子效率 η_{in} 的相对值与电流密度 J 及温度 T 间的关系曲线。随着发光管电流密度的增加,PN 结的温度升高,将导致热扩散,使发光效率降低。因此,最大工作电流密度应低于最大发射效率的电流密度值。若发光二极管的最大容许功耗为 P_{max},则发光管最大容许的工作电流为

$$I_{max} = \frac{(I_f r_d + U_f) + \sqrt{(U_f - I_f r_d)^2 + 4 r_d P_{max}}}{2 r_d} \tag{6-4}$$

式中，r_d 为发光二极管的动态内阻；I_f、U_f 均为发光二极管在较小工作电流时的电流和正向压降。

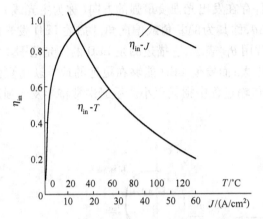

图 6-8　GaP 的 η_{in} 与电流密度 J、温度 T 间的关系曲线

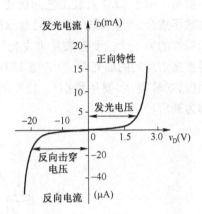

图 6-9　发光二极管的伏安特性曲线

(5) 伏安特性

发光二极管的伏安特性曲线如图 6-9 所示。它与普通二极管的伏安特性曲线大致相同。电压小于开启点的电压值时无电流，电压一超过开启点就显示出欧姆导通特性。这时正向电流与电压的关系为

$$i = i_o \exp(U/mkT) \tag{6-5}$$

式中，m 为复合因子。在宽禁带半导体中，当电流 $i<0.1$ mA 时，通过结内深能级进行复合的空间复合电流起支配作用，这时 $m=2$。电流增大后，扩散电流占优势时，$m=1$。因而实际测得的 m 值的大小可以标志器件发光特性的好坏。

反向击穿电压一般在 -5 V 以上，目前，已经有反向击穿电压超过 -200 V 的 LED 问世。

(6) 寿命

发光二极管的寿命定义为亮度降低到原有亮度一半时所经历的时间。二极管的寿命一般都很长，在电流密度小于 1 A/cm² 时，一般可达 10^6 h，最长可达 10^9 h。随着工作时间的加长，亮度下降的现象叫做老化。老化的快慢与工作电流密度有关。随着电流密度的加大，老化变快，寿命变短。

(7) 响应时间

响应时间是标志器件对信息变化速度响应程度的物理量，LED 的响应时间是指控制信号电流加载到器件，其发光 (上升) 与去载熄灭 (衰减) 的时间延迟。实验证明，二极管的上升时间随电流的增大而近似呈指数衰减，它的响应时间很短，如 $GaAs_{1-x}P_x$ 仅为几个 ns，GaP 约为 100 ns 量级。在用脉冲电流驱动二极管时，脉冲的间隔和占空比必须在器件响应时间所允许的范围内，否则 LED 发生的光脉冲将与输入脉冲差异很大。

(8) 光强分布

不同型号的 LED 发出的光在半球空间内具有不同的光强分布规律。通常用如图 6-10 所示的光强空间分布曲线的形式来说明 LED 的光强分布规律。图 6-10(a) 为 LED 外形图，在 xyz 直角坐标系中，z 为 LED 机械轴的方向，它发出光的主方向可能不与机械轴重合，LED 的发光强度 I_v (或 I_e) 是角度变量 θ 的函数

显然，θ 一般取为 LED 器件的"机械角"。机械角的定义为器件几何尺寸的中心线或法线为其零度角。由于 LED 封装工艺问题使 LED 器件存在发出光强度最强的方向（称为主光线）与机械轴不重合，产生如图 6-10(b)所示的偏差 $\Delta\theta$，称其为偏差角或偏向角。描述 LED 发光的空间特性的另一个主要参数是半发光强度角，常用 $\theta_{1/2}$ 表示，它描述的是 LED 的发光范围。为获得更宽更均匀的面光源，总希望 LED 的 $\theta_{1/2}$ 更大；而要使 LED 能够在更远的地方获得更强的照度，则希望 $\theta_{1/2}$ 要尽量小些，使光的能量在传输过程中损耗更小。手册中常将半发光强度角称为视角。

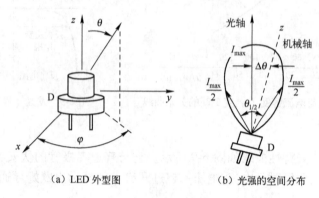

(a) LED 外型图　　　　(b) 光强的空间分布

图 6-10　LED 外形图及发光强度的空间分布

4. 驱动电路

LED 工作需要在正向偏置电流的作用下才能发光，提供给 LED 正向电流的电路称为驱动电路。驱动电路有多种，根据具体的应用，LED 驱动电路可以分为直流驱动、脉冲驱动与交流驱动三种方式。典型的直流驱动电路如图 6-11 所示，由限流电阻与电源构成，调整限流电阻的阻值既可以调整流过 LED 的电流而改变 LED 的发光亮度。式(6-6)描述了流过 LED 的电流 I_L 与限流电阻阻值 R_L 的关系

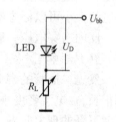

图 6-11　直流驱动电路

$$I_L = \frac{U_{bb} - U_D}{R_L} \tag{6-6}$$

式中 U_{bb} 为电源电压，U_D 为 LED 的正向电压，它与 LED 的性质有关，蓝光 LED 最高，接近 3.7 V，红光 LED 最低，在 0.9 V 左右。当然如果所提供的电源是脉冲源，则发光二极管将在脉冲的作用下发出脉冲光。

如图 6-12 所示为三极管驱动的交流驱动电路，LED 串接入集电极，通过调节三极管基极偏置电压，可调整辐射光功率。在光通信中常用 LED 为信息光源，通过光纤传输音、视频信号。调整 R_{b2} 使三极管处于合适的静态工作点，确保输入的音、视频信号不失真地通过光纤传输。

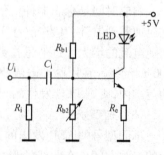

图 6-12　LED 三极管驱动电路

LED 的驱动电路很多，目前还有很多专用集成 LED 驱动器，应用非常方便。图 6-13 所示为

一种典型的由低电压(单节电池)供电的集成 LED 驱动电路 IV0104 器件的外形图。图 6-14 为 IV0104 器件的应用原理图，输入电压 V_{in} 直接接到 V_{bat} 端，通过 8.2 μH 的电感 L 接到 LX 端进行滤波。逻辑地 PGND 与电源地 V_{ss} 共同接地形成输入电路。输出端经电容 C 滤波后再经电阻 R_1 与 R_2 分压，将所得部分电压回送给驱动器作为反馈基准电压，以输出稳定的驱动电流。

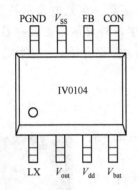

图 6-13 IV0104 器件外形图

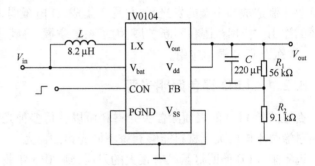

图 6-14 IV0104 驱动电路原理图

驱动电路的输出电压 V_{out} 由下式决定

$$V_{out} = V_{FB} \frac{R_1 + R_2}{R_2}$$

式中，当反馈参考电压 V_{FB} 的值为 0.8 V 时，若希望输出 5 V 的电压，选 $R_2 = 10\ \text{k}\Omega$，则可以计算出 $R_1 \approx 52\ \text{k}\Omega$。

表 6-2 所示为 IV0104 的输出电流与输出电容 C、电感 L 之间的关系，输出电流越大要求选配的电容量越大。

表 6-2 输出电流与 C、L 的关系

输入电压(V)	输入电流(mA)	输出电压(V)	输出电流(mA)	输入电感量(μH)	输出电容(μF)	输入电压(V)	输入电流(mA)	输出电压(V)	输出电流(mA)	输入电感量(μH)	输出电容(μF)
1.25	75	3.2	10	120.0	22	1.25	750	3.2	110	12.0	220
1.25	160.71	3.2	20	56.0	47	1.25	900	3.2	120	10.0	220
1.25	230.77	3.2	30	39.0	47	1.25	900	3.2	130	10.0	330
1.25	272.73	3.2	40	33.0	100	1.25	109.756	3.2	140	8.2	330
1.25	409.09	3.2	50	22.0	100	1.25	109.756	3.2	150	8.2	330
1.25	409.09	3.2	60	22.0	220	1.25	109.756	3.2	160	8.2	330
1.25	500	3.2	70	18.0	220	1.25	1323.53	3.2	170	6.8	330
1.25	600	3.2	80	15.0	220	1.25	1323.53	3.2	180	6.8	470
1.25	750	3.2	90	12.0	220	1.25	1323.53	3.2	190	6.8	470
1.25	750	3.2	100	12.0	220	1.25	1607.14	3.2	200	5.6	470

另外，还有能够直接驱动三种颜色的彩色 LED 驱动器，驱动 8 路、16 路及多种方式的集成驱动电路。应用时可以随时查找。

6.2 LED 的应用

现代科技的发展,LED 应用越来越广泛。利用 LED 电光转换效率高的特点会为人类节约大量的电能,被称为"绿色光源",目前已经被越来越多的人所接受。在光电显示技术方面,LED 易于制造成超小型的发光元,并易于集成,耗电微弱,在很多户外显示方面发挥着越来越重要的作用。应用范围在不断扩展,为了系统掌握,将其分成两大类型介绍。一类称之绿色光源,一类称为 LED 显示应用。

6.2.1 LED 绿色照明光源

在短波长 LED 的表面涂覆荧光材料可以获得多种光谱的白光。而且通过涂覆不同的荧光材料能够获得不同光谱的白光。

近年来,LED 照明灯具已有很大的发展,到 2013 年我国照明行业的总产值已到达 4800 亿元,其中包括 350 亿美元国际市场份额和 2000 多亿元的国内市场份额。现阶段我国 LED 球形灯泡(如图 6-15 所示)已经实现了标准化,其售价已降低到 2~3 元,与钨丝白炽灯的售价接近,而其寿命远远长于钨丝白炽灯。

图 6-15 LED 球形灯泡

1. LED 球形灯泡

LED 球形灯泡采用开关型驱动电路,具有良好的电流控制精准度和较高的总体效率,不同的厂家采用不同的应用方式,有采用降压式的,也有采用升压式的。降压式开关驱动是为电源电压高于 LED 的正向电压降,或者因为采用多个 LED 并联应用情况下的驱动。升压方式是为电源电压低于 LED 的端电压的情况,或者是采用多个 LED 串联情况下的驱动。

2. LED 吸顶灯

为室内照明的美观需要开发出各式各样的 LED 吸顶灯。如图 6-16 所示为三种典型的安装在室内天花板上的 LED 吸顶灯。

 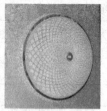 

(a) 矩形LED吸顶灯　　(b) 圆形装饰LED吸顶灯　　(c) 带护圈的圆形吸顶灯

图 6-16 LED 吸顶灯

3. LED 筒灯

是应用新型 LED 照明光源在传统筒灯基础上改良开发的产品,与传统筒灯对比具有以下优点:节能、低碳、长寿、显色性好、响应速度快。LED 筒灯的设计更加美观轻巧,安装时能达到保持建筑装饰的整体统一与完美,不破坏灯具的设置,光源隐藏在建筑装饰内部,光源不外露,无眩光,视觉效果柔和、均匀。

图 6-17 为用于装饰的三种不同的 LED 筒灯,筒灯的种类很多,分别用于酒柜、橱窗和室内特殊装饰的照明与渲染。

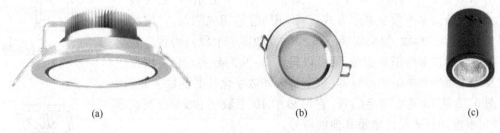

图 6-17　三种典型的 LED 筒灯

4. LED 路灯

道路、庭院、广场与景区等都需要照明,这些室外照明设施现在基本采用了绿色节能的 LED 灯具,简称 LED 路灯。LED 路灯种类很多,根据照明场地、环境与条件的不同设计出数百款 LED 路灯灯具,图 6-18 所示为几款有代表性的 LED 路灯。

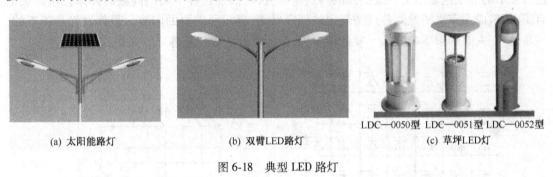

图 6-18　典型 LED 路灯

5. 其他 LED 照明灯

如图 6-19 所示为几种其他应用的 LED 照明灯。很多技术摄影与特殊场景都需要灯光照明予以配合,如影棚摄影需要补光,测量系统需要远心照明光源、线光源,高速摄影需要脉冲闪光,以及无土栽培技术需要的满足作物不同生长阶段的光谱可以调整的 LED 灯等。这些应用都属于其他应用范畴。

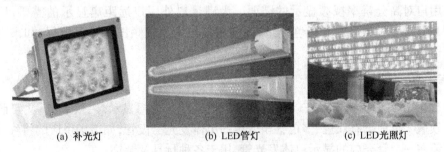

图 6-19　其他应用的 LED 照明灯

6.2.2 LED 在显示方面的应用

1. 数码显示器

用 LED 能方便地构成各种数字、文字及图像的显示器,七段数字显示器是最简单的数字显示方式。将 LED 管芯切成细条,并拼成如图 6-20 所示的形状,便构成能够显示 0~9 数字的七段数码管。显示工作时分别让某些细条发光,便可以显示 0~9 的数字。它常用在台式及袖珍型半导体电子计算器、数字钟表和数字化仪器的数字显示中。

图 6-20 七段数码管

图 6-21 是 16 笔划的字码管,它可显示 10 个数字和 26 个英文字母,并可根据同样的设计增添其他的符号。

在文字显示应用时,常把发光二极管按矩阵方式排列,它除能完成数码管所能显示的数字符号外,还能显示文字和其他符号。最常用的矩阵方式显示器为如图 6-22 所示的 5×7 矩阵。这样排列的显示阵列

图 6-21 16 段数码管

可以单独作为显示器使用,也可以将其组成更大的阵列,用来显示内容更为丰富的文字或图像。它的显示原理如图 6-23 所示。图 6-23 是从横向(行)输入信号,用纵向(列),转换开关来进行显示的。根据显示文字或图像的各点坐标值,在扫描过程中利用高频脉冲来控制开关的启闭,使组成文字或图像的各点按规定的程序发光,显示所需要的内容。虽然发光是闪烁的,但是,由于人眼的频率响应低于发光频率,人眼所看到的应该是静止的文字或图像。

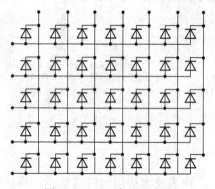

图 6-22 LED 阵列显示器

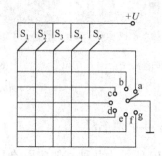

图 6-23 LED 阵列显示原理图

目前国内市场已经大量供应室内 P1.6 真彩色 LED 显示模组,模组在宽 200 mm、高 150 mm 范围内装有 3 色 LED 显示单元达 120×90 点,可拼接出各种尺寸真彩色图像的显示屏幕,满足室内用户对高分辨率视频显示的需要。为满足户外用户远距离显示的需要,厂商提供 P4、P6 至 P20 等多种型号的真彩色模组,用来拼接出大型视频图像显示器屏,如市面上使用的电子商标及大屏幕广告屏幕等。

2. 指示与装饰

单个 LED 还可作仪器指示灯、示波器标尺、道路交通指挥显示灯、仪表盘、文字照明等应用到各个领域。目前已有双色、多色甚至变色的单体发光二极管,如市场供应的将红、绿、蓝三色管芯组装在一个管壳内的显示单体发光管,用于各种玩具及装饰。

此外,LED 可用来制作光电开关、光电报警、光电遥控器及光电耦合器件等。

6.3 光电耦合器件

将发光器件与光电接收器件组合成一体,制成的具有信号传输功能的器件,称为光电耦合器件。光电耦合器件的发光件常采用 LED 发光二极管、LD 半导体激光器和微形钨丝灯等。光电接收器件常采用光电二极管、光电三极管、光电池及光敏电阻等。由于光电耦合器件的发送端与接收端是电、磁绝缘的,只有光信息相连,因此,在实际应用中它具有许多优点,成为重要的信息传递器件。

6.3.1 光电耦合器件的结构与电路符号

用来制造光电耦合器件的发光元件与光电接收元件的种类都很多,因而它具有多种类型和多种封装形式。本节仅介绍几种常见的结构。

1. 光电耦合器件的结构

光电耦合器件的基本结构如图 6-24 所示。图 6-24(a) 所示为发光器件(发光二极管)与光电接收器件(光电二极管或光电三极管等)被封装在黑色树脂外壳内构成的光电耦合器件。图 6-24(b) 所示为将发光器件与光电接收器件封装在金属管壳内构成的光电耦合器件。发光器件与光电接收器件靠得很近,但不接触。发光器件与光电接收器件之间具有很强的电气绝缘特性,绝缘电阻常高于 MΩ 量级,信号通过光进行传输。因此,光电耦合器件具有脉冲变压器、继电器、开关电器的功能。而且,它的信号传输速度、体积、抗干扰性等方面都是上述器件所无法比拟的。使得它在工业自动检测与控制、信号的传输处理和在计算机系统中代替继电器、脉冲变压器或其他复杂电路来实现非共地性质的信号输入/输出装置与计算机主机之间完成电气隔离、信号的传递、阻抗匹配与消除外界干扰等功能。

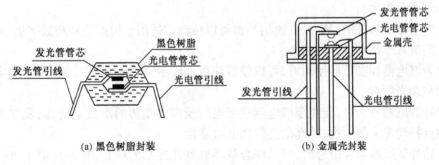

图 6-24 光电耦合器件的基本结构

光电耦合器件的电路符号如图 6-25 所示。图中的发光二极管泛指一切发光器件,图中的光电二极管也泛指一切光电接收器件。

图 6-26 所示为几种不同封装的光电耦合器件的外形图。

图(a)为三种不同安装方式的光电发射器件与光电接收器件分别安装在器件的两臂上,分离尺寸一般为 4~

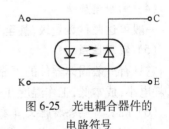

图 6-25 光电耦合器件的电路符号

12 mm，分开的目的是要检测两臂间是否存在物体，以及感知物体的运动速度等参数。这种封装的器件又称为光电开关。

(a) 对射式光电耦合开关　　(b) 同侧光电耦合开关　　(c) 同侧光电耦合开关　　(d) DIP封装的光电耦合器

图 6-26　几种不同封装的光电耦合器件的外形

图(b)为一种反光型光电耦合器，LED 和光电二极管封装在一个壳体内，两者的发射光轴与接收光轴夹一锐角，LED 发出的光被被测物体反射，并被光电二极管接收，构成反光型光电耦合器。

图(c)为另一种反光型光电耦合器，LED 和光电二极管平行封装在一个壳体内，LED 发出的光可以被在较远的位置上放置的被测体反射到光电二极管的光敏面上。显然，这种反光型光电耦合器要比成锐角的耦合器作用距离更远。

图(d)为 DIP 封装形式的光电耦合器件。这种封装形式的器件有多种，可将几组光电耦合器封装在一片 DIP 中，用做多通道信号的隔离与传输。

2. 光电耦合器件的特点

光电耦合器件具有以下一些特点。

(1) 具有电隔离的功能

它的输入、输出信号间完全没有电路的联系，所以输入和输出回路的电子零位地可以任意选择。绝缘电阻高达 $10^{10} \sim 10^{12}$ Ω，击穿电压高达 $100 \sim 25$ kV，耦合电容小于 1 pF。

(2) 信号传输方向

信号传输是单向性的，脉冲、直流信号都可以传输。适用于模拟信号和数字信号。

(3) 具有抗干扰和噪声的能力

它作为继电器和变压器使用时，可以使线路板上看不到磁性元件。它不受外界电磁干扰、电源干扰和杂光影响。

在代替继电器使用时，能克服继电器在断电时反向电动势的泄放干扰，以及在大震动、大冲击下触点抖动带来的干扰，提高信息传递的可靠性。

代替脉冲变压器耦合信号时，可以耦合从零频到几兆赫的信息，且失真很小，使得脉冲变压器相形见绌。

(4) 响应速度快

一般可达微秒数量级，甚至纳秒数量级。它可传输的信号频率在直流和 10 MHz 之间。

(5) 实用性强

它具有一般固体器件的可靠性，体积小(一般 $\phi 6 \times 6$ mm)，重量轻，抗震，密封防水，性能稳定，耗电小，成本低，工作温度在 $-55 \sim +100$ ℃ 之间。

(6) 既具有耦合特性又具有隔离特性

它能很容易地把不同电位的两组电路互连起来，圆满地完成电平匹配、电平转移等功能。

光电耦合器输入端的发光器件是电流驱动器件,通过光与输出端耦合,抗干扰能力很强,在长线传输中用它作为终端负载,可以大大提高信息在传输中的信噪比。

在计算机主体运算部分与执行部件输入/输出之间,用光电耦合器件作为接口,将会大大增强计算机信息传递的可靠性。

光电耦合器件的饱和压降比较低,在作为开关器件使用时,具有晶体管开关不可比拟的优点。

在稳压电源中,它作为过电流自动保护器件使用,可以使保护电路既简单又可靠等。

由于光电耦合器件性能上的优点,使它的发展非常迅速。目前,光电耦合器件在品种上有8类500多种,近几年仅在日本,年产量就达几百万只。在美国,近几年销售额每年增长10%以上。在我国,自1977年起已在工厂定型生产。这一光、电结合的新器件使我国电子线路设计工作出现了较大的飞跃和进步。它已在自动控制、遥控遥测、航空技术、电子计算机和其他光电、电子技术中得到广泛的应用。

6.3.2 光电耦合器件的特性参数

光电耦合器件的主要特性为传输特性与隔离特性。

1. 传输特性

光电耦合器件的传输特性就是输入与输出间的特性,它用下列几个性能参数来描述。

（1）电流传输比 β

在直流工作状态下,将光电耦合器件的集电极电流 I_C 与发光二极管的注入电流 I_F 之比,定义为光电耦合器件的电流传输比,用 β 表示。图 6-27 所示为光电耦合器件的输出特性曲线。在其中部取一工作点 Q,它所对应的发光电流为 I_{FQ},对应的集电极电流为 I_{CQ},因此该点的电流传输比为

$$\beta_Q = I_{CQ}/I_{FQ} \times 100\% \tag{6-6}$$

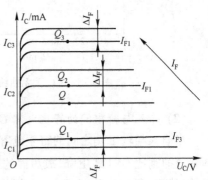

图 6-27 光电耦合器件的输出特性曲线

如果工作点选在靠近截止区的 Q_1 点时,虽然发光电流 I_F 变化了 ΔI_F,但相应的 ΔI_{C1} 的变化量却很小。这样,β 值很明显地要变小。同理,当工作点选在接近饱和区的 Q_3 点时,β 值也要变小。这说明当工作点选择在输出特性的不同位置时,具有不同的 β 值。因此,在传送小信号时,用直流传输比是不恰当的,而应当用所选工作点 Q 处的小信号电流传输比来计算。这种以微小变量定义的传输比称为交流电流传输比,用 $\tilde{\beta}$ 来表示。即

$$\tilde{\beta} = \Delta I_C / \Delta I_F \times 100\% \tag{6-7}$$

对于输出特性曲线线性度比较好的光电耦合器件,β 值很接近 $\tilde{\beta}$ 值。一般在线性状态使用时,都尽可能地把工作点设计在线性工作区;对于在开关状态下使用时,由于不关心交流与直流电流传输比的差别,而且实际使用中直流传输比又便于测量,因此通常都采用直流电流传输比 β。

这里需要指出的是,光电耦合器件的电流传输比与三极管的电流放大倍数都是输出与输

入电流之比值,从表面上看是一样的,但它们却有本质的差别。在三极管中,集电极电流 I_C 总是比基极电流 I_B 大几十甚至几百倍。因此,把三极管的输出与输入电流之比值称为电流放大倍数。而光电耦合器件内的输入电流使发光二极管发光,输出电流是光电接收器件(光电二极管或光电三极管)接收到的光所产生的光电流,可用 αI_F 表示,其中 α 是与发光二极管的发光效率、光敏三极管的增益及二者之间距离等参数有关的系数,常称为光激发效率。激发效率一般比较低,所以 I_F 一般要大于 I_C。因此光电耦合器件在不加复合放大三极管时,其电流传输比总小于1,常用百分数来表示。

图 6-28 所示为光电耦合器件的电流传输比 β 随发光电流 I_F 的变化曲线。在 I_F 较小时,耦合器件的光电接收器件处于截止区,因此 β 值较小;当 I_F 变大后,光电接收器件处于线性工作状态,β 值将随 I_F 增大;I_F 继续增大时,β 反而会变小,因为发光二极管发出的光不总与电流成正比。

图 6-29 所示为 β 随环境温度 T 的变化曲线。在 0℃ 以下时,β 值随温度 T 的升高而增大;在 0℃ 以上时,β 值随 T 的升高而减小。

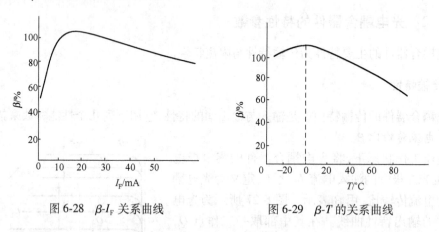

图 6-28　β-I_F 关系曲线　　　　图 6-29　β-T 的关系曲线

(2) 输入与输出间的寄生电容 C_{FC}

当输入与输出端之间的寄生电容 C_{FC} 变大时,会使光电耦合器件的工作频率下降,也能使其共模抑制比 CMRR 下降,故后面的系统噪声容易反馈到前面系统中。对于一般的光电耦合器件,其 C_{FC} 仅仅为几个 pF,在中频范围内都不会影响电路的正常工作,但在高频电路中就要予以重视了。

(3) 最高工作频率 f_m

光电耦合器件的频率特性分别取决于发光器件与光电接收器件的频率特性。由发光二极管与光电二极管组成的光电耦合器件的频率响应最高,最高工作频率 f_m 接近于 10 MHz,其他组合的频率响应相应降低。图 6-30 所示为光电耦合器件的频率特性测量电路。等幅度的可调频率信号送入发光二极管的输入电路,在光电耦合器件的输出端得到相应的输出信号,当测得输出信号电压的相对幅值降至 0.707 时,所对应的频率就是光电耦合器件的最高工作频率(或称截止频率),用 f_m 来表示。图 6-31 示出了一个光电耦合器件的频率特性曲线。图中 R_L 为光电耦合器件的负载电阻,显然,最高工作频率 f_m 与负载电阻的阻值有关。减小负载电阻会使光电耦合器件的最高工作频率 f_m 增高。

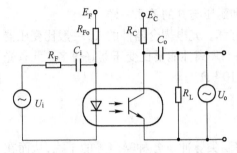

图 6-30　光电耦合器件的频率特性测量电路

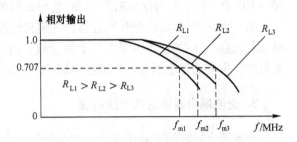

图 6-31　光电耦合器件的频率特性曲线

（4）脉冲上升时间 t_r 和下降时间 t_f

光电耦合器件在脉冲电压信号作用下的时间响应特性用输出端的上升时间 t_r 和下降时间 t_f 描述。如图 6-32 所示为典型光电耦合器件的脉冲响应特性曲线。从输入端输入矩形脉冲，采用频率特性较高的脉冲示波器观测输出信号波形，可以看出，输出信号的波形会产生延迟现象。通常将脉冲前沿的输出电压上升到满幅度的 90% 所需要的时间称为上升时间，用 t_r 表示；而脉冲在下降过程中，输出电压的幅度由满幅度下降到 10% 所需要的时间称为下降时间，用 t_f 表示。

最高工作频率 f_m、脉冲上升时间 t_r 和下降时间 t_f 都是衡量光电耦合器件动态特性的参数。当用光

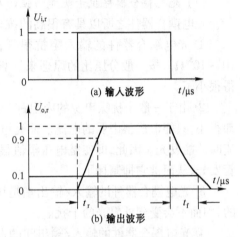

图 6-32　光电耦合器件的脉冲响应特性曲线

电耦合器件传送小的正弦信号或非正弦信号时，用最高工作频率 f_m 来衡量较为方便；而当传送脉冲信号时，则用 t_r 和 t_f 来衡量较为直观。

t_r、t_f 与 f_m 具有同样的特性，也与负载电阻的阻值有关，减小负载电阻可以使光电耦合器件获得更好的时间响应特性。

2. 隔离特性

（1）输入与输出间隔离电压 BV_{CFO}

光电耦合器件的输入（发光器件）与输出（光电接收器件）的隔离特性可用它们之间的隔离电压 BV_{CFO} 来描述。一般低压使用时隔离特性都能满足要求；在高压使用时，隔离电压成为重要的参数。绝缘耐压与电流传输比都与发光二极管和光敏三极管之间的距离有关，当两者的距离增大时，绝缘耐压提高了，但电流传输比却降低了；反之，当两者的距离减小时，虽然 β 值增大了，但 BV_{CFO} 却降低了。这是一对矛盾，可以根据实际使用要求来挑选不同种类的光电耦合器件。如果制造工艺得到改善，可以得到既具有很高的 β 值又具有很高绝缘耐压的光电耦合器件。目前，北京光电器件厂生产的光电耦合器件的 $BV_{CFO} = 500\,V$。采用特殊的组装方式，可制造出用于高压隔离应用的耐压高达几千伏或上万伏的光电耦合器件。

（2）输入与输出间的绝缘电阻 R_{FC}

光电耦合器件隔离特性的另一种描述方式是绝缘电阻。光电耦合器件的绝缘电阻一般在

$10^9 \sim 10^{13}$ Ω 之间。它与耐压密切相关,它与 β 的关系和耐压与 β 的关系一样。

R_{FC} 的大小即意味着光电耦合器件的隔离性能的好坏。光电耦合器件的 R_{FC} 一般比变压器原、副边绕组之间的绝缘电阻大几个数量级。因此,它的隔离性能要比变压器好得多。北京光电器件厂生产的光电耦合器件绝缘电阻 R_{FC} 可以达到 10^{11} Ω。

3. 光电耦合器件的抗干扰特性

光电耦合器件的重要优点之一就是能强有力地抑制尖脉冲及各种噪声等的干扰,从而在传输信息中大大提高了信噪比。

（1）光电耦合器件抗干扰能力强的原因

光电耦合器件之所以具有很高的抗干扰能力,主要有下面几个原因。

① 光电耦合器件的输入阻抗很低,一般为 10 Ω～1 kΩ;而干扰源的内阻很大,一般为 $10^3 \sim 10^6$ Ω。按一般分压比的原理来计算,能够馈送到光电耦合器件输入端的干扰噪声就变得很小了。

② 由于一般干扰噪声源的内阻都很大,虽然也能供给较大的干扰电压,但可供出的能量却很小,只能形成很微弱的电流。而光电耦合器件输入端的发光二极管只有在通过一定的电流时才能发光。因此,即使是电压幅值很高的干扰,由于没有足够的能量,也不能使发光二极管发光,从而被它抑制掉了。

③ 光电耦合器件的输入/输出端是用光耦合的,且这种耦合又是在一个密封管壳内进行的,因而不会受到外界光的干扰。

④ 光电耦合器件的输入/输出间的寄生电容很小(一般为 0.5～2 pF),绝缘电阻又非常大(一般为 $10^{11} \sim 10^{13}$ Ω),因而输出系统内的各种干扰噪声很难通过光电耦合器件反馈到输入系统中。

（2）光电耦合器件抑制干扰噪声电平的估算

下面通过具体实例讨论光电耦合器件的抗干扰能力。

在向光电耦合器件输入端馈送信息(例如矩形脉冲信号)的同时,不可避免地要伴随进入各种各样的干扰信号。这些干扰信号,主要包括系统自身产生的干扰、电源脉动干扰、外界电火花干扰,以及继电器释放时反抗电动势的泄放干扰等。干扰信号中包含各种白噪声和各种频率的尖脉冲等,其中以继电器等电磁电器的开关干扰最为严重。将这些干扰波形画在一起成为如图 6-33(a) 所示的实际干扰波

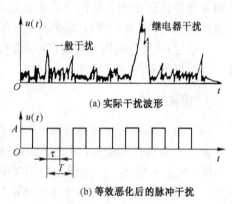

图 6-33 光电耦合器的抗干扰原理

形。显然,它们的相位和幅度都是随机的。为了计算方便,把这些干扰脉冲都恶劣化后,成为继电器、电磁电器释放时反抗电动势的泄放干扰(这一干扰幅度最高、脉宽最宽)。根据这一假设,可以把图 6-33(a) 所示的干扰波形变成如图 6-33(b) 所示的干扰脉冲序列。设每个干扰脉冲宽度为 1 μs,其重复频率为 500 kHz。经过傅里叶变换,将其变换成含有各种频率的序列余弦函数来表示:

$$u(t)=\frac{A}{2}+\frac{2A}{\pi}\cos2\pi ft-\frac{2A}{3\pi}\cos2\pi3ft+\frac{2A}{5\pi}\cos2\pi5ft+\cdots \quad (6\text{-}8)$$

由上式可以看出，直流分量为 $A/2$，交流分量的幅度随频率的升高逐级减小。可用它的一次分量近似地代表所有的交流分量部分，这样简化不会带来太大的误差。因此，其交流分量可以写为

$$u_{\mathrm{f}}(t)=\frac{2A}{\pi}\cos2\pi ft \quad (6\text{-}9)$$

电磁干扰电路如图 6-34(a) 所示，继电器开关引起的干扰通常是由绕组与接触点间的寄生电容 C_s 串入光电耦合器件输入端引起的。经式(6-9)的简化，就可以画出如图 6-34(b) 所示的交流等效电路。

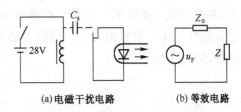

图 6-34 电磁干扰对耦合器的影响

设继电器绕组与接触点间的寄生电容 $C_s = 2\mathrm{pF}$，则等效内阻为

$$Z_o=\frac{1}{2\pi fC_s}=\frac{1}{2\pi}10^6(\Omega) \quad (6\text{-}10)$$

设使光电耦合器件工作的最小输入电流为 1 mA，由于一般发光二极管工作时的正向压降为 1 V 左右，故其等效输入阻抗 $Z=1\mathrm{k}\Omega$。显然，$Z\ll Z_o$。在该回路内，当瞬时电流达到 1 mA 时，干扰源电压的基波幅值为

$$u_\mathrm{F}(t)=\frac{1}{2\pi}\times10^3(\mathrm{V}) \quad (6\text{-}11)$$

由于该干扰电压是通过寄生电容耦合过来的，因此，式(6-8)中的直流分量是不能起作用的。根据式(6-9)可求出在上述假设条件下，要想使光电耦合器件工作的最小脉冲电压幅值为 $U_{\min}=250\mathrm{V}$，表明在外来干扰脉冲频率 f 为 500 kHz、脉宽为 1 μs、幅值大于等于 250 V 的脉冲，才能使光电耦合器件产生误动作，低于该值的干扰脉冲都将被光电耦合器件抑制掉。

如果能增大光电耦合器件的工作电流，它所能抑制的电压也将增大。在实际应用中，继电器的工作电压一般在 30 V 以下，继电器开关引起的干扰脉冲不可能高于 250 V，因此，用光电耦合器件完全可以抑制。即光电耦合器件可以抑制所有干扰源的干扰信号。

6.4 光电耦合器件的应用

1. 电平转换

在工业控制系统中所用集成电路的电源电压和信号脉冲的幅度有时不尽相同。例如，TTL 用 5V 电源，HTL 为 12 V，PMOS 为 -22 V，CMOS 则为 5~20 V。如果在系统中采用两种集成电路芯片，就必须对电平进行转换，以便实现逻辑控制。另外，各种传感器的电源电压与集成电路间也存在着电平转换问题。图 6-35 所示为利用光电耦合器件实现 PMOS 电路的电平与 TTL 电路电平的转换电路。电路的输入端为 -22 V 电源和 0~-22 V 脉冲，输出端为 TTL 电平的脉冲，光电耦合器件不但使前后两种不同电平的脉冲信号实现了耦合，而且使输入与输出

电路完全隔离。

2. 逻辑门电路

利用光电耦合器件可以构成各种逻辑电路。图 6-36 所示为由两个光电耦合器件组成的与门电路。如果在输入端 U_{i1} 和 U_{i2} 同时输入高电平"1",则两个发光二极管 VD_1 和 VD_2 都发光,两个光敏三极管 VT_1 和 VT_2 都导通,输出端就呈现高电平"1"。若输入端 U_{i1} 或 U_{i2} 中有一个为低电平"0",则输出光电三极管中必有一个不导通,使得输出信号为"0"。故为与门逻辑电路,$U_o = U_{i1} U_{i2}$。

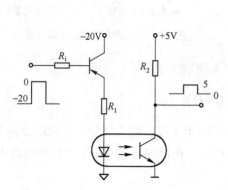

图 6-35 光电耦合器件的电平转换电路

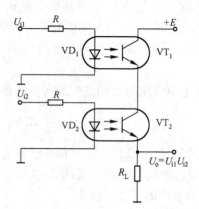

图 6-36 光电耦合器件构成的与门电路

光电耦合器件还可以构成与非、或、或非、异或等逻辑电路。

为了充分利用逻辑元件的特点,在组成系统时,往往要用很多种元件。例如,TTL 的逻辑速度快、功耗小,可作为计算机中央处理部件;而 HTL 的抗干扰能力强,噪声容限大,可在噪声大的环境,或在输入/输出装置中使用。但 TTL、HTL 及 MOS 等电路的电源电压不同,工作电平不同,直接互相连接有困难。而光电耦合器件的输入与输出在电方面是绝缘的,可很好地解决互连问题。即可方便地实现不同电源或不同电平的电路之间互连。电路之间不仅可以电源不同(极性和大小),而且接地点也可分开。

例如,图 6-37 所示的典型应用电路中,左侧的输入电路中,电源为 13.5 V 的 HTL 逻辑电路,中间的中央运算器、处理器等电路为 +5 V 电源,后边的输出部分依然为抗干扰特性高的 HTL 电路。将这些电源与逻辑电平不同的部分耦合起来需要采用光电耦合器件。输入信号经光电耦合器件送至中央运算、处理部分的 TTL 电路,TTL 电路的输出又通过光电耦合器件送到抗干扰能力强的 HTL 电路,光电耦合器件成了 TTL 和 HTL 两种电路的媒介。

3. 隔离方面的应用

有时为隔离干扰,或者为使高压电路与低压信号分开,可采用光电耦合器件。图 6-44 所示电路中就表明了光电耦合器件的又一种重要功能,即隔离功能。

在电子计算机与外围设备相连的情况下,会出现感应噪声、接地回路噪声等问题。为了使输入、输出设备及长线传输设备等外围设备的各种干扰不串入计算机,以便提高计算机工作的可靠性,亦可采用光电耦合器件把计算机与外围设备隔离开来。

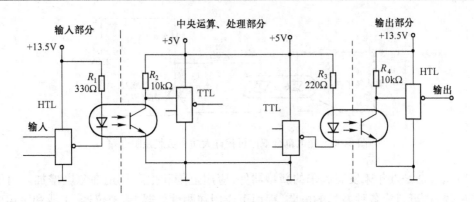

图 6-37 光电耦合器件的典型应用电路

4. 光电开关

前面的图 6-33 为几种典型光电开关。其中图 6-26(a) 为对射式,发光二极管与光电器件分置于被测或被感知物体的两侧,一旦发光二极管与光电器件之间的光被遮挡,便发出开关量,产生信号或动作;图 6-26(b) 和 (c) 为发光二极管与光电器件同置于一侧的光电开关,当被测或被感知的物体进入发光二极管与光电器件构成的光路中时,光电开关将发出开关量,产生信号或动作。

光电开关广泛用于自动报警、自动控制等领域。

5. 光电可控硅在控制电路中的应用

可控硅整流器(SCR)是一种很普通的单向低压控制高压的器件,可用于光触发的形式。同样,双向可控硅是由一种很普通的 SCR 发展改进的器件,也可用于光触发形式。将一只 SCR 和一只 LED 密封在一起,就可以构成一只光耦合的 SCR;而将一只双向可控硅和一只 LED 密封在一起就可以制成一只光耦合的双向可控硅。图 6-38 和图 6-39 示出了它们的典型外形(它们通常被密封在一只六引脚的双列直插式的封装中)。

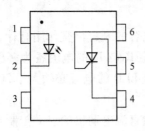
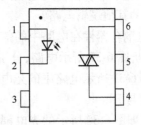

图 6-38 典型光耦合可控硅　　　图 6-39 典型光耦合双向可控硅

虽然,这些器件都具有相当有限的输出电流额定值,实际的有效值对于 SCR 来说为 300 mA,而对于双向可控硅来说则为 100 mA。然而,这些器件的浪涌电流值远远大于它们的有效值,一般可达到数安培。

图 6-40 所示为光电耦合双向可控硅大功率负载控制电路。这里用光电耦合双向可控硅去控制更大功率双向可控硅,从而达到控制大功率负载的目的。

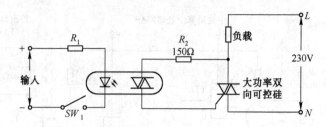

图 6-40　光电耦合双向可控硅大功率负载控制电路

光电耦合器是近年来发展起来的新型器件，应用范围和生产量正在急剧增加。由于它具有独特的优点，可组成各种各样的电路，因而可应用在测量仪器、精密仪器、工业和医用电子仪器、自动控制、遥控和遥测、各种通信装置、计算机系统及农业电子设备等领域。

思考题与习题 6

6.1　为什么说发光二极管的发光区在 PN 结的 P 区？是否与电子、空穴的迁移率有关？

6.2　为什么发光二极管必须在正向电压作用下才能发光？在反向偏置电压作用下的发光二极管能发光吗？为什么？

6.3　发光二极管的发光光谱由哪些因素决定？光谱的半宽度反映了什么？

6.4　已知流过 LED 的最大功耗为 $0.5\,W$，LED 正向电压为 $2.3\,V$，问流过它的最大电流是多少 mA？

6.5　将发光二极管与光电二极管封装在一起构成的光电耦合器件有什么特点？光电耦合器件的主要特性有哪些？

6.6　举例说明光电耦合器件可以应用在哪些方面？为什么计算机系统常采用光电耦合器件？为什么步进电机的控制输入信号常通过光电耦合器接入？

6.7　为什么由发光二极管与光电二极管构成的光电耦合器件的电流传输比总是小于 1，而由发光二极管与光电三极管构成的光电耦合器件的电流传输比有可能大于等于 1？

6.8　试用光电耦合器件构成或门、或非门逻辑电路（要求画出电路图），能否设计出用光电耦合器构成的其他逻辑电路？

6.9　光电耦合器件在电路中的信号传输作用与电容的隔直传交作用有什么差别？

6.10　分析图 6-37 所示电路，分别计算出流过电阻 R_1 与 R_2 的电流各为多少 mA？

6.11　若图 6-37 所示电路中的光电耦合器要求流过 LED 的电流必须大于 20 mA，问应该怎样调整电阻 R_1 与 R_2。

6.12　用如图 6-38 所示的光电耦合单向可控硅做直流电动机的启动控制器，手册上查到单向可控硅光电耦合器的输入光电流必须大于 $20\,mA$，LED 的正向压降为 $0.9\,V$，所提供的输入电压不大于 $5\,V$，试设计控制电路，给出串联电阻的阻值。

6.13　试用如图 6-40 所示的光电耦合双向可控硅做电机控制器，已知双向可控硅光电耦合器的输入光电流必须大于 $50\,mA$，LED 的正向压降为 $0.9\,V$，所提供的输入电压不大于 $12\,V$，试设计控制电路，给出串联电阻的阻值。

第7章 光电信息变换

将光学信息变换为电学信息的设备或系统称为光电信息变换器,光电信息变换器常由光源、光学系统、光电传感器、偏置电路和处理电路等构成。前几章已经对各种光电传感器及其偏置电路进行了讨论,有关光学系统和处理电路等理论与技术安排在相关专业基础课,如光学(应光、物光)、电学(模电、数电)课进行学习。本章将根据信息存在于光学量的方式或称光学信息的类型进行讨论,找到光电信息变换的基本方式,建立光电信息变换系统的基本认识,以便在解决具体光电技术课题时能够根据变换方式找出更加合理的解决方案与给出正确设计方案。

7.1 光电信息变换的分类

光电信息变换可应用于许多技术领域,对于不同的应用,光电信息变换的内容、变换装置的组成和结构形式等均有所不同。可根据光学信息的类型,对光电信息变换的基本类型进行分类。

在本章的讨论中,为了突出关键问题,我们将光学系统省略,用箭头表示光电信息的传输方向,并将所有类型的光电传感器件都用光电二极管的符号代替,但是光电二极管符号中的正、负极将没有任何意义。可从两个方面对光电信息变换进行分类:一方面根据信息载入光学信息的方式分为如图7-1所示的6种光电信息变换的基本形式;另一方面根据光电变换电路输出信号与信息的函数关系分为模拟光电变换与模-数光电变换两类。

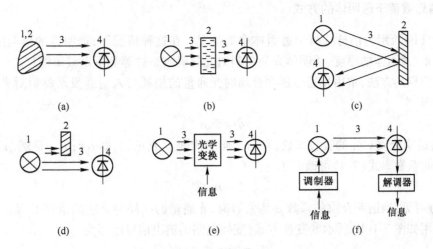

图7-1 光电信息变换的基本形式
1—光源 2—变换对象 3—光电信息 4—光电器件

7.1.1 光电信息变换的基本形式

1. 信息载荷于光源的方式

图 7-1(a) 所示为信息载荷于光源中的情况(或光学信息为光源本身),如光源的温度信息,光源的频谱信息,光源的强度信息等。根据这些信息可以进行钢水温度的探测、光谱分析、火灾报警、武器制导、夜视观察、地形地貌普查和成像测量等的应用。

物体自身辐射通常是缓慢变化的,因此,经光电传感器获得的电信号为缓变的信号或直流信号。为克服直流放大器的零点漂移、环境温度影响和背景噪声的干扰,常采用光学调制技术或电子斩波调制的方法将其变为交流信号,然后再解调出被测信息。

下面以全辐射测温为例讨论信息存在于光源中这类问题的处理方法。在全辐射测温应用中,温度信息存在于光源的辐出度 $M_{e,\lambda}$。由式(1-42)可知物体的全辐出度 $M_{e,\lambda}$ 与物体温度的关系为

$$M_{e,\lambda} = \varepsilon M_{e,\lambda,s} = \varepsilon \sigma T^4 \tag{7-1}$$

式中,$M_{e,\lambda,s}$ 为同温度黑体的辐出度;ε 为物体的发射系数,与物体的性质、温度及表面状况有关;T 为被测体的温度,即测量的信息量。

在近距离测量时,不考虑大气的吸收,光电传感器的变换电路输出的电压信号为

$$U_s = m\tau SGK M_{e,\lambda} = \xi M_{e,\lambda} \tag{7-2}$$

式中,m 为光学系统的调制度,τ 为光学系统的透过率,S 为光电器件的灵敏度,G 为变换电路的变换系数,K 为放大器的放大倍数,$\xi = m\tau SGK$,称为系统的光电变换系数。

将式(7-1)代入式(7-2)得
$$U_s = \xi \varepsilon \sigma T^4 \tag{7-3}$$

表明变换电路输出的电压信号 U_s 是温度 T 的函数,温度变化必然引起电压的变化。因此,通过测量输出电压,并进行相应的标定就能够测出物体的温度。

2. 信息载荷于透明体的方式

图 7-1(b) 所示为信息载荷于透明体中的情况。在这种情况下,透明体的透明度、透明体密度的分布、透明体的厚度、透明体介质材料对光的吸收系数等都可以载荷信息。

提取信息的方法,常用光通过透明介质时光通量的损耗与入射通量及材料对光吸收的规律求解。即

$$\Phi = \Phi_0 e^{-\alpha l} \tag{7-4}$$

式中,α 为透明介质对光的吸收系数,它与介质的浓度 C 成正比,即 $\alpha = \mu C$。显然,μ 为与介质性质有关的系数。式(7-4)可改写为

$$\Phi = \Phi_0 e^{-\mu C l} \tag{7-5}$$

由式(7-5)可见,当透明介质的系数 μ 为常数时,光通量的损耗与介质的浓度 C 及介质的厚度 l 有关,采用如图 7-1(b) 所示的变换方式,变换电路的输出信号电压为

$$U_s = \xi \Phi = \Phi_0 \xi e^{-\mu C l} \tag{7-6}$$

两边取自然对数
$$\ln U_s = \ln U_0 - \mu C l \tag{7-7}$$

即将变换电路的输出信号电压 U_s 送入对数放大器后,可获得与介质的浓度 C 及介质的厚度 l 有关的信号。利用此信号可以方便地得到介质的浓度 C(在介质的厚度 l 确定的情况下),或

得到介质的厚度 l(在介质的浓度 C 确定的情况下)。

应用这种变换方式还可以测量液体或气体的透明度(或混浊度),检测透明薄膜的厚度、均匀度及杂质含量等质量问题。当然,透明胶片的密度测量、胶片图像的判读等均可用这种方式。

3. 信息载荷于反射光的方式

图 7-1(c)所示为信息载荷于反射光的方式。反射有镜面反射与漫反射两种,各有不同的物理性质和特点。利用这些性质和特点将载荷于反射光的信息检测出来,实现光电检测的目的。镜面反射在光电技术中常用作合作目标,用它来判断光信号有无等信息的检测。例如,在光电准直仪中利用反射回来的十字叉丝图像与原十字叉丝图像的重叠状况判断准直系统的状况;在迈克耳孙干涉仪中,通过检测迈克耳孙干涉条纹的变化,可以检测动镜位置的变化。另外,镜面反射还用于测量物体的运动、转动的速度、相位等信息。而漫反射则不同,物体的漫反射本身载荷物体表面性质的信息,如反射系数载荷表面粗糙度及表面疵病的信息,通过检测漫反射系数可以检测物体表面的粗糙度及表面疵病的性质。用这种方式可以对光滑零件表面的外观质量进行自动检测。

在检测产品外观质量时,变换电路输出的疵病信号电压

$$U_s = E(r_1 - r_2)B\xi \tag{7-8}$$

式中,E 为被测表面的照度,r_1 为正品(无疵病)表面的反射系数,r_2 为疵病表面的反射系数,B 为光电器件有效视场内疵病所占的面积,ξ 为光电变换系数。由式(7-8)可知,当 E、r_1 和 ξ 已知时,输出电压 U_s 为 r_2 和 B 的函数,因此,可以通过输出信号电压 U_s 的幅度判断表面疵病的程度和面积。

除上述应用外,这种方式还可应用于电视摄像、文字识别、激光测距、激光制导等方面。

4. 信息载荷于遮挡光的方式

图 7-1(d)所示为信息载荷于遮挡光的方式。物体部分或全部遮挡入射光束,或以一定的速度扫过光电器件的视场,实现了信息载荷于遮挡光的过程。

例如,设光电器件光敏面的宽度为 b,高度为 h,当被测物体的宽度大于光敏面的宽度 b 时,物体沿光敏面高度方向运动的位移量为 Δl,则物体遮挡入射到光敏面上的面积变化为

$$\Delta A = b \Delta l \tag{7-9}$$

变换电路输出的面积变化信号电压为

$$\Delta U = E \Delta A \xi = Eb\xi \Delta l \tag{7-10}$$

由式(7-10)可见,用这种方式既可以检测被测物体的位移量 Δl、运动速度 v 和加速度等参数,又可以测量物体的宽度 b。例如,光电测微仪和光电投影显微测量仪等测量仪器均属于这种方式。

当然这种方式也可用于产品的光电计数、光控开关和主动式防盗报警等。

5. 信息载荷于光学量化器的方式

光学量化是指通过光学的方法将连续变化的信息变换成有限个离散量的方法。光学量化器主要包括光栅摩尔条纹量化器、各种干涉量化器和光学码盘量化器等。

光信息量化的变换方式在位移量(长度、宽度和角度)的光电测量系统中得到广泛的应用。长度或角度的信息量经光学量化装置(光栅、码盘、干涉仪等)变换为条纹或代码等数字信息量,再由光电变换电路变换为脉冲数字信号输出。如图7-1(e)所示,光源发出的光经光学量化器量化后送给光电器件,转换成脉冲数字信号,再送给数字电路进行处理或送给计算机进行处理或运算。例如,将长度信息量L经光学量化后形成n个条纹信号,量化后的长度信息L为

$$L = qn \tag{7-11}$$

式中,q称为长度的量化单位,它与光学量化器的性质有关,量化器确定后它是常数。例如,采用光栅摩尔条纹变换器时,量化单位q等于光栅的节距,在微米量级;而采用激光干涉量化器时,q为激光波长的1/4或1/8,视具体的光学结构而定。

目前,这种变换形式已广泛地应用于精密尺寸测量、角度测量和精密机床加工量的自动控制等方面。

6. 光通信方式的信息变换

目前,光通信技术正在蓬勃发展,信息高速公路的主要组成部分为光通信技术。光通信技术的实质是光电变换的一种基本形式,称为光信息通信的变换方式。如图7-1(f)所示,信息首先对光源进行调制,发出载有各种信息的光信号,通过光导纤维传送到远方的目的地,再通过解调器将信息还原。由于光纤传输的媒体常为激光,它具有载荷量大,损耗小,速度快,失真小等特点,现已广泛地用于声音和视频图像等信息通信中。

7.1.2 光电信息变换的类型

从上面的六种变换方式可以看出,光电信息变换和信息处理方法可分为两类:一类称为模拟量的光电信息变换,如前四种变换方式;另一类称为数字量的光电信息变换,如后两种变换方式。

1. 模拟光电变换

被测的非电量信息(如温度、介质厚度、均匀度、溶液浓度、位移量、工件尺寸等)载荷于光信息量时,常以光度量(通量、照度和出射度等)的方式送给光电器件,光电器件则以模拟电流I_p或电压U_p信号的形式输出。即输出信号量是被测信号量Q的函数,或称输出信号量与被测信号量之间的关系为模拟函数关系。可表示为

$$I_p = f(Q) \tag{7-12}$$

或

$$U_p = f(Q) \tag{7-13}$$

光电变换电路输出的电流I_p或电压U_p不仅与被测信息量Q有关而且与载体光度量有关。因此,为保证光电变换电路输出信号与被测信息量Q的函数关系,载体光度量必须稳定。否则,载体光度量的变化直接影响被测信息量。另外,电路参数的变化,尤其是电源电压的波动、放大电路的噪声、放大倍率的变化等都将影响被测信号的稳定。而光度量的稳定又与光源、光学系统及机械结构等的性能有关。因此,实现稳定的、高精度的模拟光电信息变换常常遇到许多技术方面的困难,必须采用各种措施解决这些困难,才能获得高质量的模拟光电信息变换。

2. 模-数光电变换

在这类光电变换中,被测信息量 Q 通过光学变换量化为数字信息(包括光脉冲、条纹信号和数字代码等),再经光电变换电路输出。

模-数光电变换中的光电变换电路只要输出"0"和"1"(高、低电平)两种状态的脉冲即可。脉冲的频率、间隔、宽度、相位等都可以载荷信息。因此,这类光电变换电路的输出信号不再是电流或电压,而是数字信息量 F。它与被测信息量 Q 的函数关系为

$$F=f(Q) \tag{7-14}$$

显然,数字信息量 F 只取决于光通量变化的频率、周期、相位和时间间隔等信息参数,而与光的强度无关,也不受电源、光学系统及机械结构稳定性等外界因素的影响。因此,这类光电变换方式对光源和光电器件的要求不像模拟光电变换那样严格,只要能使光电变换电路输出稳定的"0"和"1"两种状态即可。

7.2 光电变换电路的分类

光电变换电路输出信号的方式应与光电信息的函数关系相一致,因此,光电变换电路也有模拟与模-数两种类型。

7.2.1 模拟光电变换电路

凡输出信号电流(或电压)与入射光度量具有式(7-12)或式(7-13)所述关系的变换电路都称为模拟光电变换电路。根据光电信息变换的内容和精度要求,模拟光电变换电路又分为四种类型,下面分别进行讨论。

1. 简单变换电路

在对测量精度要求不高的情况下测量受照面的照度(例如测量教室课桌表面的照度)时,常采用如图 7-2 所示的简单光电变换电路,即简单照度计的变换电路。图 7-2(a)为不需要外接电源的硒光电池照度计的变换电路,而图 7-2(b)为具有

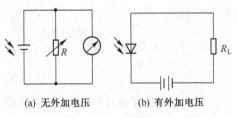

(a) 无外加电压　　(b) 有外加电压

图 7-2　简单光电变换电路

外接电源的照度计电路。考虑到硒光电池的光谱响应曲线与人眼的光视效率曲线非常接近,一般不必考虑外加滤光器进行光谱修正。调整电位器可使微安表的指针指示出光敏面上的照度。

为提高测量电路的灵敏度,采用放大器对光电器件的输出信号进行放大。如图 7-3(a)所示,由光电三极管与电阻 R_1 及 R_2 构成的光电变换电路,其输出信号经由三极管 3DG6 构成的放大电路进行放大。

设光电三极管的偏置电流为 I_1,三极管 3DG6 的基极电流为 I_B,则三极管集电极输出电流 I_C 为电路的输出信号。电流 I_C 由毫安表指示。

设光电三极管的电流灵敏度为 S,入射光的照度为 E_V,三极管的电流放大倍数为 β,则流

过电阻 R_1 与 R_2 的电流为

$$I_1 = I_2 + I_B = \beta SE_V + I_B \tag{7-15}$$

设 $I_1 \gg I_B$，可以推出

$$I_B \approx \frac{U_{bb} - (R_1 + R_2)I_1}{(R_3 + R_4)(\beta + 1)} = \frac{U_{bb} - (R_1 + R_2)SE_V}{(R_3 + R_4)\beta} \tag{7-16}$$

$$I_C = \beta I_B = \frac{1}{R_3 + R_4}[U_{bb} - (R_1 + R_2)SE_V] \tag{7-17}$$

由式（7-17）可见，当入射光很弱时，$E_V \to 0$，流过光电三极管 3DU$_2$ 的电流近似为 0，I_C 为最大值 I_{CM}，有

$$I_{CM} = \frac{U_{bb}}{R_3 + R_4} \tag{7-18}$$

集电极电流 I_C 随光照度的增强而减小。因此，照度计的调整过程是：先将光敏面遮暗，调节电阻 R_1 与 R_3 使毫安表指针指示满刻度，此时指针的位置为照度计的"零点"；然后，改变光照度，根据标定的照度值在表头上进行刻度。显然，毫安表指针的零位置是照度计的最大照度测量值。

图 7-3（b）所示为以电压方式输出的光通量测量电路。光电流 I_1 与入射光通量 Φ_V 的关系为

$$I_1 = S\Phi_V$$

因此，三极管的基极电流为

$$I_B = \frac{I_1 R_e}{r_{be}} = \frac{S\Phi_V R_e}{r_{be}} \tag{7-19}$$

故输出电压为

$$U_o = U_{bb} - I_C R_C = U_{bb} - \beta \frac{S\Phi_V R_e R_C}{r_{be}} \tag{7-20}$$

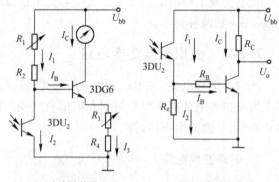

(a) 光度计检测电路　　(b) 光控开关控制电路

图 7-3　具有放大电路的光电检测电路

可见，当入射光通量 Φ_V 变化时，输出电压 U_o 也要改变。因此，可以通过输出电压 U_o 检测入射到光电三极管上的光通量。

由式（7-20）可知，输出电压 U_o 不仅与三极管的电流放大倍数 β 有关，而且与三极管的基射结电阻 r_{be} 有关。而 β 与 r_{be} 均为环境温度 T 的函数，表明放大电路的稳定性较差。为了提高测量电路的稳定性，需要引入温度补偿环节。

2. 具有温度补偿功能的变换电路

图 7-4 所示为具有温度补偿功能的电桥式光电变换电路。图中 VD$_1$ 为测光光电二极管，VD$_2$ 为补偿光电二极管，由 VD$_1$、VD$_2$ 及电阻、可变电阻器构成电桥。在背景光照下调整可变电阻器使电桥平衡，输出电压表指示为"零"。当测光光电二极管光敏面上的光照度发生变化时，电桥失去平衡，输出电压表将指示出光敏面上的光照度。

补偿光电二极管 VD$_2$ 被遮蔽并与光电二极管 VD$_1$ 封装在同温槽中，且要求 VD$_1$ 与 VD$_2$

的特性尽量接近。这样，温度变化使两个光电二极管的温度漂移基本相同，又分别处于两个桥臂，相互补偿，以消除温度对测量电路造成的影响。

图 7-5 所示为利用热敏电阻对光电测量电路进行温度补偿的电路。将图 7-3(b)所示的 R_L 用热敏电阻代替，构成具有温度补偿功能的光电检测电路。热敏电阻 R_t 跨接在基极与发射极之间，由于光电二极管的暗电流随温度升高而增大，而具有负温度系数的热敏电阻 R_t 的阻值随温度的升高而减小，因此，使得三极管的基极电位不随温度变化。即引入负温度系数的热敏电阻能够对光电变换电路进行温度补偿。

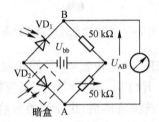

图 7-4 具有温度补偿功能的
桥式光电变换电路

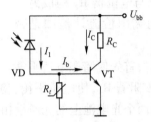

图 7-5 采用热敏电阻的
温度补偿电路

设光电二极管的电流为 I_1，三极管的基极电压

$$U_{be} = I_1(R_t \mathbin{/\mkern-6mu/} r_{be}) = I_1 \frac{R_t r_{be}}{R_t + r_{be}} = I_1 \frac{r_{be}}{1 + \dfrac{r_{be}}{R_t}} \tag{7-21}$$

可见，热敏电阻 R_t 可以补偿光电二极管的电流 I_1 受环境温度的影响。

实践证明，热敏电阻 R_t 对光电二极管光电流的温度影响进行补偿是有限的，即便将热敏电阻与光电二极管装在同一个温度槽内，也不可能完全补偿。为了尽可能地消除温度对光电变换电路的影响，提出了差分式光电变换电路方案。

3. 差分式光电变换电路

图 7-6 所示为光电比色计的原理图，是一种典型的差分式光电变换电路。由图可见，光源

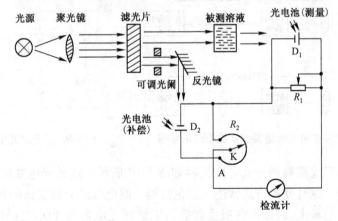

图 7-6 光电比色计原理图

发出的光经聚光镜汇聚,并以平行光的方式投射到滤光片上。经滤光片得到所需要的测量光谱,并分为两路:一路经被测溶液入射到测量光电池 D_1 上;另一路经可调光阑、反光镜到补偿光电池 D_2 上。由光电池 D_1 与 D_2 构成的电路称为差分式光电变换电路。

图 7-7 所示为光电比色计的电路原理图。不难看出光电比色计电路为电桥差分式的光电变换电路。测量光电池 D_1 与负载电阻 R_1 构成一个桥臂,补偿光电池 D_2 与电位器 R_2 构成另一个桥臂,桥的两端用检流计检测是否平衡。

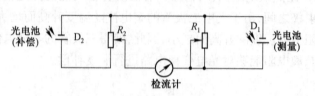

图 7-7 光电比色计电路原理图

测量开始时,首先使暗态电桥平衡。即在开灯之前,将电位器 R_2 的旋钮调至 A 点(最低点)位置,调节变阻器 R_1,使电桥平衡,检流计指零。开灯后,调节可调光阑使检流计再次指零,确保入射到两个光电池上的光通量相等。当注入被测液体后,由于溶液吸收部分光通量,使光电池 D_1 上的入射通量减少,检流计指针偏转,调节电位器 R_2 的旋钮使检流计指零。此时电位器 R_2 的旋钮 K 的位置值表征溶液的浓度。

与具有温度补偿功能的电路相比,采用差分式光电变换电路有很多优点,在所挑选的两个光电器件的特性参数尽量一致的情况下,该电路不但能减小暗电流的影响,也能减小温度变化引起的测量误差;另外,由于测量光路与参考光路为一个光源,光源的漂移和波动不会对测量结果带来太大的误差;检流计的多次指零也会消除检流计的指示误差。

图 7-8 所示为双光路差分式光电检测系统的原理示意图。光源发出的光通过反光镜分别进入参考系统与测量光学系统。参考光学系统输出的光通量由光电器件 VD_1 接收,测量光学系统输出的光通量由光电器件 VD_2 接收。VD_1 与 VD_2 的特性参数应尽量一致。VD_1 与 VD_2 按图 7-9 所示差分电路的形式连接。设参考系统光电器件 VD_1 的输出电压为 U_{VD1},测量光学系统光电器件 VD_2 的输出电压为 U_{VD2},则变换电路的输出信号电压为

$$U_o = K(U_{VD2} - U_{VD1}) \tag{7-22}$$

式中,K 为放大器的放大倍率。

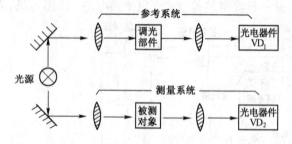

图 7-8 双光路差分式光电检测系统原理示意图

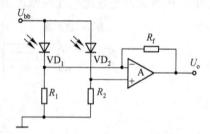

图 7-9 差分式光电变换电路

另一种常用的双光路双器件光电变换器如图 7-10 所示。这种光电变换方式又称为比较差接式光电变换器。这种变换方式常用于测色仪器。测色仪的光源发出的光,分为两路:一路经透镜照射在标准色板上,经标准色板反射后再汇聚到光电器件 VD_1 上;另一路经透镜照射在被测样品上,经被测样品反射后再汇聚到光电器件 VD_2 上。两个光电二极管的输出信号可

以进行差分比较，测量被测面的颜色与标准色板的差；也可以采用分别输出的方式，并将测量结果经 A/D 数据采集后送至计算机进行分析。

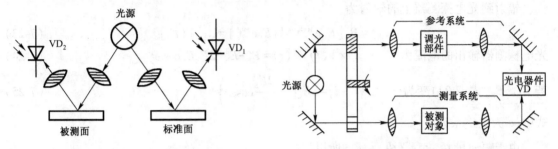

图 7-10　比较差接式光电变换器

图 7-11　双光路单光电器件光电检测系统

由于双光路双器件光电变换电路的输出信号与测量系统和参考系统输出信号的差成正比，因此，测量系统和参考系统随温度及光源的影响将被消除。消除的条件是 VD_1 与 VD_2 的特性参数十分接近。然而，特性参数十分接近的光电器件很难挑选，而且，光电器件的特性参数还存在着时间变化，随着时间的推移，两个光电器件的差异会越来越大，这对消除外界因素的影响不利。为此引入了如图 7-11 所示的双光路单光电器件的光电检测系统。

双光路单光电器件的光电检测系统中，光源发出的光经反射镜分为两路，经调制盘的转动，使参考光与测量光分时进入系统，并分时由光电器件 VD 接收。光电器件 VD 分时接收到参考光信号和测量光信号后输出如图 7-12 所示的信号波形，输出的信号差即为被测信号。

(a) 上、下两路光通量相等

(b) 上、下两路光通量不相等

图 7-12　双光路单光电器件输出波形

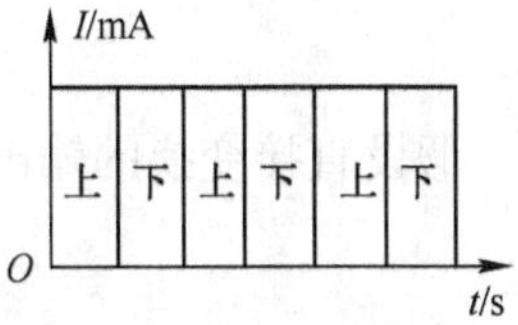

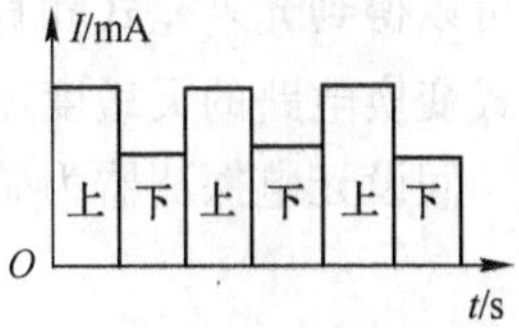

4. 光外差式光电变换电路

对于微弱辐射信号的探测常采用光外差式光电变换电路。光外差方式的光电变换电路较常规光电变换电路的灵敏度高；此外，光外差方式采用激光作为变换媒体，而激光具有很强的方向性和频率选择性，使噪声带宽变得很窄，信噪比得到很大的提高。因此，光外差方式的光电变换电路在光通信、激光雷达和红外技术领域得到广泛的应用。

图 7-13 所示为光外差式光电变换电路的原理示意图。

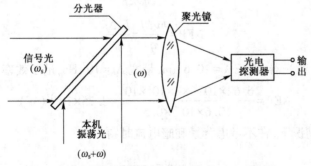

图 7-13　光外差式光电变换电路的原理示意图

设被测信号与本机振荡信号光束均为简谐函数,并分别表示为 $E_s\cos\omega_s t$ 和 $E_L\cos(\omega_s+\omega)t$,其中 E_s 和 E_L 为光束的振幅,且差频 $\omega \gg \omega_s$。两光束在分光器上相干,得到差拍信号。

辐射到光电探测器上的辐射为

$$e(t) = R_e[E_L e^{j(\omega_s+\omega)t} + E_s e^{j\omega_s t}] = R_e[V(t)] \tag{7-23}$$

光电探测器输出的电流为

$$i_o \propto V(t)V^*(t) = E_L^2 + E_s^2 + 2E_L E_s \cos\omega t \tag{7-24}$$

若 $E_L \gg E_s$,式(7-24)变为

$$i_o = aE_L^2\left(1 + \frac{2E_s}{E_L}\cos\omega t\right) \tag{7-25}$$

式中,a 为比例系数。

由于辐通量 $\Phi_{eL} \propto E_L^2$、$\Phi_{eS} \propto E_s^2$,所以

$$i_o = \frac{q\eta \Phi_{eL}}{h\nu}\left(1 + 2\sqrt{\frac{\Phi_{eS}}{\Phi_{eL}}}\cos\omega t\right) \tag{7-26}$$

如果采用选频放大器放大探测器的输出信号,其交流分量为

$$i_s = 2\frac{q\eta \sqrt{\Phi_{eL}\Phi_{eS}}}{h\nu}\cos\omega t \tag{7-27}$$

假设直接变换的输出信号的交流分量为

$$i_s = \frac{q\eta \Phi_{eS}}{h\nu}\cos\omega t$$

则可以得到光外差式和直接式变换灵敏度的比值 $G_s = (\Phi_{eL}/\Phi_{eS})^{1/2}$。因为 $\Phi_{eL} \gg \Phi_{eS}$,所以外差式变换电路的灵敏度比直接式变换要高得多,一般要高 $10^3 \sim 10^4$ 数量级。

假设光电探测器为硅光电二极管,其输出信号电流的均方值为

$$\overline{I_s^2} = 2\left(\frac{q\eta\sqrt{\Phi_{eL}\Phi_{eS}}}{h\nu}\right)^2 \tag{7-28}$$

输出噪声电流主要是散粒噪声,忽略暗电流后,有

$$\overline{I_n^2} = 2q\frac{q\eta \Phi_{eL}}{h\nu}\Delta f \tag{7-29}$$

故信噪比与噪声等效功率分别为

$$S/N = \frac{q\eta\Phi_{eL}}{h\nu\Delta f} \tag{7-30}$$

$$NEP = \frac{h\nu\Delta f}{\eta} = \frac{hc\Delta f}{\eta\lambda} \tag{7-31}$$

例如,采用 CO_2 激光器,波长 $\lambda = 10.6\ \mu m$,带宽 $\Delta f = 10^7\ Hz$,量子效率 $\eta = 50\%$,则有

$$NEP = \frac{6.62\times10^{-34}\times3\times10^8\times10^7}{10.6\times10^{-6}\times0.5} = 3.75\times10^{-13}(W)$$

而直接探测的情况下,在不考虑背景和暗电流时,有

$$S/N = \frac{\eta\Phi_{eS}}{2h\nu\Delta f} \tag{7-32}$$

$$\mathrm{NEP} = \frac{2hc\Delta f}{\eta\lambda} \tag{7-33}$$

比较式(7-30)和式(7-32)可见,光外差式的 S/N 提高了 1 倍。如果考虑背景噪声,则光外差式的 S/N 会提高得更高。

7.2.2 模-数光电变换电路

7.1 节简单地讨论了模-数光电变换的特点,提出了模-数光电变换系统对光源和光电器件的要求不像模拟光电变换那样严格,只要能使光电变换电路输出稳定的"0"和"1"两种状态即可。因此,模-数光电变换电路的设计要比模拟光电变换电路简单得多。本节将通过几个模-数光电变换电路的典型应用来学习这类变换电路。

1. 激光干涉测位移

激光干涉测位移内容请见二维码。

2. 莫尔条纹测位移

莫尔条纹测位移内容请见二维码。

7.3 几何光学方法的光电信息变换

7.3.1 长、宽尺寸信息的光电变换

将目标或工件的长、宽等尺寸信息转变为光电信息的方法有投影放大法、激光三角测量法、光学灵敏杠杆测量法、激光扫描测量法和差动测量法等。

1. 投影放大法

投影放大方法获取长、宽尺寸信息见二维码。

2. 激光三角法

激光三角法测量技术内容请见二维码。

3. 光学灵敏杠杆法

利用光学灵敏杠杆方法测量技术请扫二维码。

4. 激光扫描法

激光扫描测量技术请见二维码。

7.3.2 位移信息的光电变换

将物体位移量变换成光电信号,以便进行非接触测量,是工业生产和计量检测中的重要工作。采用线、面阵 CCD 图像传感器、CMOS 图像传感器、象限探测器、PSD 位置传感器等器件与成像物镜配合,很容易构成被测物像的位移信息变换系统,实现对物体位移量、运动速度、振动周期或频率等参数的测量。下面主要介绍像点轴上偏移检测的光焦点法和像点轴外偏移检测的像偏移法的测量方法。

1. 像点轴上偏移检测的光焦点法

像点轴上偏移检测光焦点法见二维码。

2. 像点轴外偏移检测的像偏移法

像偏移法又称光切法。它是一种三角测量方式的轴向位移测量方法。当将光束照射到被测物体时,用成像物镜从另外的角度对物体上的光点位置成像,通过三角测量关系可以计算出物面的轴向偏移。这种方法在数毫米到数米的距离范围内都可以得到较高的测量精度。常用在离面位移检测中。

具体内容见二维码。

7.3.3 速度信息的光电变换

将电机等物体的转动速度、运行速度、信息的变化速度等物理量变换成光电信号的过程称为速度信息的光电变换。能够完成速度信息的光电变换的方法有多种,其中利用光电耦合器件(光电开关)、旋转光闸、频闪式转速表等方法实现的速度信息光电变换既简单又容易实现多种用途的变换。

1. 光电耦合器件(光电开关)测速

光电开关测速方法见二维码。

2. 利用频闪式转速表测速

（1）频闪效应

物体在人的视野中消失后，人眼视网膜能在一段时间内保持视觉印象，即为视后暂留现象。在物体平均亮度条件下，其维持时间约为 $1/5\sim1/20$ s。

（2）频闪测速法测量转速原理

频闪测速法是利用人眼的频闪效应来测量转速的。测量转速所用的圆盘称为频闪盘。测量转速时按频闪原理复现的图像称为频闪像。当用一个可调频率的闪光灯照射频闪盘时，在闪光频率与频闪盘转动频率相同时频闪盘在某一位置，灯恰好闪亮，使人眼清晰地看到频闪像。在其他时间频闪像转动形成圆环，因此色彩反差不明显，也不清晰。若每一次看到的频闪像在同一位置静止不动，则用闪光频率乘以 60 即为频闪盘每分钟的转数。由已知频闪盘的转速可求得被测物体的转速。

因为当闪光频率与频闪像频率相同或成为其整数倍时都能看到不动的频闪像，因此在测转速时，要调整闪光灯的频率，使频闪像不动时频闪灯的最低频率为被测物体的真正转数。

具体测量方法如下。

① 测转速范围为 $n\sim n'$，则先将频闪光频率调到大于 $n\sim n'$，然后使其逐渐下降，直到第一次出现不动的频闪像，此时的频闪数为被测实际转速。

② 若无法估计被测转速时，首先调整频闪盘的转速，当旋转的频闪盘上连续出现两次频闪像停留时，分别测出频闪盘的两次转速。然后计算被测转速为

$$n=\frac{n_1 n_2 z}{n_1-n_2} \tag{7-34}$$

式中，n_1 为测得的频闪盘转速的较大值；n_2 为测得的频闪盘转速的较小值；z 为频闪盘上的频闪像个数。

（3）电子数字式频闪测速仪

SSC—1 型数字式频闪测速仪是根据频闪测速原理制成的频率可调的闪光灯装置来测量频闪盘转速的，仪器采用单结晶体管作为振荡器。由频闪测速原理可知，振荡器的精度决定了频闪的精度，亦决定了仪器的测量精度。因此采用高稳定度振荡器和均匀变频装置是提高频闪测速精度的主要途径。频闪测速仪的主要优点是非接触测量。最高转速可测到 1×10^6 r/min。SSC—1 型频闪测速仪可测量程为 $100\sim240\,000$ r/min，测量误差不大于 1%，使用简便，具有多种用途，广泛用于纺织、机电、印刷和国防科研等部门。

7.4 物理光学方法的光电信息变换

物理光学的知识告诉我们,光具有波动的属性,单一频率的光波在传输过程中会发生衍射,几束光的叠加能形成干涉。衍射和干涉现象通常发生在一定的空间域内,由此组成各种衍射和干涉图样。空间分布的光波间的干涉可以形成全息图样和散斑图样。不同频率光波间的干涉会形成光学拍频,空间域内的拍频分布构成光拍图形。这样,光以其波动的属性构成了光学信息领域色彩绚丽的世界。

7.4.1 干涉方法的光电信息变换

1. 光电干涉测量技术

各种干涉现象都是以光波波长为基准的,与形成它的外部几何参数,如长度、距离、角度、面形、微位移、运动方向和速度、传输介质等,存在着严格的内在联系。在这种变换过程中,光波作为物质的载体,载荷了待测信息及其变化,表现出随时间和空间改变的外观特性。利用光电方法对光波的各种干涉现象进行检测和处理,最后解算出被测几何和物理参量的技术,统称为光电干涉测量技术。随着现代光学技术和光电技术的发展,光电干涉技术以其巨大的生命力在信息科学中崭露头角,并取得了较大的发展。

具体内容见二维码。

2. 单频光相干的条纹检测

使用窄光束单频光照明的干涉测量中,用单元光电器件检测干涉条纹可以在较小的空间范围内进行。检测的对象一般是干涉条纹波数或相位随时间的变化,为一维空间单频光的相位调制,适用于被测对象为物体的整体位移或运动。另外,当激光束扩束成为平行光照射到被测物体时,会形成由干涉条纹组成的平面干涉图像。它反映了被测物面微观面形的几何参量的变化,是二维空间单频光的相位调制。这种方法对于干涉图像的判读是依据干涉条纹的光强分布,某点处条纹的空间相位是从与周围条纹分布的比较中得到的。因此,它的空间分辨率和相位分辨率受到限制,使干涉测量的实际精度不超过 $\lambda/20$。20 世纪 70 年代发展起来的可直接进行相位检测的干涉图像测量技术,其基本原理就是通过对两束相干光相位差的时间调制,使干涉图像上各点处的光学相位变换为相应点处时序电信号的相位变化。利用扫描或阵列探测器分别测得各点的时序变化,就能以优于 $\lambda/100$ 的相位精度和 100 线/毫米的空间分辨率测得干涉图像的相位分布。这些干涉图像的测量法包括锁相干涉和扫描干涉测量。它们为干涉测量开辟了实时、数字、高分辨的新领域,在全息与散斑干涉图像的测量中得到广泛的应用。

干涉条纹时序变化的检测可采用下列光电方法:干涉条纹光强检测法、干涉条纹比较法和干涉条纹跟踪法等。

(1) 干涉条纹光强检测法

利用干涉条纹光强的测量方法见二维码。

(2) 干涉条纹比较法

干涉条纹比较测量方法见二维码。

(3) 干涉条纹跟踪法

干涉条纹跟踪法见二维码。

3. 双频光相干的差频检测

双频光差频检测方法见二维码。

外差干涉法具有很高的相位测量精度（$\lambda/100 \sim \lambda/1000$）和空间分辨率（100 线/毫米），特别重要的是外差干涉法在测量原理上并不是用两相干光束的强度，而是用它们的相位关系。因此，即使相干光强有时间或空间的变化，也不会影响测量结果。此外，频移装置所造成的光频偏移的波动对两束光的影响是相同的，不致引起相对的相位变化，这为高精度的测量提供了可靠的保证。外差干涉法在高质量光学元件的检查、干涉显微镜的测量，以及利用波面相位测量的波动光学系统中都获得了卓有成效的应用，是干涉测量技术的重大突破，也是现代光电测量技术的重要发展方向。

7.4.2 衍射方法的光电信息变换

光束通过被测物产生衍射现象时，将在其后面的屏幕上形成光强有规则分布的光斑。这些光斑条纹称为衍射图样。衍射图样和衍射物（即障碍物或孔）的尺寸，以及光学系统的参数有关，因此根据衍射图样及其变化就可确定衍射物也就是被测物的尺寸。

按光源、衍射物和观察衍射条纹的屏幕三者之间的位置，可以将光的衍射现象分为两类：菲涅耳衍射（有限距离处的衍射）；夫琅禾费衍射（无限远距离处的衍射）。若入射光和衍射光都是平行光束，就好似光源和观察屏到衍射物的距离为无限远，因此产生的衍射就是夫琅禾费衍射。由于夫琅禾费衍射在理论上的分析较为简单，所以在此仅讨论夫琅禾费衍射。

1. 夫琅禾费单缝衍射

夫琅禾费单缝衍射概念见二维码。

2. 夫琅禾费细丝衍射

用夫琅禾费衍射测细丝技术见二维码。

3. 应用举例

利用激光衍射传感器可以测量微小间隔（如薄膜材料表面涂层厚度）、微小直径（如漆包线、棒料直径变化量）、薄带宽度（如钟表游丝）、狭缝宽度、微孔孔径、微小位移，以及能转换成位移的物理量，如重量、温度、振动、加速度或压力等。

（1）转镜扫描式激光衍射测径仪

具体内容请扫描二维码。

（2）激光衍射振幅测量仪

具体内容请扫描二维码。

7.5 时变光电信息的调制

7.5.1 调制的基本原理与类型

1. 载波与调制

在光电系统中，光通量为信息的载体。光通量"载荷"信息的方法有多种形式。例如物质燃烧过程所形成的光辐射本身就包含着物质内部结构成分的信息。更多的情况是通过人为的变换把被测信息"载荷"到光通量上。例如在透过率测量系统中，使恒定的光通量通过被测介质，随介质吸收情况的不同输出光通量的数值有所改变，于是被测介质透过率的信息即被载荷到光通量上。这里，光通量作为信息的物质载体称作载波。使光载波信号的一个或几个特征参数按被传送信息的特征变化，以实现信息检测传送目的的方法称为调制。

可以利用复合的非相干光波，也可以利用窄带单色且有确定初相位的相干光波作为光载波。许多光学参量都可以作为载波的特征参数，例如非相干光辐射能量的幅度、光波或光脉冲的调制频率、周期、相位及时间等参数，相干光波的振幅、频率、相位、偏振方向、光束的传播方向等参数。众多的可调制参量增加了对光载波信号的处理，使光电信息变换技术的内容更加丰富。

将信息直接调制到光载波上的广义调制，在许多情况下是人为地使载波光通量随时间或空间变化，形成多变量的载波信号。然后，再使其特征参数随被测信息而改变。因为它对已随时间调制的光通量特征参数的再调制，故也称为二次调制。使光载波参数按确定的时间或空间规律变换，这样做虽然似乎增加了信号的复杂性，但是它有助于信息传输过程的信号处理和传输能力的提高，能更好地从背景噪声和干扰中分离出有用信号，提高信噪比和测量灵敏度。此外调制信号还能简化检测系统的结构，改善系统的工作品质，利用调制还可以扩大目标定位系统的视场和搜索范围。因此，调制技术是光电检测系统中常用的方法。

在辐射源或光路系统中进行光通量调制的装置称为调制器。从已调制信号中分离并提取出有用的信息，即恢复原始信息的过程称为解调。

2. 光电信息调制的分类

光学调制按时空状态和载波性质可分为以下几种类型。

（1）按时空状态分类

① 时间调制：载波随时间和信息变化。

② 空间调制：载波随空间位置变化后再按信息规律调制。

③ 时空混合调制：载波随时间、空间和信息同时变化。

（2）按载波波形和调制方式分类

① 直流载波调制：不随时间而只随信息变化的调制；

② 交变载波调制：载波随时间周期变化的调制。交变载波又分为连续载波与脉冲载波方式。

连续载波调制方式包括调幅波、调频波、调相波。

脉冲载波调制方式包括脉冲调宽、调幅、调频等内容。

光通量的调制可以在辐射源或光路系统中进行，能实现调制作用的装置称作调制器。从已调制信号中分离或提取有用信息的过程称为解调。

3. 典型的调制方法

（1）连续波调制

连续波调制的光载波通常具有谐波的形式，用下列函数描述

$$\phi(t) = \phi_0 + \phi_m \sin\omega t$$

式中，ϕ_0 为光通量的直流分量，一般不载荷任何信息；ϕ_m 和 ω 为载波交变分量的振幅和频率。

由于光载波不可能是负值，所以载波的交变分量总是叠加在直流分量之上，被测信息可以对交流分量的振幅、频率或者初相位等参数进行调制，使之随信息变化。一般情况下，调制后的载波信号的形式为

$$\phi(t) = \phi_0 + \phi_m[V(t)]\sin\{\omega[V(t)]t - \varphi[V(t)]\} \tag{7-35}$$

式中，$V(t)$ 为由被测信息决定的调制函数，根据调制参量的不同可以分为：

振幅调制（AM）：调制参量为 $\phi_m[V(t)]$；

频率调制（FM）：调制参量为 $\omega[V(t)]$；

相位调制（PM）：调制参量为载波的初始相位 $\varphi[V(t)]$。

① 振幅调制

振幅调制内容见二维码。

② 频率调制

具体请扫二维码。

(2) 脉冲调制

以上几种调制方式所得到的调制波都是连续振荡波，称为模拟调制。目前，广泛地采用不连续状态下进行调制的脉冲调制和数字式调制（编码调制）。

例如，将直流信号用间歇通断的方法进行调制，就可以得到连续的脉冲载波。若使载波脉冲的幅度、相位、频率、脉宽及其他的组合按调制信号改变，就会得到不同的脉冲调制。

脉冲调制有脉冲幅度调制、脉冲宽度调制、脉冲频率调制等。图 7-14 所示为各种类型的脉冲调制方式的波形图。

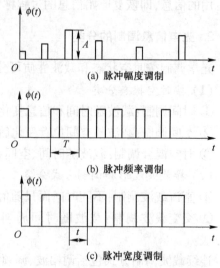

图 7-14 不同类型脉冲调制的波形

(3) 编码调制

编码调制是把模拟信号先变成脉冲序列，再变成代表信号信息的二进制编码，然后对载波进行强度调制。实现编码调制有三个过程：采样、量化和编码。

采样：把连续信号波分割成不连续的脉冲波，用一定的脉冲序列来表示，且脉冲序列的幅度与信号波的幅度相对应。根据采样定理，只要采样频率比所传输信号的最高频率大两倍以上，就能够恢复原信号。

量化：把采样后的脉冲幅度调制波进行分级取"整"处理，用有限个数的代表值取代采样值的大小。

编码：把量化后的数字信号变换成相应的二进制码的过程。这种调制方式具有很强的抗干扰能力，在数字通信中得到了广泛的应用。

(4) 其他参量调制

可以表征光波几何或物理特性的参量除光强、变化频率和相位之外还有许多其他的参量，比如光传输中偏振面的方向和光束的传播方向等，这些参量也可以作为调制的对象，用来传送有用的信息。

当光波在旋光性物质中传播时，偏振面的转动可以用来取得有关该物质性质的信息。例如糖溶液或松节油，当偏振光通过该溶液后偏振面的转角 $\Delta\varphi$ 不仅与通过溶液的路程长度 l 有关，而且还与溶液的浓度 c 成正比，即有

$$\Delta\varphi = alc \tag{7-36}$$

式中，a 是溶液的旋光率。由于偏振面的旋转角有方向性，例如葡萄糖为右旋，果糖为左旋，因此通过测量偏振面的旋转角可以获得溶液的浓度和物质的性质。这样，对于糖溶液浓度的测量，可以采用指零法光度测量方法，也可以采用调制入射偏振角的方法进行调制测量。如图 7-15 所示，周期性地改变起偏器偏振角的位置，使入射光辐射的电场强度矢量 E 相对平均位置周期性变化，单位时间内 E 的变化次数为调制频率，最大偏转角为 φ_{max}。当未插入溶液试样时，检偏器的输出光通量是平均值为零的交变分量。插入溶液后输出光通量的平均值将

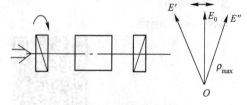

图 7-15 偏振角调制

发生变化。利用后面提及的解调方法可以判断平均值变化的大小和极性。调制偏振角的测量方法可应用于偏振糖度计中。典型的工作参数为：照明波长 $\lambda = 0.59\ \mu m$，调制幅度 $f_0 = 50\ Hz$，最大偏振角 $\varphi_{max} = 3.5°$。

光束传播方向的调制可以通过周期性地改变光路中的光学元件，例如反射镜的方位角来实现，主要用于对空间目标的扫描。

7.5.2 信号的调制

调制器是用来实现单色光波或复合光通量调制作用的装置，包括机电调制器，电光调制器，辐射源调制器和电子调制器。后者属电子技术的内容。以下详细介绍前三类调制器的基本形式。

1. 机电调制器

常用的机电调制器主要包括机电振子、旋转光闸以及利用电致伸缩的压电型调制器。利用遮光或改变透过率方式的调制器主要用作光通量的幅度调制和二次调制。改变光束反射、折射方向的调制器有时兼有扩大扫描和搜索视场的作用。

（1）机电振子

机电振子调制内容见二维码。

（2）旋转光闸

旋转光闸调制内容见二维码。

2. 光控调制器

对于光学性质随方向而异的一些介质，常发生一束入射光分解为两束折射光的现象，称为双折射，相应的介质称为各向异性材料。由于它们在两个方向上的折射率不同，这种材料具有旋光性，可以改变入射偏振光的偏振方向。材料折射率各向异性的性质可在电场、磁场和机械力等外力作用下形成和改变。利用这些光控效应可以对光波进行振幅、频率、相位、偏振面等光学参数的调制。

根据引起光控效应外因形式的不同，光控效应可以分为电光效应、磁光效应和声光效应。表7-1所示为不同光控效应所能实现的调制类型及主要应用。

具体内容见二维码。

表7-1 不同光控效应实现的调制类型及主要应用

光调制类型	典型光调制器
振幅调制	电光光强调制器
频率调制	声光频移器
相位调制	电光相位调制器
偏振面调制	磁光调制器
光束方向调制	声光偏转器

3. 辐射源调制器

多数情况下,在光辐射源供电电源上施加交变或脉冲激励电压,便可以对光源发出的光进行调制。实现电源调制的方法在许多情况下比起在电路中加入调制器的方法更为简单和有效。

常用的光源例如白炽灯或气体放电灯都具有较大的发光惰性。因此,实现电源调制的利用效率和调制频率较低。特别是白炽灯,即使采用细灯丝的专用灯泡,对于调制频率为 100~200 Hz 的调制度也不超过百分之几,因此白炽灯的电源调制只能在很低的频率下进行。在直接利用工业频率 50 Hz 激励时,会产生 100 Hz 的调制光通量。为了提高调制度,常将工频电源经半波整流后再接到白炽灯上。这时会产生 50Hz 幅度较大的调制光通量。在工业测量中这是一种提高调制度的简单易行的方法。

利用气体放电光源可以得到几千赫兹的调制频率和 80% 的调制度。但大功率的气体放电灯调制器是比较笨重的设备。半导体发光二极管(LED)可以得到很高的调制频率,其上限频率达到 10^2 MHz 以上,且驱动设备简单,发光效率较高,是目前应用最广泛的光通量调制器。此外,半导体激光器(LD)等许多激光器也具有高速、高效光通量调制的功能,并且它的激励电源简单,控制方便,也是目前非常具有发展前景的光强度调制的电光调制器。LED 电光调制器与 LD 电光调制器是目前最具应用前景的调制器。

7.5.3　调制信号的解调

从已调制信号中分离出有用信息的过程称为解调,也称为检波,它是信号调制的相反过程。实现解调作用的装置称为解调器。在时域分析中,调制是将有用信息及其时间变化载荷到载波的特征参量上,而解调则是从这些调制了的特征参量上再现出所需信息。从频域分析的角度,调制是将信号的频谱向以载波频率为中心频率的高频方向变换,而解调则是将变换了的频谱分布复原或反变换为初始的信号频谱分布。

不同的调制信号有不同的解调方法。下面介绍调幅波解调的直线律检波和确定载波相位数值的相敏检波。

1. 直线律检波

直线律检波内容见二维码。

2. 相敏检波

相敏检波内容见二维码。

思考题与习题 7

7.1 光电信息变换有哪些基本类型？将光电信息变换划分为 6 种基本类型的目的与意义是什么？

7.2 全辐射测温属于哪种基本类型？这种类型应采用怎样的处理技术才能更好更便利地将所需要的信息检测出来？

7.3 测量透明薄膜的厚度要用到哪种基本类型？为什么在测量透明薄膜厚度时需要采用对数放大器？

7.4 测量物体表面粗糙度及表面疵面积与性质时应该采用哪种光电信息变换的基本类型？怎样将表面粗糙度及表面疵病信息检测出来？

7.5 试设计出测量物体边界位置的测量方案。再分析所设计的方案属于哪种光电变换类型？能否采用模-数光电变换电路？为什么在能用模-数光电变换电路时不采用模拟光电变换电路？

7.6 在 7-16 图所示的光电变换电路中，已知 3DU2 的电流灵敏度 $S_I=0.15$ mA/lx，电阻 $R_L=51$ kΩ，三极管 9014 的电流放大倍数 $\beta=120$，若要求该光电变换电路在照度变化为 200 lx 的情况下，输出电压 U_o 的变化不小于 2 V，问：

(1) 电阻 R_B 与 R_C 应为多少？

(2) 试画出电流 I_1、I_2、I_B 和 I_C 的方向。

(3) 当背景光的照度为 10 lx 时，电流 I_1 为多少？输出端的电位为多少？

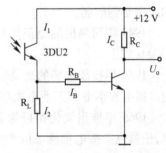

图 7-16 习题 7.6 图

(4) 入射光的照度为 100 lx 时的输出电压又为多少？

7.7 模拟光电变换与模-数光电变换电路有什么区别？为什么说模拟光电变换电路受环境条件的影响要比模-数光电变换电路大？

7.8 在激光单路干涉测位移的装置中，若用 He-Ne 激光器作为光源，问：

(1) 反光镜 M_3 移动多少毫米光电器件输出的脉冲才为 100 个数？

(2) 该测位移装置的位移灵敏度为多少？若考虑数字电路具有 1 字测量误差，问此装置位移测量的最高精度为多少？

7.9 假设两块光栅的节距为 0.2 mm，两光栅的栅线夹角为 1°，求所形成的莫尔条纹的间隔。若光电器件测出莫尔条纹走过 10 个，求两光栅相互移动的距离。

7.10 假设调制波是频率为 500 Hz、振幅为 5 V、初相位为 0 的正弦波，载波频率为 10 kHz、振幅为 50 V，求调幅波的表达式、带宽及调制度。

7.11 在实验室或实习场所你见到过哪几种光电调制器？它们分别有哪些特点？其作用如何？

第8章 图像信息的光电变换

8.1 图像传感器简介

1. 图像传感器发展历史

能完成图像信息光电变换的功能器件称为光电图像传感器。光电图像传感器的发展历史悠久,种类很多。

早在 1934 年就成功地研制出光电摄像管(Iconoscope),用于室内、外的广播电视摄像。但是,它的灵敏度很低,信噪比很低,需要高于 10 000 lx 的照度才能获得较为清晰的图像,使它的应用受到限制。

1947 年研制出的超正析像管(Imaige Orthico)灵敏度有所提高,但是最低照度仍要求在 2000 lx 以上。

1954 年投放市场的高灵敏摄像管(Vidicon)基本具有了成本低、体积小、结构简单的特点,使广播电视事业和工业电视事业有了更大的发展。

1965 年推出氧化铅摄像管(Plumbicon)成功地取代了超正析像管,发展了彩色电视摄像机,使彩色广播电视摄像机产生了一次飞跃,诞生了 1 英寸、1/2 英寸,甚至于 1/3 英寸(8mm)靶面的彩色摄像机。然而,氧化铅摄像管抗强光能力低,余辉效应影响了它的采样速率。

1976 年又相继研制出灵敏度更高,成本更低的硒靶管(Saticon)和硅靶管(Siticon),以不断满足人们对图像传感器日益增长的需要。

1970 年,美国贝尔电话实验室发现电荷耦合器件(CCD)的原理,使图像传感器的发展进入了一个全新阶段,使图像传感器从真空电子束扫描方式发展成为固体自扫描输出方式。CCD 图像传感器不但具有固体器件的所有优点,而且它的自扫描输出方式消除了由电子束扫描所造成的图像光电转换的非线性失真。即 CCD 图像传感器的输出信号能够不失真地将光学图像转换成视频电视图像。而且,它的体积、重量、功耗和制造成本等方面的优点是电子束摄像管根本无法达到的。CCD 图像传感器的诞生和发展使人类进入了广泛应用图像传感器的新时代。利用 CCD 图像传感器人们可以远距离实时地观测星球表面的图像,观察肠、胃、耳、鼻、喉等器官内部图像,以及观察人们不能直接观测的图像(如放射环境的图像,敌方阵地图像等)。CCD 图像传感器目前已经成为图像传感器的主流产品。CCD 图像传感器的应用研究成为当今高新技术的主流课题。它推动了广播电视、工业电视、医用电视、军用电视、微光与红外电视技术的发展,带动了机器视觉技术的发展,促进了公安刑侦、交通指挥、安全保卫等事业的发展。

2. 图像传感器的分类

图像传感器按其工作方式分为直视型和扫描型两类。扫描型图像传感器通过电子束扫描或数字电路的自扫描方式将二维光学图像转换成一维时序信号输出。这种代表图像信息的一维信号称为视频信号。视频信号通过信号放大和同步控制等处理后,通过相应的显示设备(如监视器)还原成二维光学图像信号。或者将视频信号通过 A/D 转换器输出具有某种规范的数字图像信号,经数字传输后,通过显示设备(如数字电视)还原成二维光学图像。视频信号的产生、传输与还原过程中都要遵守一定的规则,才能保证图像信息不产生失真,这种规范称为制式。例如广播电视系统中所遵循的规则被称为电视制式。根据计算机接口方式的不同,数字图像在传输与处理过程中也规定了许多种不同的制式。

直视型图像传感器用于图像的转换和增强。它的工作原理是,将入射辐射图像通过外光电效应转化为电子图像,再由电场或电磁场的加速与聚焦进行能量的增强,并利用二次电子的发射作用进行电子倍增,最后将增强的电子图像激发荧光屏产生可见光图像。因此,直视型图像传感器基本由光电发射体、电子光学系统、微通道板、荧光屏及管壳等构成,通常称之为像管。这类器件的应用领域也很广,如夜视技术、精密零件的微小尺寸测量、产品外观检测、应力应变场分析、机器人视觉、交通的管理与指挥,以及目标的定位和跟踪等。

扫描型图像传感器输出的视频信号经 A/D 转换器转换为数字信号(或称其为数字图像信号),存入计算机系统,并在软件的支持下完成图像处理、存储、传输、显示及分析等功能。因此,扫描型图像传感器的应用范围远远超过了直视型图像传感器的应用范围。人们对扫描型图像传感器的研究很早就非常重视。

本章主要讨论从光学图像到视频信号的转换原理,即图像传感器的基本工作原理。主要介绍图像传感器的工作原理、基本特性、热成像器件的工作电路和典型应用等问题。

8.2 光电成像原理与电视制式

8.2.1 光电成像原理

如图 8-1 所示为光电成像系统的基本原理方框图。光电成像系统由摄像系统(摄像机)与显像系统两部分组成。摄像系统由光学成像系统(成像物镜)、光电变换系统、同步扫描和图像编码等部分构成,输出全电视视频信号。本节主要讨论光电成像系统。

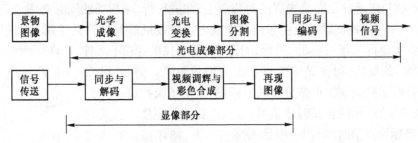

图 8-1 光电成像系统基本原理方框图

图像显示系统由信号接收部分(对于电视接收机为高频头,而对于监视器则直接接收全电视视频信号)、锁相及同步控制系统、图像解码系统和荧光显示系统等构成。

光学成像系统主要由各种成像物镜构成,其中包括光圈、焦距等的调整系统。光电变换系统包括光电变换器、像束分割器与信号放大器等电路。同步扫描和同步控制系统包括光电信号的行、场同步扫描、同步合成与分离等技术环节。图像编码、解码系统是形成各种彩色图像所必备的系统,内容非常丰富。荧光显示系统为输出光学图像的系统,它能够完成图像的辉度显示、彩色显示与显示余辉的调整功能,以便获得理想的光学图像。即构成监视器或电视接收机。

1. 摄像机的基本原理

在外界照明光照射下或自身发光的景物经成像物镜成像在物镜的像面(光电图像传感器的像面)上,形成二维空间光强分布的光学图像。光电图像传感器完成将光学图像转变成二维"电气"图像的工作。这里的二维"电气"图像由所用的光电图像传感器的性质决定,超正析像管为电子图像,摄像管为电阻图像,面阵 CCD 为电荷图像。"电气"图像在二维空间的分布与光学图像的二维光强分布保持着线性关系。组成一幅图像的最小单元称为像素或像元,像元的大小或一幅图像所包含的像元数决定了图像的分辨率,分辨率越高,图像的细节信息越丰富,图像越清晰,图像质量越高。即将图像分割得越细,图像质量越高。

高质量的图像来源于高质量的摄像系统,其中主要是高质量的光电图像传感器。对于光电图像传感器,像元通常称为传感器的像敏单元。像敏单元的大小直接影响它的灵敏度,通常像元尺寸越大灵敏度越高,动态范围也会提高。因此,有时为提高灵敏度、提高动态范围不得不以牺牲分辨率或增大像元尺寸为代价。

2. 图像的分割与扫描

将一幅图像分割成若干像素的方法有很多:超正析像管利用电子束扫描光电阴极的方法分割像素;摄像管由电阻海颗粒分割;面阵 CCD、CMOS 图像传感器用光敏单元分割。被分割后的电气图像经扫描才能输出一维时序信号。扫描的方式也与图像传感器的性质有关。例如,真空摄像管采用电子束扫描方式输出一维时序信号;面阵 CCD 采用转移脉冲方式将电荷包(像元信号)顺序转移出器件,输出一维时序信号;CMOS 图像传感器采用顺序开通行、列开关的方式完成像元信号的一维输出。因此,有时也称面阵 CCD、CMOS 图像传感器为具有自扫描功能的器件。

传统的扫描方式是,基于电子束摄像管的电子束按从左向右、从上向下的扫描方式进行扫描,并将从左向右的扫描方式称为行扫描,从上向下的扫描方式称为场扫描。为确保图像任意点的信息能够稳定地显示在荧光屏的对应点上,在进行行、场扫描的同时必须设定同步控制信号,即行与场的同步控制脉冲。由于监视器或电视接收机的显像管几乎都是利用电磁场使电子束偏转而实现行与场扫描的,因此,对于行、场扫描的速度、周期等参数有严格的规定,以便显像管显示出理想的图像。例如,对于如图 8-2(a)所示的亮度按正弦分布的光栅图像,电子束扫描一行将输出如图 8-2(b)所示的正弦时序信号,其纵坐标为与亮度 L 有关的电压 u,横坐标为扫描时间 t。若图像的宽度为 W,图像在 x 方向的亮度分布为 L_x,设正弦光栅图像的空间频率为 f_x。则电子束从左向右扫描(正程扫描)的时间频率应为

$$f = f_x \frac{W}{t_{hf}} \quad (8\text{-}1)$$

式中,t_{hf} 为行扫描周期。W/t_{hf} 应为电子束的行扫描速度,记为 v_{hf}。

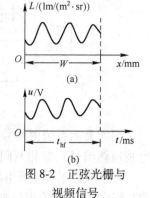

图 8-2 正弦光栅与视频信号

因此式(8-1)可改写为

$$f = f_x v_{hf} \tag{8-2}$$

式(8-1)和式(8-2)均可以描述将光学图像转换成一维时序信号的过程,当需要转换的图像的细节f_x确定时,视频信号的时间频率f与电子束的扫描速度v_{hf}成正比。

CCD 与 CMOS 等图像传感器只有遵守上述的扫描方式才能替代电子束摄像管,因此 CCD 与 CMOS 图像传感器的设计者均使其自扫描制式与电子束摄像管相同。

8.2.2 电视制式

在电视图像发送与接收系统中,图像采集(摄像机)与图像显示器必须遵守同样的分割规则才能获得理想的图像。这个规则被称为电视制式。电视制式常包含电视画面的宽高比、帧频、场频、行频和扫描方式等重要参数。电视制式的制定,是根据当时的科技发展状况和技术条件,并考虑到本国或本地区电网对电视系统的干扰情况,以及人眼对图像的视觉感受和人们对电视图像的要求等因素制定的。

目前,正在应用中的电视制式一般有三种:

(1) NTSC 彩色电视制式。这种制式于 20 世纪 50 年代由美国研制成功,主要用于北美、日本及东南亚各国的彩色电视制式。该电视制式确定的场频为 60 Hz,隔行扫描每帧扫描行数为 525 行,伴音、图像载频带宽为 4.5 MHz。

(2) PAL 彩色电视制式。这种制式于 20 世纪 60 年代由德国研制成功,主要用于我国及西欧各国的彩色电视制式。该电视制式确定的场频为 50 Hz,隔行扫描每帧扫描行数为 625 行,伴音、图像载频带宽为 6.5 MHz。

PAL 电视制式中规定场周期为 20 ms,其中场正程时间为 18.4 ms,场逆程时间为1.6 ms;行频为 15625 Hz,行周期为 64 μs,行正程时间为 52 μs,行逆程时间为 12 μs。

(3) SECAM 彩色电视制式。SECAM 彩色电视制式于 20 世纪 60 年代由法国研制成功,主要应用于法国和东欧各国。SECAM 制式场频为 50 Hz,隔行扫描每帧扫描行数为 625 行。

本节主要讨论我国现行的 PAL 电视制式。

1. PAL 彩色电视制式

(1) 电视图像的宽高比

若用 W 和 H 分别代表电视屏幕上显示图像的宽度和高度,二者之比称为图像的宽高比,即

$$\alpha = W/H \tag{8-3}$$

电视选用早期电影屏幕的宽高比(4:3)。电影画面的宽高比是通过影院对银幕图像的观测实验得到的:观察者坐在影院中央位置,与银幕保持一定距离时,4:3 宽高比的银幕效果最佳,多数观众看电影时头不需要摆动,眼球也不需要左、右(或上、下)转动,感觉轻松、舒适。

(2) 帧频与场频

每秒钟电视屏幕变化的数目称为帧频。由于电视系统出现在电影系统之后,因此,其帧频也受到电影系统的影响。电影放映机受机械运动和胶片耐热性的限制,采用每秒 24 幅画面(即帧频为 24 Hz),并在每幅画面放映期间再遮挡一次,使场频变为 48 Hz,人眼基本分辨不出画面的跳动。因此,电视的场频应该大于等于 48 Hz。此外,为了消除交流电网的干扰,应尽量

使电视的场频与本国的电网频率相等。我国电网频率为 50 Hz，因此采用 50 Hz 场频和 25 Hz 帧频隔行扫描的 PAL 电视制式。

（3）扫描行数与行频

帧频与场频确定后，电视扫描系统中还需要确定的参数是每场扫描的行数，或电子束扫描一行所需要的时间，又称为行周期。行周期的倒数称为行频。

扫描行数越多，图像在垂直方向上的分辨率越高，电子束在水平方向上的扫描速度 v_{hf} 加快。根据式(8-2)，在图像空间频率 f_x 确定的情况下，时间频率 f 与扫描速度 v_{hf} 成正比。由于图像信号 f_x 的低频分量可以接近于零，因此，电视扫描系统中用视频信号的上限频率 f_B 来代表视频的带宽。因此，视频的带宽与扫描行数之间必须进行折中。扫描行数的选择应该兼顾图像清晰度指标和电视设备的技术难度、成本，尤其要考虑电视接收机的成本。根据 20 世纪 60 年代的技术现状，PAL 电视制式规定每帧的扫描行数为 625 行，行频为 15 625 Hz，每帧图像的水平分辨率为 466 线，垂直分辨率为 400 线。

综合以上讨论，我国现行电视制式（PAL 制式）的主要参数为：宽高比 $\alpha = 4/3$；场频 $f_v = 50$ Hz；行频 $f_l = 15\,625$ Hz；场周期 $T = 20$ ms，其中场正程扫描时间为 18.4 ms，场逆程扫描时间为 1.6 ms；行周期为 64 μs，其中行正程扫描时间为 52 μs，行逆程扫描时间为 12 μs。

2. 扫描方式

电视图像监视器与电视接收机显示部分的原理相同，都是应用荧光物质的电光转换特性来显示图像。在监视器中电子束在显像管的电磁偏转线圈产生洛伦兹力的作用下，产生水平方向和垂直方向的偏转（即行、场两个方向扫描荧光屏）。电子束扫描的同时，由视频信号幅度控制电子束轰击荧光屏的强度，荧光屏的发光强度是电子束强度的函数，这样就建立了荧光屏发光强度与视频信号的函数关系

$$L_v = L(U_0) \tag{8-4}$$

式中，U_0 为视频电压信号。

电视图像扫描分为逐行扫描与隔行扫描两种方式，通过这两种扫描方式摄像机将景物图像分解成为一维视频信号，图像显示器将一维视频信号合成为电视图像。而且，摄像机与图像显示器必须采用同一种扫描方式。

（1）逐行扫描

显像管的电子枪装有水平与垂直两个方向的偏转线圈，线圈中分别流过如图 8-3 所示的锯齿波电流，电子束在偏转线圈形成的磁场作用下同时进行水平方向和垂直方向的偏转，完成对显像管荧光屏的扫描。

场扫描电流的周期 T_{vt} 远大于行扫描的周期 T_{ht}，即电子束由上到下的扫描时间远大于水平扫描的时间，在场扫描周期中可以有几百个行扫描周期。而且，场扫描周期中电子束由上到下的扫描为场正程，场正程时间 T_{vt} 远大于电子束从下面返回到初始位置的场逆程时间 T_{vr}，即 $T_{vt} \gg T_{vr}$。电子束上、下扫一个来回的时间称为场周

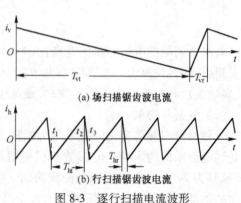

(a) 场扫描锯齿波电流

(b) 行扫描锯齿波电流

图 8-3　逐行扫描电流波形

期,场周期 $T_v = T_{vt} + T_{vr}$。场周期的倒数为场频,用 f_v 表示。

行扫描周期中电子束自左向右的扫描为行正程,即 $t_1 \sim t_2$ 时刻的扫描为行正程时间 T_{ht}。电子束从右返回到左边初始位置的回扫过程为行逆程,即行逆程时间 T_{hr} 为 $t_2 \sim t_3$ 时刻的时间。显然,$T_{ht} \gg T_{hr}$。电子束左、右扫一个来回的时间称为行周期,即行周期 $T_h = T_{ht} + T_{hr}$。行周期的倒数为行频,用 f_h 表示。

在行、场扫描电流的同时作用下,电子束受水平偏转力和垂直偏转力的合力作用进行扫描。由于电子束在水平方向的运动速度远大于垂直方向的运动速度,所以,在屏幕上电子束的运动轨迹为如图8-4所示的稍微倾斜的"水平"直线。当然,电子束具有一定的动能,它打在荧光屏上会发出光来,电子束的轨迹又是一条条的光栅。逐行扫描光栅如图8-4所示,一场中只有8行"水平"光栅,因此光栅的水平度很差。当一场中有很多行时(例如几百行),行扫描线的水平度将很高。即一场图像由很多行扫描光栅构成。无论是行扫描的扫描逆程,还是场扫描的扫描逆程都不希望电子束使荧光屏发光,即在回扫时不让荧光屏发光,这就需要加入行消隐与场消隐脉冲,使电子束在行逆程与场逆程期间截止。实际上,行消隐脉冲的宽度稍大于行逆程时间,场消隐脉冲的宽度也大于场逆程时间,以确保显示图像的质量。

逐行扫描方式中的每一场都包含着行扫描的整数倍,这样,重复的图像才能被稳定地显示。即要求 $T_v = NT_h$,或 $f_h = Nf_v$,式中 N 为正整数。逐行扫描的帧频与场频相等。对人眼来说,高于 48 Hz 变化的图像闪动是不能分辨的,因此,要获得稳定的图像,场频与帧频都必须高于 48 Hz。

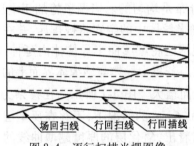

图 8-4 逐行扫描光栅图像

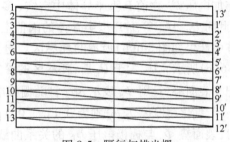

图 8-5 隔行扫描光栅

(2) 隔行扫描

根据人眼对图像的分辨能力所确定的扫描的水平行数至少应大于 600 行。因此,对于逐行扫描方式,行扫描频率必须大于 29 000 Hz 才能保证人眼视觉对图像的最低要求。这样高的行扫描频率,无论对摄像系统还是对显示系统都提出了更高的要求。为了降低行扫描频率,又能保证人眼视觉对图像分辨率及闪耀感的要求,早在20世纪初,人们就提出了隔行扫描分解图像和显示图像的方法。

隔行扫描采用如图8-5所示的扫描方式,由奇、偶两场构成一帧。奇数场由1、3、5、…等奇数行组成,偶数场由2、4、6、…等偶数行组成,奇、偶两场合成一帧图像。人眼看到的变化频率为场频 f_v,人眼分辨的图像是一帧,一帧图像由奇、偶两场扫描形成,帧行数为场行数的2倍。这样,既提高了图像分辨率又降低了行扫描频率,是一种很有实用价值的扫描方式。因此,这种扫描方式一直为电视系统和监控系统所采用。

两场光栅均匀交错叠加是对隔行扫描方式的基本要求,否则图像的质量将大为降低。因此隔行扫描必须满足下面两个要求：

第一,下一帧图像的扫描起始点应与上一帧起始点相同,确保各帧扫描光栅重叠；

第二,相邻两场光栅必须均匀地镶嵌,确保获得最高的清晰度。

从第一条要求考虑,每帧扫描的行数应为整数；在各场扫描电流都一样的情况下,要满足第二条要求,每帧均应为奇数。因此,每场的扫描行数就要出现半行的情况。我国现行的隔行扫描电视制式就是采用每帧扫描行数为625行,每场扫描行数为312.5行。

8.3 电荷耦合器件

8.3.1 线阵CCD图像传感器

CCD(Charge Coupled Devices,电荷耦合器件)图像传感器主要有两种基本类型：一种为信号电荷包存储在半导体与绝缘体之间的界面,并沿界面进行转移的器件,称为表面沟道CCD器件(简称为SCCD)；另一种为信号电荷包存储在距离半导体表面一定深度的半导体体内,并在体内沿一定方向转移的器件,称为体沟道或埋沟道器件(简称为BCCD)。下面以SCCD为例讨论CCD的基本工作原理。

1. 电荷存储

构成CCD的基本单元是MOS(金属-氧化物-半导体)结构。如图8-6(a)所示,在栅极G施加电压U_G之前P型半导体中空穴(多数载流子)的分布是均匀的。当栅极施加正电压U_G(此时U_G小于等于P型半导体的阈值电压U_{th})时,P型半导体中的空穴将被排斥,并在半导体中产生如图8-6(b)所示的耗尽区。电压继续增大,耗尽区将继续向半导体体内延伸,如图8-6(c)所示。U_G大于U_{th}后,耗尽区的深度与U_G成正比。若将半导体与绝缘体界面上的电势记为表面势,且用Φ_S表示,Φ_S将随栅极电压U_G的增大而增大。图8-7所示为在掺杂为10^{21} cm^{-3},氧化层厚度d_{OX}分别为0.1 μm、0.3 μm、0.4 μm和0.6 μm的情况下,不存在反型层电荷时,表面势Φ_S与栅极电压U_G的关系曲线。从曲线可以看出,氧化层的厚度越薄曲线的直线性越好；在同样的栅极电压U_G作用下,不同厚度的氧化层有着不同的表面势。表面势表征了耗尽区的深度。

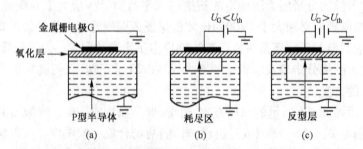

图8-6 CCD栅极电压变化对耗尽区的影响

图8-8所示为在栅极电压U_G不变的情况下,表面势Φ_S与反型层电荷密度Q_{INV}之间的关系曲线。由图可见,表面势Φ_S随反型层电荷密度Q_{INV}的增大而线性减小。图8-7与图8-8的

关系曲线,很容易用半导体物理中的"势阱"概念来描述。电子所以被加有栅极电压的 MOS 结构吸引到半导体与氧化层的交界面处,是因为那里的势能最低。在没有反型层电荷时,势阱的"深度"与栅极电压 U_G 的关系恰如 Φ_S 与 U_G 的关系,如图 8-9(a)所示空势阱的情况。

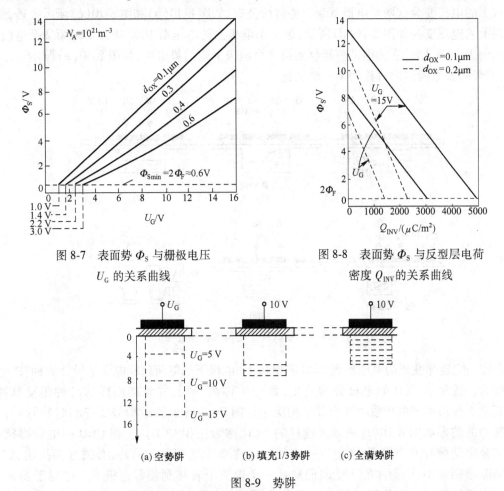

图 8-7　表面势 Φ_S 与栅极电压 U_G 的关系曲线

图 8-8　表面势 Φ_S 与反型层电荷密度 Q_{INV} 的关系曲线

图 8-9　势阱

图 8-9(b)所示为反型层电荷填充 1/3 势阱时表面势收缩的情况,表面势 Φ_S 与反型层电荷密度 Q_{INV} 的关系如图 8-8 所示。当反型层电荷继续增加,表面势 Φ_S 将逐渐减小,反型层电荷足够多时,表面势 Φ_S 减小到最低值 $2\Phi_F$,如图 8-9(c)所示。此时,表面势不再束缚多余的电子,电子将产生"溢出"现象。这样,表面势可作为势阱深度的量度,而表面势又与栅极电压、氧化层厚度 d_{ox} 有关,即与 MOS 电容的容量 C_{OX} 和 U_G 的乘积有关。势阱的横截面积取决于栅极电压的面积 A。MOS 电容存储信号电荷的容量为

$$Q = C_{OX} U_G \tag{8-5}$$

2. 电荷耦合

为了理解 CCD 中势阱及电荷是如何从一个位置转移到另一个位置的,可观察图 8-10 所示的四个彼此靠得很近的电极在加上不同电压的情况下,势阱与电荷的运动规律。假定开始时有一些电荷存储在栅极电压为 10 V 的第 1 个电极下面的深势阱里,其他电极上均加有大于

阈值的低电压（例如 2 V）。若图 8-10(a)所示为零时刻（初始时刻），经过时间 t_1 后，各电极上的电压变为如图 8-10(b)所示，第 1 个电极仍保持为 10 V，第 2 个电极上的电压由 2 V 变为 10 V。因这两个电极靠得很近（间隔不大于 3 μm），它们各自的势阱将合并在一起，原来第 1 个电极下的电荷变为这两个电极下联合势阱所公有，如图 8-10(b)和图 8-10(c)所示。若此后各电极上的电压变为如图 8-10(d)所示，第 1 个电极上的电压由 10 V 变为 2 V，第 2 个电极上的电压仍为 10 V，则公有的电荷将转移到第 2 个电极下面的势阱中，如图 8-10(e)所示。由此可见，深势阱及电荷包向右移动了一个位置。

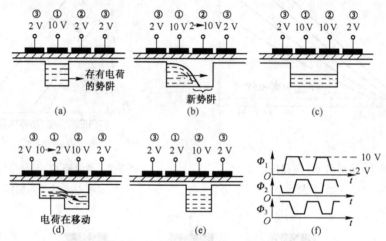

图 8-10 三相 CCD 中电荷的转移过程

将按一定规律变化的电压加到 CCD 各电极上，电极下的电荷包就能沿半导体表面按一定方向移动。通常把 CCD 的电极分为几组，每一组称为一相，并施加同样的时钟驱动脉冲。CCD 正常工作所需要的相数由其内部结构决定。图 8-10 所示的结构需要三相时钟脉冲，其驱动脉冲的波形如图 8-10(f)所示。这样的 CCD 称为三相 CCD。三相 CCD 的电荷必须在三相交叠驱动脉冲的作用下，才能以一定的方向逐单元地转移。另外，必须强调指出，CCD 电极间隙必须很小，电荷才能不受阻碍地从一个电极下转移到相邻电极下。这对于图 8-10 所示的电极结构是一个关键问题。如果电极间隙比较大，两电极间的势阱将被势垒隔开，不能合并，电荷也不能从一个电极向另一个电极完全转移，CCD 便不能在外部驱动脉冲作用下转移电荷。能够产生完全转移的最大间隙一般由具体电极结构、表面态密度等因素决定。理论计算和实验证明，为不使电极间隙下方界面处出现阻碍电荷转移的势垒，间隙的长度应不大于 3 μm。这大致是同样条件下半导体表面深耗尽区宽度的尺寸。当然如果氧化层厚度、表面态密度不同，结果也会不同。但对于绝大多数的 CCD，1 μm 的间隙长度是足够小的。

以电子为信号电荷的 CCD 称为 N 型沟道 CCD，简称为 N 型 CCD。而以空穴为信号电荷的 CCD 称为 P 型沟道 CCD，简称为 P 型 CCD。由于电子的迁移率（单位场强下电子的运动速度）远大于空穴的迁移率，因此 N 型 CCD 比 P 型 CCD 的工作频率高很多。

3. CCD 的电极结构

CCD 电极的基本结构应包括转移电极结构、转移沟道结构、信号输入单元结构和信号检测单元结构。这里主要讨论转移电极结构。最早的 CCD 转移电极是用金属(一般用铝)制成如图 8-6 所示的靠三相交叠脉冲完成电荷转移的结构,这限制了转移速率与转移效率,满足不了 CCD 技术的发展。目前所采取的转移电极结构通常为如图 8-11 与图 8-12 所示的二相与四相电极结构,靠电极结构的不对称性形成非对称势阱驱使电荷定向转移。

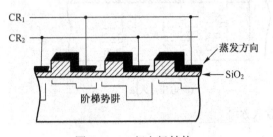

图 8-11 二相电极结构

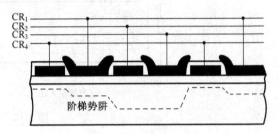

图 8-12 四相电极结构

具体定向转移原理请参见《图像传感器应用技术》第 59~60 页。

4. 电荷的注入和检测

在 CCD 中,电荷注入的方法有很多,归纳起来可分为光注入和电注入两类。

(1) 光注入

光照射到 CCD 硅片上时,在栅极附近的半导体体内产生电子-空穴对,多数载流子被栅极电压排斥,少数载流子则被收集在势阱中形成信号电荷。光注入方式又可分为正面照射式与背面照射式。图 8-13 所示为背面照射式光注入的示意图。CCD 摄像器件的光敏单元为光注入方式。光注入电荷

$$Q_{in} = \eta q N_{eo} A t_c \tag{8-6}$$

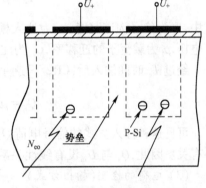

图 8-13 背面照射式光注入示意图

式中,η 为材料的量子效率,q 为电子电荷量,N_{eo} 为入射光的光子流速率,A 为光敏单元的受光面积,t_c 为光的注入时间。

由式(8-6)可以看出,当 CCD 确定以后,η、q 及 A 均为常数,注入到势阱中的信号电荷 Q_{in} 与入射光的光子流速率 N_{eo} 及注入时间 t_c 成正比。注入时间 t_c 由 CCD 驱动器转移脉冲的周期 T_{sh} 决定。当所设计的驱动器能够保证其注入时间稳定不变时,注入到 CCD 势阱中的信号电荷只与入射辐射的光子流速率 N_{eo} 成正比。因此,在单色入射辐射时,入射光的光子流速率与入射光谱辐通量的关系为

$$N_{eo} = \frac{\Phi_{e,\lambda}}{h\nu}$$

式中,h、ν 均为常数。在这种情况下,光注入的电荷量 N_{eo} 与入射的光谱辐通量 $\Phi_{e,\lambda}$ 成线性关系。该线性关系是应用 CCD 检测光谱强度和进行多通道光谱分析的理论基础。原子发射光谱的实测分析验证了光注入的线性关系。

(2) 电注入

所谓电注入就是 CCD 通过输入结构对信号电压或电流进行采样,然后将信号电压或电流

转换为信号电荷注入到相应的势阱中。电注入的方法很多,这里仅介绍两种常用的电流注入法和电压注入法。

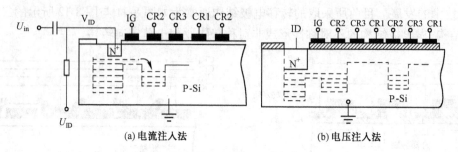

图 8-14 电注入方式

电流注入法如图 8-14(a)所示。由 N^+ 扩散区和 P 型衬底构成注入二极管。IG 为 CCD 的输入栅,其上加适当的正偏压以保持开启并作为基准电压。模拟输入信号 U_{in} 加在输入二极管 ID 上。当 CR2 为高电平时,可将 N^+ 区(ID 极)看做 MOS 晶体管的源极,IG 为其栅极,而 CR2 为其漏极。当它工作在饱和区时,输入栅下沟道电流为

$$I_s = \mu \frac{W}{L_g} \frac{C_{ox}}{2} (U_{in} - U_{ig} - U_{th})^2 \tag{8-7}$$

式中,W 为信号沟道宽度,L_g 为注入栅 IG 的长度,U_{ig} 为输入栅的偏置电压,U_{th} 为硅材料的阈值电压,μ 为载流子的迁移率,C_{ox} 为注入栅 IG 的电容。

经过 T_c 时间注入后,CR2 下势阱的信号电荷量为

$$Q_s = \mu \frac{W}{L_g} \frac{C_{ox}}{2} (U_{in} - U_{ig} - U_{th})^2 \tag{8-8}$$

可见这种注入方式的信号电荷 Q_s,不仅依赖于 U_{in} 和 T_c,而且与输入二极管所加偏压的大小有关。因此,Q_s 与 U_{in} 没有线性关系。

(3) 电荷的检测(输出方式)

在 CCD 中,有效地收集和检测电荷是一个重要问题。CCD 的重要特性之一是信号电荷在转移过程中与时钟脉冲没有任何电容耦合,而在输出端则不可避免。因此,选择适当的输出电路,尽可能地减小时钟脉冲对输出信号的容性干扰。目前 CCD 输出电荷信号的方式主要是采用了一种称为电流输出方式的电路。

电流输出方式电路如图 8-15 所示。它由检测二极管、二极管的偏置电阻 R、源极输出放大器和复位场效应管 V_R 等构成。当信号电荷在转移脉冲 CR1、CR2 的驱动下向右转移到最末一级转移电极(图中 CR2 电极)下的势阱中后,CR2 电极上的电压由高变低时,由于势阱的提高,信号电荷将通过输出栅(加有恒定的电压)下的势阱进入反向偏置的二极管(图中 N^+ 区)中。由电源 U_D、电阻 R、衬底 P 和 N^+ 区构成的输出二极管反向偏置电路,它对于电子来说相当于一个很深的势阱。进入到反向偏置的二极管中的电荷(电子),将产生电流 I_d,

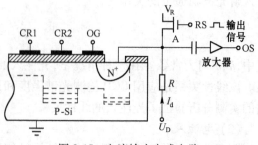

图 8-15 电流输出方式电路

且 I_d 的大小与注入到二极管中的信号电荷量 Q_s 成正比,而与电阻的阻值 R 成反比。电阻 R 是制作在 CCD 器件内部的固定电阻,阻值为常数。所以,输出电流 I_d 与注入到二极管中的电荷量 Q_s 成线性关系,且

$$Q_s = I_d \mathrm{d}t \tag{8-9}$$

由于 I_d 的存在,使得 A 点的电位发生变化。注入到二极管中的电荷量 Q_s 越大,I_d 也越大,A 点电位下降得越低。所以,可以用 A 点的电位来检测注入到输出二极管中的电荷 Q_s。隔直电容是用来只将 A 点的电位变化取出,使其通过场效应放大器的 OS 端输出。在实际的器件中,常常用绝缘栅场效应管取代隔直电容,并兼有放大器的功能,它由开路的源极输出。

图中的复位场效应管 V_R 用于对检测二极管的深势阱进行复位。它的主要作用是在一个读出周期中,注入到输出二极管深势阱中的信号电荷通过偏置电阻 R 放电,偏置电阻太小,信号电荷很容易被放掉,输出信号的持续时间很短,不利于检测。增大偏置电阻,可以使输出信号获得较长的持续时间,在转移脉冲 CR1 的周期内,信号电荷被卸放掉的数量不大,有利于对信号的检测。但是,在下一个信号到来时,没有卸放掉的电荷势必与新转移来的电荷叠加,破坏后面的信号。为此,引入复位场效应管 V_R,使没有来得及被卸放掉的信号电荷通过复位场效应管卸放掉。复位场效应管在复位脉冲 RS 的作用下使复位场效应管导通,它导通的动态电阻远远小于偏置电阻的阻值,以便使输出二极管中的剩余电荷通过复位场效应管流入电源,使 A 点电位恢复到起始的高电平,为接收新信号电荷做准备。

5. CCD 的特性参数

(1) 电荷转移效率 η 和电荷转移损失率 ε

电荷转移效率是表征 CCD 性能好坏的重要参数。一次转移后到达下一个势阱中的电荷量与原来势阱中的电荷量之比称为转移效率。如果在 $t=0$ 时,注入到某电极下的电荷为 $Q(0)$,在时间 t 时,大多数电荷在电场作用下向下一个电极转移,但总有一小部分电荷由于某种原因留在该电极下。若被留下来的电荷为 $Q(t)$,则电荷转移效率为

$$\eta = \frac{Q(0) - Q(t)}{Q(0)} = 1 - \frac{Q(t)}{Q(0)} \tag{8-10}$$

定义电荷转移损失率为
$$\varepsilon = Q(t)/Q(0) \tag{8-11}$$

则电荷转移效率与电荷转移损失率的关系为

$$\eta = 1 - \varepsilon \tag{8-12}$$

在理想情况下,$\eta=1$,但实际上电荷在转移过程中总有损失,所以 η 总是小于 1 的(常为 0.9999 以上)。一个电荷为 $Q(0)$ 的电荷包,经过 n 次转移后,所剩下的电荷为

$$Q(n) = Q(0)\eta^n \tag{8-13}$$

这样,n 次转移前、后电荷量之间的关系为

$$\frac{Q(n)}{Q(0)} = \eta^n \approx \mathrm{e}^{-n\varepsilon} \tag{8-14}$$

例如,如果 $\eta=0.99$,经过 24 次转移后,$Q(n)/Q(0)=79\%$;而经过 192 次转移后,$Q(n)/Q(0)=15\%$。由此可见,提高转移效率 η 是电荷耦合器件能否实用的关键。

影响电荷转移效率的主要因素是表面态对电荷的俘获。为此,常采用"胖零"工作模

式,即让"零"信号也有一定的电荷。图 8-16 所示为 P 沟道线阵 CCD 在两种不同驱动频率下的电荷转移损失率 ε 与"胖零"电荷 $Q(0)$ 之间的关系。

图 8-16 中,C 为转移电极的有效电容量。$Q(1)$ 代表"1"信号电荷,$Q(0)$ 代表"0"信号电荷。从图 8-16 中可以看出,增大"0"信号的电荷量,可以减少每次转移过程中信号电荷的损失。在 CCD 中常采用电注入的方式在转移沟道中注入"胖零"电荷,可以降低电荷转移损失率,提高转移效率。但是,由于"胖零"电荷的引入,CCD 器件的输出信号中多了"胖零"电荷分量,表现为暗电流的增加,而且,该"暗电流"是不能通过降低器件的温度来减小的。

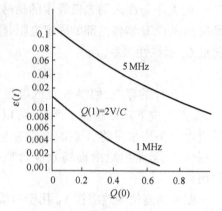

图 8-16 两种频率下的电荷损失率与"胖零"电荷间的关系

(2) 驱动频率

CCD 器件必须在驱动脉冲的作用下完成信号电荷的转移,输出信号电荷。驱动频率一般泛指加在转移栅上的脉冲 CR1 或 CR2 的频率。

① 驱动频率的下限

在信号电荷的转移过程中,为了避免由于热激发少数载流子对注入信号电荷的干扰,注入信号电荷从一个电极转移到另一个电极所用的时间 t 必须小于少数载流子的平均寿命 τ_i,即使 $t<\tau_i$。在正常工作条件下,对于三相 CCD 而言,$t=\dfrac{T}{3}=\dfrac{1}{3f}$,故得到

$$f \geqslant \frac{1}{3\tau_i} \tag{8-15}$$

可见,CCD 的驱动脉冲频率的下限与少数载流子的寿命有关,而载流子的平均寿命与器件的工作温度有关,工作温度越高,热激发少数载流子的平均寿命越短,驱动脉冲频率的下限越高。

② 驱动频率的上限

当驱动频率升高时,驱动脉冲驱使电荷从一个电极转移到另一个电极的时间 t 应大于电荷从一个电极转移到另一个电极的固有时间 τ_g,才能保证电荷的完全转移,否则,信号电荷跟不上驱动脉冲的变化,将会使转移效率大大降低。即要求转移时间 $t=T/3 \geqslant \tau_g$,得到

$$f \leqslant \frac{1}{3\tau_g} \tag{8-16}$$

这就是电荷自身的转移时间对驱动脉冲频率上限的限制。由于电荷转移的快慢与载流子迁移率、电极长度、衬底杂质的浓度和温度等因素有关,因此,对于相同的结构设计,N 沟道 CCD 比 P 沟道 CCD 的工作频率高。P 沟道 CCD 在不同衬底电荷情况下的工作频率与转移损失率 ε 的关系曲线如图 8-17 所示。

图 8-18 所示为三相多晶硅 N 型表面沟道(SCCD)的实测驱动脉冲频率 f 与电荷转移损失率 ε 之间的关系曲线。由曲线可以看出,表面沟道 CCD 驱动脉冲频率的上限为 10 MHz,高于 10 MHz 以后,CCD 的转移损失率将急剧增大。一般体沟道或埋沟道 CCD 的驱动频率要高于表面沟道 CCD 的驱动频率。随着半导体材料科学与制造工艺的发展,更高速率的体沟道线阵

CCD 的最高驱动频率已经超过了几百兆赫兹。驱动频率上限的提高为 CCD 在高速成像系统中的应用打下了基础。

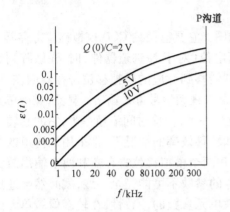

图 8-17 转移损失率与驱动频率的关系曲线

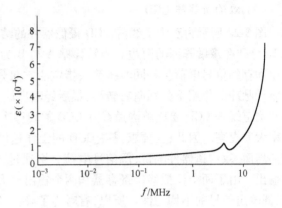

图 8-18 驱动频率与损失率之间的关系曲线

6. 线阵 CCD 摄像器件的两种基本形式

(1) 单沟道线阵 CCD

图 8-19 所示为三相单沟道线阵 CCD 的结构图。

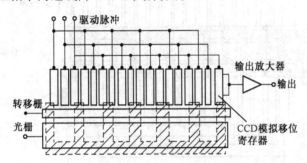

图 8-19 三相单沟道线阵 CCD 的结构

由图可见,单沟道线阵 CCD 由光敏阵列、转移栅、CCD 模拟移位寄存器和输出放大器等单元构成。光敏阵列一般由光栅控制的 MOS 光积分电容或 PN 结光电二极管构成,光敏阵列与 CCD 模拟移位寄存器之间通过转移栅相连,转移栅既可以将光敏区与模拟移位寄存器分隔开来,又可以将光敏区与模拟移位寄存器沟通,使光敏区积累的电荷信号转移到模拟移位寄存器中。通过加在转移栅上的控制脉冲完成光敏区与模拟移位寄存器隔离与沟通的控制。当转移栅上的电位为高电平时,二者沟通;当转移栅上的电位为低电平时,二者隔离。二者隔离时光敏区在进行光电注入,光敏单元不断地积累电荷。有时将光敏单元积累电荷的这段时间称为光积分时间。转移栅电极电压为高电平时,光敏区所积累的信号电荷将通过转移栅转移到 CCD 模拟移位寄存器中。通常转移栅电极为高电平的时间很短,为低电平的时间很长,因而光积分时间要远远超过转移时间。在光积分时间里,CCD 模拟移位寄存器在三相交叠脉冲的作用下一位位地移出器件,经输出放大器形成时序信号(或称视频信号)。

这种结构的线阵 CCD 转移次数多、效率低、调制传递函数 MTF 较差,只适用于像敏单元较少的摄像器件。

(2) 双沟道线阵 CCD

图 8-20 所示为双沟道线阵 CCD 摄像器件的结构图。它具有两列 CCD 模拟移位寄存器 A 与 B,分列在像敏阵列的两边。当转移栅 A 与 B 为高电位(对于 N 沟道器件)时,光敏阵列势阱里积存的信号电荷包将同时按箭头指定的方向分别转移到对应的模拟移位寄存器内,然后在驱动脉冲的作用下分别向右转移,最后经输出放大器以视频信号方式输出。显然,像敏单元的双沟道线阵 CCD 要比单沟道线阵 CCD 的转移次数少一半,转移时间缩短一半,它的总转移效率大大提高。因此,在要求提高 CCD 的工作速度和转移效率的情况下,常采用双沟道的方式。然而,双沟道器件的奇、偶信号电荷分别通过 A、B 两个模拟移位寄存器和两个输出放大器输出。由于两个模拟移位寄存器和两个输出放大器的参数不可能完全一致,就必然会造成奇、偶输出信号的不均匀性。所以,有时为了确保像敏单元参数的一致性,在较多像敏单元的情况下也采用单沟道的结构。

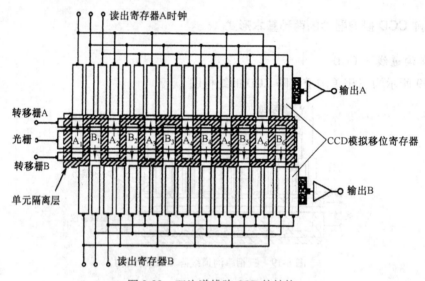

图 8-20 双沟道线阵 CCD 的结构

8.3.2 面阵 CCD 图像传感器

按一定的方式将一维线阵 CCD 的光敏单元及移位寄存器排列成二维阵列,即可构成二维面阵 CCD。由于排列方式不同,面阵 CCD 常有帧转移方式、隔列转移方式、线转移方式和全转移方式等。

(1) 帧转移面阵 CCD

图 8-21 所示为帧转移三相面阵 CCD 的原理结构图。它由成像区(像敏区)、暂存区和水平读出寄存器等三部分构成。成像区由并行排列的若干个电荷耦合沟道组成(图中的虚线方框),各沟道之间用沟阻隔开,水平电极横贯各沟道。假定成像区有 M 个转移沟道,每个沟道有 N 个像敏单元,整个成像区共有 $M×N$ 个像敏单元。暂存区的结构和单元数都与成像区相同。暂存区与水平读出寄存器均被金属铝遮蔽(如图中的斜线部分)。

其工作过程如下：图像经物镜成像到成像区，在场正程期间（为光积分时间），成像区的某一相电极（如 ICR1）加有适当的偏压（高电平），光生电荷将被收集到这些电极下方的势阱里，这样就将被摄光学图像变成了光积分电极下的电荷包图像，存储于成像区。

光积分周期结束，进入场逆程。在场逆程期间，加到成像区和存储区电极上的时钟脉冲将成像区所积累的信号电荷迅速转移到暂存区。场逆程结束又进入下一场的场正程时间，在场正程期间，成像区又进入光积分状态。暂存区与水平读出寄存器在场正程期间按行周期工作。在行逆程期间，暂存区的驱动脉冲使暂存区的信号电荷产生一行的平行移动，图 8-28 最下边一行的信号电荷转移到水平移位寄存器中，第 N 行的信号移到第 $N-1$ 行中。行逆程结束进入行正程。在行正程期间，暂存区的电位不变，水平读出寄存器在水平读出脉冲的作用下输出一行视频信号。这样，在场正程期间，水平移位寄存器输出一场图像信号。当第一场读出的同时，第二场信息通过光积分又收集到光敏区的势阱中。一旦第一场的信号被全部读出，第二场信号马上就传送给寄存器，使之连续地读出。

这种面阵 CCD 的特点是结构简单，光敏单元的尺寸可以很小，模传递函数 MTF 较高，但光敏面积占总面积的比例小。

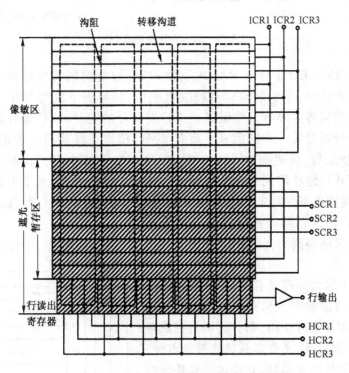

图 8-21 帧转移三相面阵 CCD 的原理结构图

（2）隔列转移型面阵 CCD

隔列转移型面阵 CCD 的结构如图 8-22（a）所示。它的像敏单元（图中虚线方块）呈二维排列，每列像敏单元被遮光的读出寄存器及沟阻隔开，像敏单元与读出寄存器之间又有转移控制栅。由图中可见，每一像敏单元对应于两个遮光的读出寄存器单元（图中斜线表示被遮蔽，斜线部位的方块为读出寄存器单元）。读出寄存器与像敏单元的另一侧被沟阻隔开。由于每列像敏单元均被读出寄存器所隔,因此,这种面阵CCD称为隔列转移型面阵CCD。图中最下面的部分是二相时钟脉冲CR1、CR2驱动的水平读出寄存器和输出放大器。

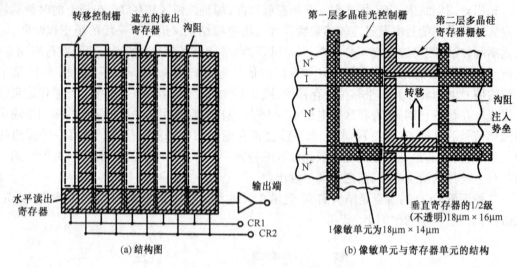

图8-22 隔列转移型面阵CCD

隔列转移型面阵CCD工作在PAL电视制式下,按电视制式的时序工作。在场正程期间像敏区进行光积分,这个期间转移栅为低电位,转移栅下的势垒将像敏单元的势阱与读出寄存器的变化势阱隔开。像敏区在进行光积分的同时,移位寄存器在垂直驱动脉冲的驱动下一行行地将每一列的信号电荷向水平移位寄存器转移。场正程结束(光积分时间结束)进入场逆程,场逆程期间转移栅上产生一个正脉冲,在SH脉冲的作用下将像敏区的信号电荷并行地转移到垂直寄存器中。转移过程结束后,光敏单元与读出寄存器又被隔开,转移到读出寄存器的光生电荷在读出脉冲的作用下一行行地向水平读出寄存器中转移,水平读出寄存器快速地将其经输出放大器输出。在输出端得到与光学图像对应的一行行视频信号。

图8-22(b)所示为隔列转移型面阵CCD的二相注入势垒器件的像敏单元和寄存器单元的结构图。该结构为两层多晶硅结构,第一层提供像敏单元上的MOS电容器电极,又称多晶硅光控制电极;第二层基本上是连续的多晶硅,它经过选择掺杂构成二相转移电极系统,称为多晶硅寄存器栅极系统。转移方向用离子注入势垒方法完成,使电荷只能按规定的方向转移,沟阻常用来阻止电荷向外扩散。

(3) 线转移型面阵CCD

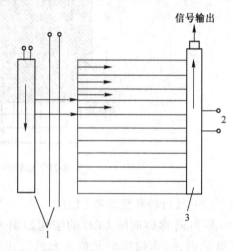

图8-23 线转移面阵CCD结构示意图

如图8-23所示,与前面两种转移方式相比,线转移型面阵CCD取消了存储区,多了一个线寻址电路(图中1所示)。它的像敏单元一行行地紧密排列,类似于帧转移型面阵CCD的光敏区,但是它的每一行都有确定的地址;它没有水平读出寄存器,只有一个垂直放置的输出寄存器(图中3所示)。当线寻址电路选中某一行像敏单元时,驱动脉冲将使该行的光生电荷包一位位地按箭头方向转移,并移入输出寄存器。输出寄存器在驱动脉冲的作用下使信号电荷包经输出放大器输出。根据不同的使用要求,线寻址电路发出不同的数码,就可以方便地选择扫描方式,实现逐行扫描或隔行扫描。也可以只选择其中的一行输出,使其工作在线阵CCD的状态。因此,线转移型面阵CCD具有有效光敏面积大,转移速度快,转移效率高等特点,但电路比较复杂是它的缺点,使它的应用范围受到限制。

8.4 CMOS 图像传感器

CMOS(Complementary Metal Oxide Semiconductor)图像传感器出现于1969年,它是一种用传统的芯片工艺方法将光敏元件、放大器、A/D转换器、存储器、数字信号处理器和计算机接口电路等集成在一块硅片上的图像传感器件,这种器件的结构简单、处理功能多、成品率高和价格低廉,有着广泛的应用前景。

CMOS图像传感器虽然比CCD的出现还早一年,但在相当长的时间内,由于它存在成像质量差、像敏单元尺寸小、填充率(有效像元与总面积之比)低($10\% \sim 20\%$)、响应速度慢等缺点,因此只能用于图像质量要求较低、尺寸较小的数码相机中,如机器人视觉应用的场合。早期的CMOS器件采用"被动像元"(无源)结构,每个像敏单元主要由一个光敏元件和一个像元寻址开关构成,无信号放大和处理电路,性能较差。1989年以后,出现了"主动像元"(有源)结构。它不仅有光敏元件和像元寻址开关,而且还有信号放大和处理等电路,提高了光电灵敏度,减小了噪声,扩大了动态范围,使它的一些性能参数与CCD图像传感器相接近,而在功能、功耗、尺寸和价格等方面要优于CCD图像传感器,所以应用越来越广泛。

8.4.1 CMOS 成像器件的结构原理

本节将介绍CMOS成像器件的组成、像敏单元结构和辅助电路,从中可以了解这种器件的结构与工作原理。

1. CMOS 成像器件的组成

CMOS成像器件的组成原理框图如图8-24所示。它的主要组成部分是像敏单元阵列和MOS场效应管集成电路,而且这两部分是集成在同一硅片上的。像敏单元阵列实际上是光电二极管阵列,它没有线阵和面阵之分。

图中所示的像敏单元阵列按X和Y方向排列成方阵,方阵中的每一个像敏单元都有它在X,Y各方向上的地址,并可分别由两个方向的地址译码器进行选择;每一列像敏单元都对应于一个列放大器,列放大器的输出信号分别接到由X方向地址译码控制器进行选择的模拟多路开关,并输出至输出放大器;输出放大器的输出信号送A/D转换器进行模-数转换变成数字信号,经预处理电路处理后通过接口电路输出。图中的时序信号发

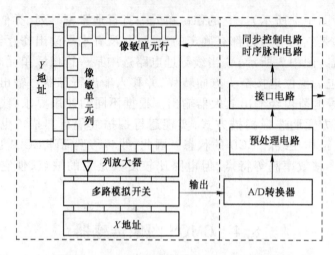

图 8-24　CMOS 成像器件的组成原理方框图

生器为整个 CMOS 图像传感器提供各种工作脉冲,这些脉冲均可受控于接口电路发来的同步控制信号。

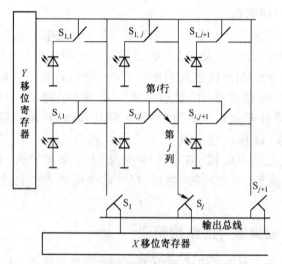

图 8-25　CMOS 图像传感器阵列原理示意图

　　图像信号的输出过程可由图像传感器阵列原理图更清楚地说明。如图 8-25 所示,在 Y 方向地址译码器(可以采用移位寄存器)的控制下,依次序接通每行像敏单元上的模拟开关(图中标志的 $S_{i,j}$),信号将通过行开关传送到列线上,再通过 X 方向地址译码器(可以采用移位寄存器)的控制,输送到放大器。当然,由于设置了行与列开关,而它们的选通是由两个方向的地址译码器上所加的数码控制的,因此,可以采用 X,Y 两个方向以移位寄存器的形式工作,实现逐行扫描或隔行扫描的输出方式。也可以只输出某一行或某一列的信号,使其按着与线阵 CCD 相类似的方式工作。还可以选中你所希望观测的某些点的信号,如图 8-32 中所示第 i 行、第 j 列信号。

　　在 CMOS 图像传感器的同一芯片中,还可以设置其他数字处理电路。例如,可以进行自动曝光处理、非均匀性补偿、白平衡处理、γ 校正、黑电平控制等。甚至还可以将具有运算和可编程功能的 DSP 制作在一起,形成多种功能的器件。

为了改善 CMOS 图像传感器的性能,在许多实际的器件结构中,光敏单元常与放大器制作成一体,以提高灵敏度和信噪比。后面将介绍的光敏单元就是采用光电二极管与放大器构成一个像敏单元的复合结构。

2. CMOS 成像器件的像敏单元结构

像敏单元结构实际上是指每个成像单元的电路结构,它是 CMOS 图像传感器的核心组件。这种器件的像敏单元结构有两种类型,即被动像敏单元结构和主动像敏单元结构。前者只包括光电二极管和地址选通开关两部分,如图 8-26 所示。其中像敏单元的图像信号读出时序如图 8-27 所示。首先,复位脉冲启动复位操作,光电二极管的输出电压被置 0;接着光电二极管开始光信号的积分;当积分工作结束时,选址脉冲启动选址开关,光电二极管中的信号便传输到列总线上;然后经过公共放大器放大后输出。

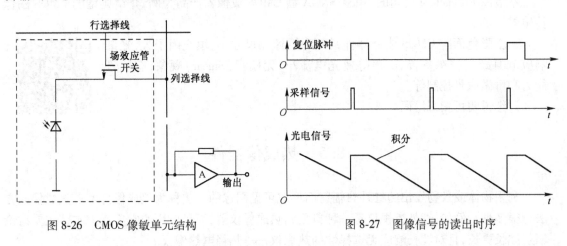

图 8-26 CMOS 像敏单元结构　　　　　图 8-27 图像信号的读出时序

被动像敏单元结构的缺点是固定图案噪声(FPN)大和图像信号的信噪比低。前者是由各像敏单元的选址模拟开关的压降有差异引起的;后者则是由选址模拟开关的暗电流噪声带来的。因此,这种结构已经被淘汰。

主动像敏单元结构是当前得到实际应用的结构。它与被动像敏单元结构的最主要区别是,在每个像敏单元都经过放大后,才通过场效应管模拟开关传输,所以固定图案噪声大为降低,图像信号的信噪比却显著提高。

主动式像敏单元结构的基本电路如图 8-28 所示。从图中可以看出,场效应管 V_1 构成光电二极管的负载,它的栅极接在复位信号线上,当复位脉冲出现时,V_1 导通,光电二极管被瞬时复位;而当复位脉冲消失后,V_1 截止,光电二极管开始积分光信号。场效应管 V_2 是一源极跟随放大器,它将光电二极管的高阻输出信号进行电流放大。场效应管 V_3 用做选址模拟开关,当选通脉冲引入时,V_3 导通,使得被放大的光电信号输送到列总线上。

图 8-29 所示为上述过程的时序图,其中,复位脉冲首先到来,V_1 导通,光电二极管复位;复位脉冲消失后,光电二极管进行积分;积分结束时,V_3 导通,信号输出。

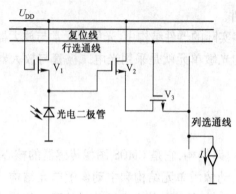
图 8-28 主动式像敏单元结构的基本电路

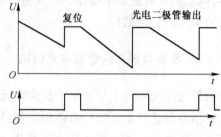
图 8-29 主动像敏单元时序图

8.4.2 典型 CMOS 图像传感器

本节以 FillFactorg 公司的 IBIS4 SXGA 型 CMOS 成像器产品为例,介绍典型的 CMOS 图像传感器。

一款彩色面阵 CMOS 成像器件,特点是:像元尺寸小,填充因子大,光谱响应范围宽,量子效率高,噪声等效光电流小,无模糊(Smear)现象,有抗晕能力和可做取景控制等。

详细说明可扫二维码。

8.5 热成像器件

利用物体或景物发出的红外热辐射而形成可见图像的方法称为热成像技术。热成像的方法有很多种。例如,红外夜视仪是一种典型的热成像仪器,而且应用非常广泛。本节主要讨论辐射波长更长,且对波长响应无选择性的热像仪——热释电热像仪。

8.5.1 点扫描式热释电热像仪

点扫描式热释电热像仪为采用点扫描方式成像的图像传感器。它常采用震镜对被测景物进行扫描的方式。在这种热像仪中,为了提高探测灵敏度,可对接收器件进行制冷,使探测器件工作在很低的温度下。例如,WP—95 型红外热像仪的工作温度为液氮制冷温度 77K,在这样低的温度下,它对温度的响应非常灵敏,可以检测 0.08℃ 的温度变化。

WP—95 型红外热像仪采用碲镉汞(HgCdTe)热释电器件为热电传感器,采用单点扫描方式,扫描一帧图像的时间为 5 s,不能直接用监视器观测,只能将其采集到计算机中,用显示器观测。一幅图像的分辨率为 256×256,图像灰度分辨率为 8 b(256 灰度阶)。热像仪的探测距离为 0.3 m 至无限远。热像仪视角范围大于 12°,空间角分辨率为 1.5 mrad。它常被用于医疗、教育及科研等领域。

8.5.2 热释电摄像管的基本结构

热释电摄像管的结构如图 8-30 所示。它由透红外热辐射的锗成像物镜、斩光器、热像管和扫描偏转系统等构成。将被摄景物的热辐射经锗成像物镜成像到由热释电晶体排列成的热释电靶面上,得到热释电电荷密度图像。该热释电电荷密度图像在扫描电子枪的作用下,按一定的扫描规则(电视扫描制式)扫描靶面,在靶面的输出端(负载电阻 R_L 上)将产生视频信号输出,再经过前置放大器进行阻抗变换与信号放大,产生标准的视频信号。

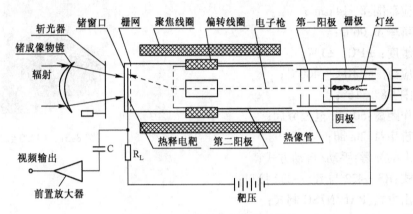

图 8-30 TGS 热释电摄像管的结构

成像物镜用锗玻璃,摄像管的前端面也用锗玻璃窗。因为锗玻璃的红外透射率高,而可见光波段的光辐射几乎无法通过锗玻璃窗。这样,既能阻断可见光对红外热辐射图像的影响,又能最大限度地减小热辐射能量的损失。摄像管前端的栅网是为了消除电子束的二次发射所产生的电子云对靶面信号的影响而设置的。

摄像管的阴极在灯丝加热的情况下发射电子束。电子束在聚焦线圈产生的磁场作用下汇聚成很细的电子束,该电子束在水平和垂直两个方向的偏转线圈作用下扫描热释电靶面。每当电子束扫到靶面上的热释电器件时,电子束所带的负电子将热释电器件的面电荷释放掉,并在负载电阻 R_L 上产生电压降,即产生时序信号电压。它将在偏转线圈作用下扫描整个靶面,形成视频信号。

图 8-30 中的斩光器为由微型电机带动的调制盘,使经过锗成像物镜成像到热释电探测器的图像被调制成交变的辐射图像(否则热释电器件的灵敏度为零)。调制盘的调制频率必须和电子扫描的频率同步,既保证热释电器件工作在一定的调制频率下,又确保输出图像不受调制光的影响。否则,还原出的图像将夹带着斩光器遮挡图像的信号。

TGS 热释电摄像管是对远红外图像成像的,所以它的前端采用透红外的锗透镜成像。热释电摄像管的前窗也采用锗窗。锗窗透红外光而不透可见光,是比较理想的红外窗口。

目前,红外热像管的分辨率可以达到 300TVL(电视线),虽然不能与可见光图像传感器相比,但对于红外探测已经足够。它的温度分辨率可达 0.06℃,可用于医疗诊断、森林火灾探测、警戒监视、工业热像探测与空间技术领域。

8.5.3 典型热像仪

(1) IR220 红外热像仪

IR220 红外热像仪为采用红外热释电热像管在常温下工作的热像仪。它设计紧凑,极易操作,是理想的在线式测温分析系统。它可与 50 m 外的计算机连接,操作者可得到任意温度点的实时热分布图像。

IR220红外热像仪外形如图8-31所示,它的输出信号由RS—232串口输出,也可用RS—422接口形式输出,工作制式可选用PAL或NTSC制式。

IR220红外热像仪的主要技术参数如下:

光谱响应范围:8~14 μm;

温度分辨率:0.06℃;

测温灵敏度:±1℃,±1%;

温度响应范围:−10℃~400℃;

视场范围:18°×16°;

测量工作距离:50 mm至无穷远;

空间分辨率:1.2 mrad;

图8-31 IR220红外热像仪

环境温度的补偿:手动/自动方式;

接口方式:RS—422与RS—232接口;

视频输出方式:PAL/NTSC制式;

工作温度:−10℃~+50℃;

存储温度:−40℃~+60℃;

机身外形尺寸:340 mm×160 mm×128 mm;

机身重量:2 kg(带电池)。

(2) IR210高清晰度夜间红外热像仪

IR210采用320×240像元非制冷焦平面的热释电红外摄像管,使用者可清楚地探测到处于完全黑暗环境下的物体。除具有特殊的防雨设计外,小巧的IR210还能融入使用者的户外CCTV安保系统,在毫无可见光的情况下也能探测到黑暗中的入侵者。

IR210红外热像仪外形如图8-32所示。它既有模拟视频输出也有串行数字输出端口(RS—232/RS—485);同时,它还具有电子变倍功能。既具有手动亮度调整功能,也具有自动亮度调整功能;也可以更换其他镜头以便适应不同的探测要求。

IR210红外热像仪的主要技术参数如下。

像敏单元尺寸:45 μm×45 μm;

光谱响应范围:8~14 μm;

灵敏度:0.08℃;

开机预热时间:≤30 s;

视频输出:PAL制式;

图8-32 IR210红外热像仪

数字控制接口方式:RS—232/RS—485;

外形尺寸:120 mm×60 mm×60 mm;

工作温度:−20℃~+50℃;

存储温度:−40℃~+60℃;

工作电压:DC 9 V;

功率损耗:3.5 W;

重量:0.22 kg;

电子变倍率:2倍,4倍,8倍;

外壳：全密封防淋雨的铝壳。

8.6 图像的增强与变像

把强度低于视觉阈值的图像增强到可以观察程度的过程称为图像的增强；用于实现该过程的光电成像器件称为像增强器。把各种不可见图像，如红外图像、紫外图像及 X 射线图像，转换成可见图像的过程称为图像的变像；用于实现该过程的器件称为变像器。像增强器与变像器都是图像变换器件，除光电阴极面的光谱响应不同外，二者的工作原理基本相同。

8.6.1 工作原理及其典型结构

像增强器/变像器的典型结构如图 8-33 所示。在抽成真空的玻璃外壳（现常用金属外壳）内的一端涂以半透明的光电阴极，在另一端的内侧涂以荧光粉，管中安置了如图中所示的阳极。

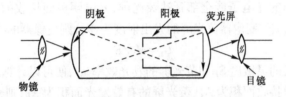

图 8-33　像增强器/变像器结构图

目标物所发出的某波长范围的辐射通过物镜在半透明光电阴极上形成像，并产生光电发射。阴极面上每一点发射的电子数密度正比于该点的辐照度。于是，光电阴极将光学图像转变成电子数密度图像。加有正高压的阳极形成很强的静电场，调整阳极的位置和形状，使它对电子密度图像起到电子透镜的作用，以便阴极发出的光电子聚焦并成像在荧光屏上。荧光屏在一定速度的电子轰击下发出可见的荧光，从而在荧光屏上得到目标物的可见图像。

像增强器与变像器的区别在于涂在光电阴极面上的光电发射材料不同。像增强器所涂材料只对微弱的可见光敏感（如 BiOAgCs 阴极或 CsSb 阴极），而变像器的光电发射材料对红外或紫外光敏感。这两种器件都是通过两次变换才得到可见图像的，属于直视型光电成像器件，并且都具有图像增强的作用。可从两个方面实现图像增强：增强电子图像密度；增强电子的动能。或者同时从两个方面进行。利用二次电子发射来增强电子图像密度，而用增强电场或磁场的方法来增强电子的动能。由于图像的增强和变像的方法很多，因而产生了各种类型的像增强器和变像器。

8.6.2 性能参数

1. 光电阴极灵敏度

光电阴极性能的好坏直接影响器件的工作特性。光电阴极的量子效率决定器件的灵敏度。它对波长的依赖关系决定管子的光谱响应。光电阴极暗电流和量子效率决定像的对比度和最大信噪比,而对比度和信噪比又决定照度最低情况下的分辨率。因此在设计和选择特殊应用的变像器时,选择恰当的光电阴极方可获得最佳性能。

2. 放大率与畸变

荧光屏上像点到光轴的距离 H' 与阴极面上对应点到光轴的距离 H 之比,称为变像器点所在环带的放大率 β。由于存在畸变,阴极面上各环带的放大率并不相等。轴上(或近轴)放大率称为理想放大率 β_0。放大率随离轴距离 H 的增加而增大的畸变称为枕形畸变,相反则称为桶形畸变。设给定环带的畸变为 D,则

$$D = \frac{\beta}{\beta_0} - 1 \tag{8-17}$$

若 $D>0$ 则为枕形畸变,$D<0$ 为桶形畸变。

3. 亮度转换增益

设从光电阴极发出的光电子能全部到达荧光屏,光电阴极面接收的辐通量为 Φ,辐照度为 E。在额定阳极电压 U_A 下,变像器荧光屏的光出射度为 M_V,则变像器的亮度转换增益为

$$G_L = M_V / E \tag{8-18}$$

若已知其光电阴极的灵敏度 S_I 和荧光屏的发光效率 η_V,便可以计算出它的亮度转换增益。

设光电阴极的有效接收面积为 A_K,荧光屏的有效发光面积为 A_V,则光电阴极发射出的光电流为

$$I_C = S_I A_K E \tag{8-19}$$

光电子在阳极电场的作用下,加速轰击荧光屏,荧光屏发出光的出射度应为

$$M_V = \frac{\eta P}{A_V} = \frac{\eta S_I A_K E_e U_A}{A_V} = \eta S_I E_e U_A \frac{A_K}{A_V} \tag{8-20}$$

式中,若 U_A 的单位为 V,E_e 的单位为 W/m,η 取 cd/W,S_I 的单位取 $\mu A/W$,则

$$M_V = 10^{-6} \eta S_I U_A \frac{A_K}{A_V} \quad (\text{lx}) \tag{8-21}$$

亮度转换增益为

$$G_L = \frac{M_V}{E} = 10^{-6} \eta S_I U_A \frac{A_K}{A_V} \tag{8-22}$$

由此可见,提高变像器亮度转换增益的方法为:

① 提高光电阳极的灵敏度 S_I;
② 提高荧光屏的发光效率 η;
③ 增大阳极电压 U_A;
④ 减小荧光屏与光电阴极工作面积之比 $\frac{A_K}{A_V}$;而 $\frac{A_K}{A_V} = \beta^2$,为变像器的横向放大率的平方。

这样就应综合考虑 G_L 与 β 之间的关系。

4. 鉴别率

像增强器/变像器的鉴别率是指在足够照度的条件下(以 100lx 为宜),像增强器/变像器恰好分辨出的黑白条纹数。但是这种方法总会受到主观因素的影响。现在,常用光学传递函

数(OTF)或模调制传递函数(MTF)来讨论它们的成像质量。

5. 像增强器/变像器的暗背景亮度

在无光照射下,光电阴极产生的暗电流在阳极电场的作用下轰击荧光屏使之发光,这时荧光屏的亮度称为暗背景亮度。暗电流主要由光电阴极的热电子发射引起,而场致发射、光反馈、离子反馈也可产生暗电流。

6. 观察灵敏阈

在极限观察的情况下,将光电阴极面的极限照度 E 称为观察灵敏阈。它通常用实验的方法来确定。即把星点像投射到变像器光电阴极面上,测量在荧光屏上刚刚能觉察出星点像情况下的阴极面上星点的照度。

一般来说,变像器在典型工作电流为 10^{-9} A、工作电压为 15~20 kV 的条件下,分辨率可超过 50 线对/毫米,亮度增益约为 30~90 倍。

像增强器/变像器的噪声包括光子噪声、光电阴极的热噪声及荧光屏的散粒噪声等。由于设计和制造工艺等诸多原因,很难建立适用于所有器件的信噪比公式,所以在此不再讨论信噪比问题。

*8.6.3　像增强器的级联

单级像增强器的光放大系数和光量子增益较小,直视工作距离较短。为了增长工作距离,提高灵敏度,通常采用如二维码内容中所示的串联或级联的方式。

思考题与习题 8

8.1　试比较逐行扫描与隔行扫描的优缺点,说明为什么 20 世纪的电视制式要采用隔行扫描方式?我国的 PAL 电视制式是怎样规定的?

8.2　为什么说 N 型沟道 CCD 的工作速度要高于 P 型沟道 CCD 的工作速度?同样材料的埋沟 CCD 的工作速度要高于表面沟道 CCD 的工作速度的原因是什么?

8.3　为什么在相同栅极电压作用下不同氧化层厚度 MOS 结构所形成的势阱存储电荷的容量不同?为什么氧化层厚度越薄电荷的存储容量越多?

8.4　为什么二相线阵 CCD 电极结构中的信号电荷能在二相驱动脉冲的驱动下进行定向转移而三相线阵 CCD 必须在三相交叠脉冲的作用下才能进行定向转移?

8.5　线阵 CCD 驱动脉冲中设置复位脉冲 RS 有什么意义?如果线阵 CCD 驱动器的 RS 脉冲出现故障而没有加上,线阵 CCD 的输出信号将会怎样?

8.6　为什么要引入胖零电荷?胖零电荷属于暗电流吗?能通过对线阵 CCD 器件制冷消除胖零电荷吗?

8.7　为什么线阵 CCD 的驱动频率有上限和下限的限制?为什么对线阵 CCD 器件进行制冷能够降低它的下限驱动频率?

8.8　为什么线阵 CCD 的光敏阵列与移位寄存器之间要用转移栅隔离开?存储于光敏阵

列中的信号电荷是通过哪个电极的控制转移到双沟道器件的移位寄存器中的？又是通过哪些电极控制从 CCD 转移出来形成时序信号的？

8.9 若二相线阵 CCD 器件 TCD1206UD 像敏单元数为 2160 个，器件的总转移效率为 0.92，试计算其每个转移单元的最低转移效率应该是多少？

8.10 帧转移型面阵 CCD 的图像信号电荷存储在哪个区域？是怎样从像敏区转移到暂存区的？又是如何从暂存区转移出来成为视频信号的？

8.11 帧转移型面阵 CCD 输出的信号是如何遵守 PAL 电视制式的？

8.12 隔列转移型面阵 CCD 的信号电荷是怎样从像敏区转移到水平移位寄存器的？又如何移出器件形成视频信号的？

8.13 在 CMOS 图像传感器中的像元信号是通过什么方式从像敏区传输出来的？为什么 CMOS 图像传感器要设置地址译码器？地址译码器的作用是什么？

8.14 CMOS 图像传感器能够像线阵 CCD 那样只输出一行的信号吗？试设计出用 CMOS 图像传感器完成线阵 CCD 信号输出的方案。

8.15 何谓被动像敏单元结构与主动像敏单元结构？二者有什么异同？主动像敏单元结构是如何克服被动像敏单元结构的缺陷的？

8.16 何谓 CMOS 图像传感器的填充因子？提高填充因子的方法有几种？

8.17 CMOS 图像传感器与 CCD 图像传感器的主要区别是什么？

8.18 为什么 CMOS 图像传感器要采用线性-对数输出方式？在采用了线性-对数输出方式后会得到什么好处？同时会带来什么问题？

8.19 试说明热释电摄像管中的斩光器的作用；当斩光器的微电机出现故障时：(1) 不转，(2) 转速变慢时，都会发生什么现象？

8.20 根据 IR220 红外热像仪的技术参数说明能否用 IR220 红外热像仪探测人体的体温？能否将 IR220 红外热像仪安装在机场候机室入口处，用于检测蹬机旅客的健康状况？

8.21 试利用热释电器件设计出点扫描方式的热像仪，要求画出点扫描热像仪的原理方框图。

第 9 章　光电信号的数据采集与计算机接口技术

微型计算机(包括单片机、单板机和系统机等)具有运算速度快,可靠性高,信息处理、存储、传输、控制等功能强的优点,被广泛地用于光电测控技术领域,成为必不可少的功能部件。

光电信号的种类很多,不同的应用领域有着不同的光电信号,但归结起来,可分为缓变信号、调幅、调频脉冲信号,以及视频图像信号等。光电信号所载运的信息有幅度信息、频率信息和相位信息。如何将这些信息送入微型计算机,完成信息的提取、存储、传输和控制,是本章的核心问题。

9.1　光电信号的二值化处理

计算机所能识别的数字是"0"或"1",即低或高电平。这里的"0"或"1"可代表很多意义,在光电信号中它既可以代表信号的有与无,又可以代表光信号的强弱程度,还可以检测运动物体是否运动到某一特定的位置。将光电信号转换成"0"或"1"数字量的过程称为光电信号的二值化处理。光电信号的二值化处理分为单元光电信号的二值化处理与视频信号的二值化处理。

9.1.1　单元光电信号的二值化处理

由一个或几个光电转换器件构成的光电转换电路所产生的独立信号,称为单元光电信号。例如,如图 9-1 所示为对某运动机件在轨道上做反复变速运动的控制。在机件运动的轨道两侧,S_1、S_2 和 S_3 为光源,D_1、D_2 和 D_3 为放置在初始点 S、变速点 A 和折返点 B 的三个光电传感器,它们的输出信号均为单元光电信号。

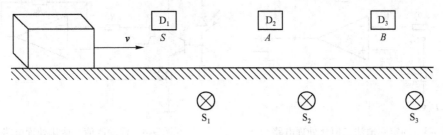

图 9-1　机件在导轨上运动的控制

设机件的运动规律可描述为:从初始点 S 开始以 v_1 高速运动,到 A 点后,降低速度,以 v_2 低速运动到 B 点后再返回。返回时,先以 $-v_1$ 高速运行;过 A 点后,以 $-v_2$ 低速运行到 S 点再返回。如此往返运行。显然,根据控制的要求,只需要给出机件是否到达 A、B、S 点,即 A、B、S 点的光电信号的输出是高电平还是低电平即可。计算机(或控制系统)可根据"1"、"0"的变化时间判断出方向,并确定机件的运行速度。这是一个很简单的单元光电信号的二值化处理问题。可以用固定阈值法进行二值化处理。

又如,某钢厂在生产钢板时,为了使钢板卷得整齐,以便包装运输,采用如图 9-2 所示钢板边缘位置的光电检测系统。当被测钢板的边缘成像到光电器件的光敏面上,刚好有一半的面积被遮挡时(设此时为初始位置点),光电器件的输出为"0";若偏离初始位置,光电器件的输出便不为"0",为"+1"或"-1"由另外的电路判断。因此可根据光电器件输出的"0"或"1"控制液压系统带动转轮左右运动,使钢板的边缘始终保持在理想的位置,保证卷起来的钢板边缘整齐。该例中,只需要对单元光电信号进行二值化处理,给出"0"、"1"信号。显然光源发光强度的稳定度直接影响测量误差。另外,环境照明光的变化也会影响边缘位置的测量,因此需要采用浮动阈值的二值化处理方法。

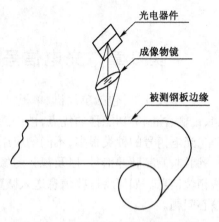

图 9-2 钢板边缘位置光电检测系统

1. 固定阈值法二值化处理电路

图 9-3 所示为典型的固定阈值法二值化处理电路。图中电压比较器的同相输入端接能够调整的固定电位 U_{th}。由电压比较器的特性可知,当输入光电信号的幅值低于固定电位 U_{th} 时,比较器的输出为高电平,即为"1";当光电信号的幅值高于阈值电位 U_{th} 时,不管其值如何接近于 U_{th},输出都为低电平,即为"0"。这种固定阈值二值化处理电路的优点是电路简单、可靠。但受光源的不稳定影响较大,需要对光源进行稳定处理,或应用在控制精度要求较低的场合。一般固定阈值法二值化处理电路常用于具有暗室条件的系统中:具有暗室条件,可以采用稳定光源的方法获得稳定的光电信号。因此,采用固定阈值法二值化处理电路足以获得理想的二值化信号。

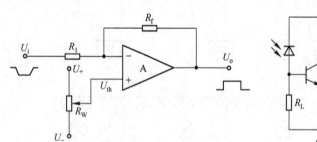

图 9-3 固定阈值法二值化处理电路

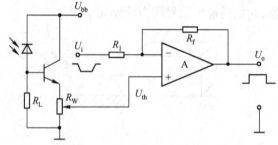

图 9-4 浮动阈值二值化处理电路

2. 浮动阈值法二值化处理电路

在要求光电检测系统的精度不受光源稳定性影响的情况下,应采用浮动阈值二值化处理电路。图 9-4 所示为阈值电压随光源浮动的二值化处理电路。图中的阈值电压为从光源分得的一部分光,加到光电二极管上,光电二极管在反向偏置下输出与光源的发光强度成线性变化的电压信号。用这个电压信号作为阈值,即可得到随光源发光强度浮动的阈值电压 U_{th}。将

U_{th}加到电压比较器的同相输入端,将检测信号的输出电压(二值化输入电压 U_i)加到电压比较器的反相输入端,电压比较器的输出端所得到的信号 U_o 即为随发光强度浮动的二值化信号。

9.1.2 序列光电信号的二值化处理

在不要求图像灰度的系统中,为提高处理速度和降低成本,尽可能使用二值化图像。实际上许多检测对象在本质上也表现为二值情况,如图纸、文字的输入,尺寸、位置的检测等。在输入这些信息时采用二值化处理是很恰当的。二值化处理是把图像和背景作为分离的二值图像对待。例如,光学系统把被测物体的直径成像在 CCD 光敏元件上,由于被测物体与背景在光强上强烈变化,反映在 CCD 视频信号中所对应的图像边界处会有急剧的电平变化。通过二值化处理把 CCD 视频信号中被测物体的直径与背景分离成二值电平。实现 CCD 视频信号二值化处理的方法有很多,可以采用电压比较器进行固定阈值或浮动阈值的处理方法,也可以采用对 CCD 输出信号进行微分,突出边界特征的方法来进行二值化处理。

视频信号的硬件二值化处理方法与单元光电信号的固定阈值和浮动阈值二值化处理方法十分相似,但不相同。这里以线阵 CCD 输出的视频信号为例,讨论序列光电信号的硬件二值化处理方法。

序列光电信号的硬件二值化处理分为固定阈值和浮动阈值二值化处理。虽然,序列光电信号与单元光电信号都是时间 t 的函数,且它们的函数关系都为 $u(t)$,但性质不同。单元光电信号 $u(t)$ 描述的是入射到单元光电器件光敏面上的光度量随时间的变化,而序列光电信号 $u(t)$ 却为输出序列光电信号的阵列单元位置信息量。因此,序列光电信号的硬件二值化处理的目的是要将序列光电信号的位置信息或边界信息检测出来。下面分别讨论序列光电信号的两种硬件二值化处理方法。

(1) 固定阈值法

序列光电信号的固定阈值法是一种最简便的二值化处理方法。将 CCD 输出的视频信号送入电压比较器的同相输入端,比较器的反相输入端加可调节电平的电位器,就可构成类似于图 9-3 所示的单元信号固定阈值二值化处理电路,而如图 9-5(a)所示的电路又不同于图 9-3 所示的电路,它是同相二值化电路。在图 9-5(a)所示序列光电信号的固定阈值二值化处理电路中,CCD 视频信号的电压稍稍大于阈值电压(电压比较器反相输入端的电位)时,电压比较器输出信号为高电平;CCD 视频信号电压小于等于阈值电压时,电压比较器的输出为低电平。CCD 视频信号经电压比较器后输出如图 9-5(b)所示的二值化方波信号。调节阈值电压,方波脉冲的前、后沿将发生移动,脉冲的宽度发生变化。当 CCD 的输出信号含有被测物体的直径信息时,通过适当地调节阈值电压,获得方波脉冲,脉冲的宽度与被测物体直径存在函数关系。因此,测出脉宽便可以计算出被测物体的直径。这种方法常被用来测量物体的外形尺寸、物体的位置及物体的振动等。

当采用固定阈值法时,对测量系统有较高的要求。首先要求系统提供给电压比较器的阈值电压 U_{th} 要稳定;其次 CCD 的输出信号只能与被测物体的直径有关,而与时间 t 无关,即要求它的时间稳定性要好。这就要求测量系统的光源及 CCD 驱动器的转移脉冲周期 T_{sh} 要稳定。因此,固定阈值法的测量系统要用恒流源作为照明光源,并采用石英晶体振荡器构成的 CCD

驱动器,使转移脉冲的周期 T_{sh} 稳定。

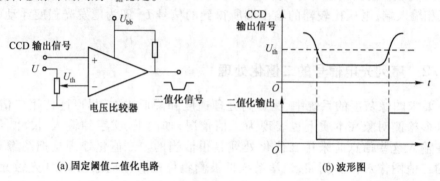

图 9-5　固定阈值二值化处理

在线检测的应用中,背景辐射(或背景光)通常是不稳定的,即在不能保证入射到 CCD 像敏面上的光稳定的情况下,固定阈值法会受光源变化引起 CCD 输出信号电压幅度变化的影响,导致测量误差。当该测量误差超出允许的范围时,就不能采用固定阈值法而必须采用其他的二值化处理方法,如浮动阈值二值化处理方法。

(2) 浮动阈值法

在序列光电信号(例如 CCD 输出信号)的浮动阈值法中,阈值电压不能像单元光电信号浮动阈值法那样随测量系统照明光源的强弱而浮动,而是随 CCD 输出信号的电压值浮动。因为 CCD 输出信号是前一个周期 CCD 光积分的结果,单元光电信号浮动阈值法所获得的阈值电压是输出信号在一个周期内的平均值,并在时间上存在差异,没有可比性。尤其是当背景光的变化速度较快的情况下更为显著。因此,序列光电信号的浮动阈值法应当用同一周期输出信号的初始值,经采样保持电路后,作为阈值进行二值化。图 9-6 所示为线阵 CCD 的浮动阈值二值化原理电路。CCD 输出信号经采样保持电路获得的照明光源与背景光源共同作用下的输出电压,将其作为二值化的浮动阈值 U_{th},并将其保持到整个周期。

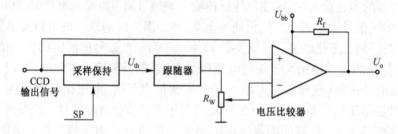

图 9-6　浮动阈值二值化原理电路

图 9-7 所示为序列光电信号浮动阈值二值化电路的工作波形。浮动阈值二值化电路的浮动量需要根据照明光源及背景光变化的影响程度进行适当调整。理想的、能够完全消除光源不稳定因素所带来的测量误差很困难。但是,利用浮动阈值方法,将光源波动影响限制在测量误差允许的范围内是可以办到的。

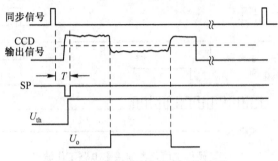

图 9-7　浮动阈值二值化工作波形

9.2　光电信号的二值化数据采集与接口

光电信号的二值化数据采集与接口,也分为单元光电信号与序列光电信号的数据采集与接口。但是,单元光电信号的采集方法很简单。掌握了序列光电信号的数据采集方法就能够进行单元光电信号的二值化数据采集。

线阵 CCD 在对物体外形尺寸、位置、振动等测量应用中常采用二值化处理方法。

以下仍以线阵 CCD 输出信号为例,讨论序列光电信号的二值化数据采集与计算机接口问题。

9.2.1　硬件二值化数据采集电路

硬件二值化数据采集电路的原理方框图如图 9-8 所示。它由与门电路、二进制计数器、锁存器和显示器等硬件逻辑电路构成。线阵 CCD 的驱动器除产生 CCD 所需要的各种驱动脉冲以外,还要产生行同步控制脉冲 F_c 和用做二值化计数的输入脉冲(或主脉冲) F_M,并要求 F_c 的上升沿对应于 CCD 输出信号的第一个有效像素单元。F_M 脉冲的频率是复位脉冲 RS 频率的整数倍,或为 CCD 的采样脉冲。CCD 的视频信号经二值化处理电路产生的方波脉冲,加到与门电路的输入端,控制输入脉冲 F_M 是否能够送到二进制计数器的计数输入端。用 F_c 的低电平作为计数器的复位脉冲。锁存器的触发输入端 ck 直接接在二值化输出信号后沿触发的送数脉冲电路(延时电路)的输出端上,锁存器的输出经数据总线送至计算机。

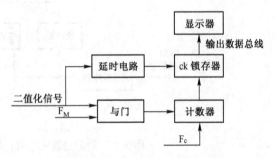

图 9-8　硬件二值化数据采集原理方框图

硬件二值化数据采集电路的工作波形如图 9-9 所示。图中 F_c 的低电平使计数器清"0";它在变成高电平以后,计数器方可进行计数工作。

主时钟脉冲 F_M 的频率是采样脉冲 SP 或复位脉冲 RS 频率的整数(N)倍,而 SP 或 RS 脉冲周期恰为 CCD 输出 1 个像元的时间,因此,F_M 周期为像元周期的 $1/N$。方波脉宽中的 F_M 脉冲数为方波范围内像敏单元的 N 倍。可见,采用高于采样脉冲 SP 频率 N 倍的主时钟 F_M 为

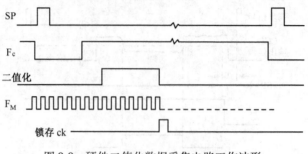

图 9-9　硬件二值化数据采集电路工作波形

计数脉冲,能够获得细分像敏单元的效果,使测量的精确度更高。

这种硬件二值化数据采集电路适用于物体外形尺寸测量,且只适用于在一个行周期内只有一个二值化脉冲的情况。同时这种方法只能采集二值化脉冲宽度或被测物体的尺寸而无法检测被测物体在视场中的位置。

9.2.2　边沿送数法二值化数据电路

图 9-10 所示为边沿送数法二值化数据采集电路的原理方框图。由线阵 CCD 行同步脉冲 Fc 控制的二进制计数器计得每行的标准脉冲 F_M(可以是 CCD 的复位脉冲 RS 或像元采样脉冲 SP)数。当标准脉冲为 CCD 的复位脉冲 RS 或像元采样脉冲 SP 时,计数器某时刻的计数值为线阵 CCD 在此刻输出像敏单元的位置序号,若将此刻计数器所计的数值用边沿锁存器锁存,那么边沿锁存器就能够将 CCD 某特征像元的位置输出,并存储起来。

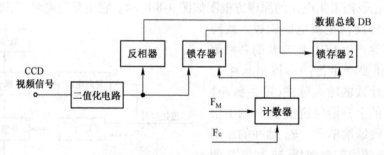

图 9-10　边沿送数法二值化数据采集电路原理方框图

这种方式的工作脉冲波形如图 9-11 所示。计数器在 F_c 高电平期间计下 CCD 输出的像元位置序号。另外,CCD 输出的载有被测物体直径像的视频信号经过二值化处理电路产生被测信号的方波脉冲,其前、后边沿分别对应于线阵 CCD 的两个位置。将该方波脉冲分别送给两个边沿信号产生电路,产生两个上升沿,分别对应于方波脉冲的前、后边沿,即线阵 CCD 的两个边界点。用这两个边沿脉冲的上升沿锁存二进制计数器在上升沿时刻所计的数值 N_1 和 N_2,则 N_1 为二值化方波前沿时刻所对应的像元位置值,N_2 为后沿所对应的像元位置值。在行周期结束时,计算机软件分别将 N_1 和 N_2 的值通过数据总线 DB 存入计算机内存,便可获得二值化方波脉冲的宽度信息与被测图像在线阵 CCD 像敏面上的位置信息。

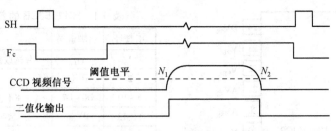

图 9-11　边沿送数法二值化数据采集电路工作波形

9.3　光电信号的量化处理与 A/D 数据采集

在测量光的强度信息时，需要把光的强度进行数字化后才能送入计算机进行存储、计算、分析和显示等处理，即需要对光电信号进行量化处理。对于光电信号的量化处理也分为单元光电信号的量化处理与序列光电信号的量化处理。

9.3.1　单元光电信号的量化处理

单元光电信号的量化处理，也就是对单元光电器件构成的光电变换电路的输出信号进行数字化处理的过程。在光电技术中经常需要对某些场景的光强度（或光照度）进行测量，并且要求以数字方式显示测量值（例如数字照度计），或送入计算机进行实时控制等处理。这种情况必须采用单元光电信号的量化处理。

显然，能够完成单元光电信号量化处理工作的器件是 A/D 转换器。A/D 转换器的种类很多，特性各异，应根据不同的情况采用不同的器件。下面介绍一些常用于单元光电信号量化处理的 A/D 转换器。

1. 高速 A/D 转换器

高速 A/D 转换器的种类很多，速度及分辨率等参数各异。为了学习和掌握单元光电信号的 A/D 数据采集技术，下面以 HI1175JCB 转换器为例进行讨论。HI1175JCB 为 8 b 的高速 A/D 转换器，其最高工作频率为 20 MHz，具有启动简便、转换速度快、线性精度高等特点，基本能满足单元光电信号高速 A/D 数据采集的需要。

（1）HI1175JCB 型 A/D 转换器引脚定义

HI1175JCB 型 A/D 转换器的引脚排列如图 9-12 所示，它为 24 脚 DIP 封装的器件。表 9-1 为 HI1175JCB 的各引脚的定义。

其中，16、17、22、23 脚为 A/D 转换器提供参考（基准）电源电压。A/D 转换器的数字逻辑部分与模拟部分的供电电源均为 +5 V 的稳压电源，但是，不能直接将模拟电源 AV_{DD} 与数字电源 DV_{DD} 以及模拟地 AGND 与数字地 GND 相连，要在电路上分开，在电路板外相接，以便消除数字脉冲信号电流通过电源线或地线对模拟信号的干扰，同时有利于降低噪声。

A/D 转换器的启动和数字信号的读出都很简单，只需用一个时钟脉冲信号 CLK 即可完成。用时钟脉冲 CLK 的前沿（上升沿）启动 A/D 转换器，用后沿（下降沿）将转换完的 8 位数字信号送到输出寄存器。

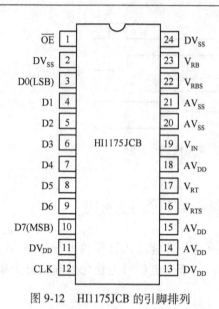

图 9-12　HI1175JCB 的引脚排列

表 9-1　HI1175JCB 的各引脚的定义

引脚号	引脚定义	说　明
1	$\overline{OE}$	片选或使能，低电平有效
2	DV_{SS}	数字地
3～10	$D0～D7$	8 位并行数字输出
11、13	DV_{DD}	数字电源（+5 V）
12	CLK	时钟脉冲输入（启动 A/D 转换器）
14、15、18	AV_{DD}	模拟电源（+5 V）
16	V_{RTS}	参考电压源（2.6 V）
17	V_{RT}	参考电压（TOP）
23	V_{RB}	参考电压（Bottom）
19	V_{IN}	模拟电压输入
20、21	AV_{SS}	模拟电源（地）
22	V_{RBS}	参考电压源（+0.6 V）

（2）HI1175JCB 型 A/D 转换器的基本原理

图 9-13 所示为 HI1175JCB 型 A/D 转换器的基本原理方框图。它主要由电压基准、数字电压比较器、数据存储器、数据锁存器和时钟脉冲发生器等 5 个部分组成。电压基准为电压比较器提供参考电压，形成高 4 位数或低 4 位数存入存储器。各路数字比较器在统一的时钟脉冲控制下完成比较并形成数据。存入存储器的数据通过三态锁存器形成 8 位数字，并由 $\overline{OE}$ 控制。显然，这种通过比较器与参考电压进行比较形成数据的方式属于高速闪存的 A/D 转换方式，具有极高的转换速度。

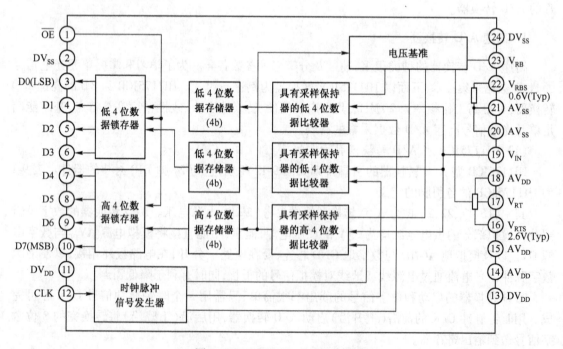

图 9-13　HI1175JCB 的原理方框图

(3) HI1175JCB 型 A/D 转换器的工作时序

HI1175JCB 型 A/D 转换器的工作时序如图 9-14 所示。用时钟脉冲 CLK 的前沿（上升沿）启动 A/D 转换器。下降沿到来时，锁存器已将数据准备好，可以将 A/D 转换后的数据送入计算机内存，完成单元信号的数据采集工作。

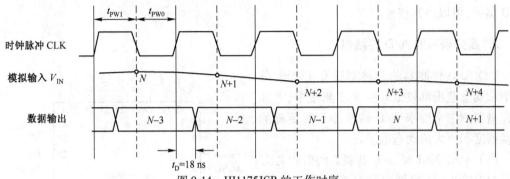

图 9-14　HI1175JCB 的工作时序

图 9-15 所示为按上述时序工作的实际电路。它由基准电源部分、时钟脉冲输入部分和模拟信号输入部分构成。基准电压由稳压二极管 ICL8069 和电位器 R_{12} 分压后，经放大器组成的电位调整电路分别输出高电平参考电压 U_{RT} 和低电平参考电压 U_{RB}。

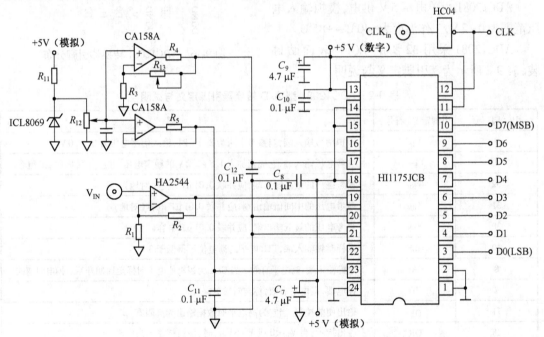

图 9-15　典型 HI1175JCB 高速 A/D 转换电路

时钟脉冲输入部分经反相器 HC04 隔离后，直接送给 A/D 转换器的时钟脉冲输入端，启动 A/D 转换器。

模拟信号输入部分由高速运算放大器 HA2544 构成同相放大器电路，降低输入阻抗后直接送到 A/D 转换器的模拟输入端进行 A/D 转换，转换完成后将 8 位数据并行输出。

图 9-15 中所示的接地方式有两种,一种是以三角符号表示模拟电源的地,另一种接地方式为数字电源的地。同样,与之对应的还有模拟电源(+5 V)和数字电源(+5 V)。模拟地、数字地不能在电路板上直接相连(电源也是如此),否则,噪声会使 A/D 转换工作失败。

当同一块电路板上有多个转换器时,可以利用片选信号$\overline{OE}$进行选择,该电路中只有一片 A/D 器件,可以将其接地。

2. 高分辨率的 A/D 转换器

8 位 A/D 转换器的分辨率只有 1/256,分辨率和动态范围都较低。在光度测量中,尤其在光谱探测中常要求 A/D 转换器具有更高的转换精度和更大的动态范围。

(1) ADC12081 型 A/D 转换器的引脚定义

ADC12081 转换器引脚分布如图 9-16 所示。它是一种常用的 CMOS 结构的 A/D 转换器,可将输入信号电压转换成 12 b 数字信号输出,转换速率为 5 Mb/s。

ADC12081 由单电源 5 V 供电,模拟输入电压范围为 0~2 V,工作温度为 -40℃~+85℃。

ADC12081 采用 32 脚的 LQFP 表面贴封装,表 9-2 所示为其引脚定义与说明。

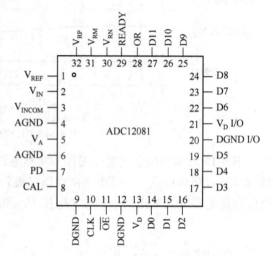

图 9-16 ADC12081 转换器引脚分布

表 9-2 ADC12081 型 A/D 转换器引脚定义与说明

引 脚 号	引脚定义(符号)	说　明
2	V_{IN}	模拟信号输入端,当参考电压为 2.0 V 时,输入信号电压为 0~2.0 V
1	V_{REF}	参考电压输入端,它应当加入 1.8~2.2 V 的稳定电压,并应并联 0.01 μF 电容
32	V_{RP}	参考电压的最高输出端,应并联 0.01 μF 电容(对地)
31	V_{RM}	参考电压的中间值输出端,应并联 0.01 μF 电容(对地)
30	V_{RN}	参考电压的最低输出端,应并联 0.01 μF 电容(对地)
10	CLK	采样时钟输入端,TTL 电平的高电位不得低于 3 V
8	CAL	定标输入端,高电平有效。当 CAL 为逻辑低电平时标定周期开始。掉电时忽略
7	PD	掉电端,高电平有效,标定时被忽略
11	$\overline{OE}$	输出使能控制,当它为高电平时数据输出为高阻态
28	OR	溢出指示,当 $V_{IN}<0$ 或 $V_{IN}>V_{REF}$ 时,该引脚输出高电平
29	READY	器件准备指示,高电平有效,它只有在定标和掉电时才为低电平
14~19,22~27	D0~D11	12 位数据输出端
3	$V_{IN\ COM}$	模拟信号输入的公共端
5	V_A	模拟电源输入端(+5 V)
4,6	AGND	模拟电源的地
13	V_D	数字电源输入端(+5 V)

续表

引脚号	引脚定义(符号)	说明
9,12	DGND	数字电源的地
21	V_D I/O	数字输出驱动电源
20	DGND I/O	数字输出驱动电源的地

ADC12081 具有 6 个信号输入端口和 17 个输出端口。其中，0~+2 V 的模拟信号输入端、基准电压输入端为模拟输入端口；时钟脉冲 CLK 输入端、标定脉冲 CAP 输入端、使能信号 $\overline{OE}$ 输入端和低功耗运行控制 PD 输入端等均为数字端口；V_{RP}、V_{RM}、V_{RN} 为模拟输出端口；D0~D11 为 12 位数字输出端口；另外还有两个端口，即准备好信号 READY 与超范围输入指示信号 OR 等端口。

ADC12081 的供电电源包括模拟电源 V_A 和数字电源 V_D，均为 +5 V，但是，必须将它们"隔离"，以免相互干扰；模拟地 AGND 与数字地 GND 也是如此。输出数字电源 V_D I/O 的工作电压为 2.7~5 V，这使 ADC12081 很容易适应 3 V 或 5 V 的逻辑系统。要注意，输出数字电源 V_D I/O 绝对不能高于模拟电源 V_A 或数字电源 V_D。具体电路参见图 9-21。

(2) ADC12081 型 A/D 转换器的基本工作原理

图 9-17 所示为 ADC12081 型 A/D 转换器的原理结构图。由图可以看出，它的 A/D 转换方式为逐级转换。模拟输入信号首先经过器件内置的采样保持器(S/H)保持一定的时间，在这段时间里，模拟输入信号与内部基准信号逐级进行比较、处理。即模拟信号在每级转换单元都进行与内部基准信号的二分处理，其余数为"1"或"0"，形成该级的二进制数。因此，转换后输出 15 位的数字信号，经校准后调整到 12 位数字通过输出单元(三态锁存器)输出。三态锁存器将由外部输入的使能信号 $\overline{OE}$ 控制。

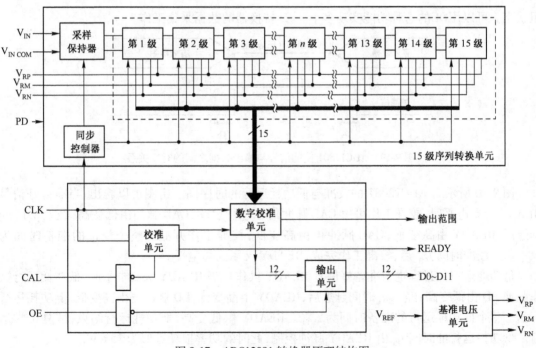

图 9-17 ADC12081 转换器原理结构图

由外部电路提供的基准电源为内部电路提供三种高低不同的基准电压 V_{RP}、V_{RM}、V_{RN}，为了消除高频干扰，要进行滤波处理，因此，将其引出，分别对地接 0.1 μF 的电容，使三个基准电压更加稳定。

(3) ADC12081 型 A/D 转换器的工作时序

图 9-18 所示为 ADC12081 型 A/D 转换器的数模转换时序。从图中可以看出，时钟脉冲 CLK 的上升沿启动 A/D 转换器，而下降沿到来时，A/D 转换器的转换过程已经结束，并且数据已经存放在数据输出寄存器中。时钟脉冲的上升沿采集模拟信号的采样点，在转换的过程中采样保持器始终保持采样开始时模拟信号的输入电位。时钟脉冲的半宽度应该大于时钟脉冲上升沿至数据转换结束的延迟时间 t_{OD}。

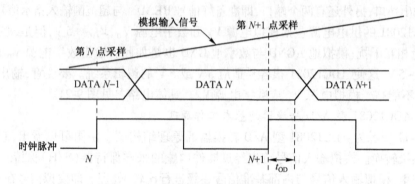

图 9-18　ADC12081 的数模转换时序

图 9-19 所示为 ADC12081 的使能信号与输出数据之间的时序关系。由图可见，使能信号 $\overline{OE}$ 控制着数据存储器的输出是否有效。当使能信号为低时，输出信号有效；为高时，输出为高阻状态。可以用 $\overline{OE}$ 的这种功能实现多个 A/D 转换器的数据采集工作。

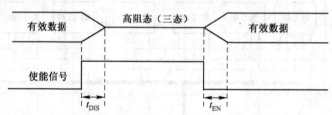

图 9-19　ADC12801 使能信号与输出数据之间的时序关系

图 9-20 所示为 ADC12081 的校准与低功耗运行的时序图。由图可以看出，当准备好信号 READY 为高电平时，校准工作可由 CAL 脉冲信号进行启动，CAL 脉冲由低变高；经 t_{RDYC} 时间延迟后，READY 由高变低，CAL 脉冲再由高变低，校准工作开始。整个校准的准备时间为 t_{WCAL}。经校准时间 t_{CAL} 后，校准工作完成，READY 又回到高电平。

低功耗运行的过程也由准备好信号 READY 操作。当 READY 为高电平时，低功耗运行操作脉冲 PD 由低变高；经 t_{RDYC} 时间延迟后，READY 由高变低，PD 脉冲再由高变低，低功耗运行开始。整个低功耗运行的准备时间为 t_{WPD}。READY 由低变高，低功耗运行结束，恢复正常运行。低功耗运行的时间 t_{PD} 由 READY 脉冲控制，此时的功率损耗近似为 15 mW。

ADC12081 转换器的典型电路如图 9-21 所示。由放大器 A 组成 A/D 转换器的输入电路，

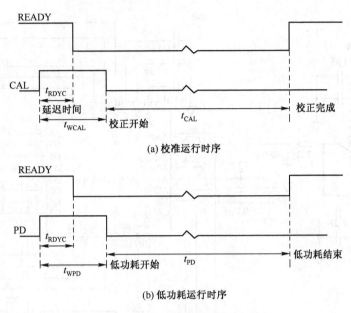

图 9-20 校准与低功耗运行的时序

保证输入至 ADC12081 的电压满足 A/D 转换器对输入信号的要求。单元光电信号由 BNC 接口输入到放大器 A 的同相输入端，使 ADC 的输入端与光电信号同相。由基准稳压器 LM336 产生 2.5 V 的稳定电压，再经电阻分压器得到所需要的稳定基准电压（参考电压），并用 0.1 μF 和 1 μF 的电容滤掉高次谐波后为 A/D 转换器提供稳定的基准电源。

ADC12081 在时钟脉冲 CLK 的控制下完成 A/D 转换工作，并将数字信号经 D0~D11 端口输出。为了使 A/D 转换更为精确，电路设置了自校准功能，可以按如图 9-22 所示的时序进行校准。当器件暂时不进行转换工作时，可将其设置在低功耗状态，以便减小能耗，降低器件的温升。

9.3.2 单元光电信号的 A/D 数据采集

图 9-22 所示为用于高速检测某点光照度的数据采集系统原理方框图。系统采用 HI1175JCB，它为 8 位高速 A/D 转换器。考虑到不同的计算机总线接口方式中数据传输速度的不同，A/D 转换接口电路设置了内部 SRAM 存储器，以便适应连续的 A/D 数据采集的需要。计算机的低 10 位地址总线与读($\overline{\mathrm{RD}}$)/写($\overline{\mathrm{WR}}$)控制线、地址允许信号 AEN 或中断控制线等构成译码信号，经译码器对同步控制器产生各种操作信号。同步控制器将产生 A/D 启动时钟信号 CLK，A/D 转换器启动并在转换完成后将 8 位数据存入 SRAM 存储器，同时使地址计数器加 1。待存够所需要的数据后，计算机软件通过地址总线控制同步控制器将 SRAM 中的数据读取到计算机内存。

单元光电信号的 A/D 数据采集系统软件流程图如图 9-23 所示。

初始化将程序所用的内存地址空间及数据格式等内容确定下来。用计算机允许的用户地址编写同步控制器的有关指令。例如，用 2F1H 地址设置 A/D 数据采集系统处于初始状态，2F3H 写系统所要采集的数据量，2F5H 判断 N 个数据的转换工作是否已经完成，若没有完成程序会返回继续查询；若已完成，程序将向下执行，用 2F4H 读取 N 个 8 位数。读完后程序结

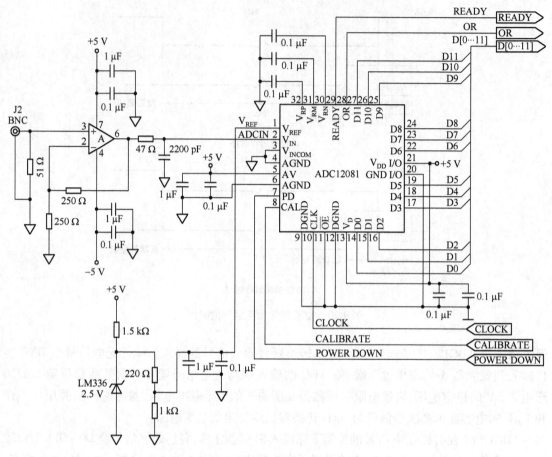

图 9-21 ADC12081 转换器典型电路

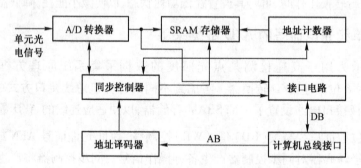

图 9-22 单元光电信号的 A/D 数据采集系统原理方框图

束或返回。

用 C 语言编写的单元光电信号 A/D 数据采集系统的程序如下：

```
#include <dos.h>
#include <conio.h>
main( )
{
    ⋮
```

```
int ready = 0;
unsigned char result = 0;
outportb(0x2F3,20); //设定 N = 20
inportb(0x2F1);//启动 A/D,完成采集系统的复位
while(1)
{
    ready = inportb(0x2F5);
    ready = ready&0x01;
    if (ready == 1)
        break;
    //查询 A/D 转换是否完成
}
result = inportb(0x2F4); //读数据
printf("\n result:%d",result);
⋮
}
```

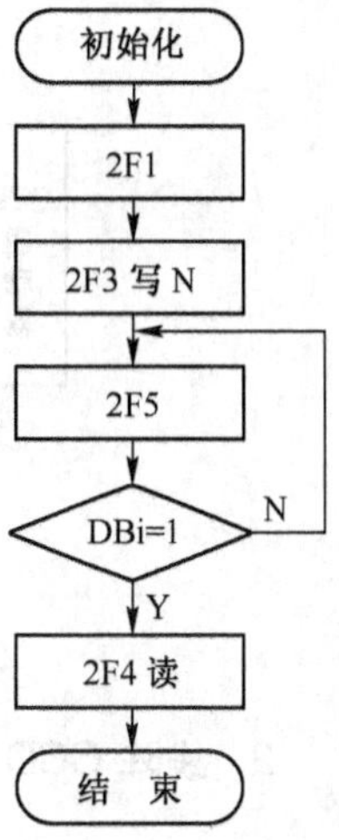

图 9-23 数据采集流程图

9.3.3 序列光电信号的 A/D 数据采集与计算机接口

序列光电信号常分为线阵 CCD 输出信号、面阵 CCD 输出的视频信号及其他电子束摄像管摄像机发出的具有各种制式的复合同步视频信号。同步方式不同,A/D 数据采集和计算机接口方式等也不相同。下面讨论线阵 CCD 的输出信号与面阵 CCD 的视频信号的 A/D 数据采集与计算机接口的问题。

1. 线阵 CCD 输出信号 A/D 数据采集系统的基本组成

本节以 TCD1206UD(2160 像数单元)线阵 CCD 的输出信号为例,讨论线阵 CCD 输出信号的 A/D 数据采集系统的基本组成。其原理方框图如图 9-24 所示为典型的线阵 CCD 驱动器除提供 CCD 工作所需要的驱动脉冲外,还要提供与转移脉冲 SH 同步的行同步控制脉冲 Fc、与 CCD 输出的像元亮度信号同步的脉冲 SP 和时钟脉冲 CLK,并将其直接送到同步控制器,使数据采集系统的工作始终与线阵 CCD 的工作同步。

同步控制器接收到软件通过地址总线与读/写控制线等传送的命令,执行对地址发生器、存储器、A/D 转换器、接口电路等的同步控制。

图 9-24 中,A/D 转换器采用 ADS8322,它具有 16 位二进制数的分辨能力,工作频率高达 500 kHz,且具有内部采样放大器,可对输入信号进行采样保持。数据存储器采用 SRAM6264, 它具有 64 KB 的数据存储空间,存取频率高于 10 MHz。地址发生器由同步或异步多位二进制计数器构成。接口电路由 74LS245 双向 8 位总线收发器构成。地址译码器与同步控制器一起由 CPLD 现场可编程逻辑电路构成。总线接口方式可有多种选择,如 PC 总线接口方式、并行接口(打印口)方式、USB 总线串行接口方式、PCI 总线接口方式等。不同的接口方式具有不同的特性,其中以 PCI 总线接口方式的数据传输速度最快。

此外,接口软件是数据采集系统的核心,由它来判断数据采集系统的工作状态,发出 A/D 转换器启动、数据读/写操作等指令,以及数据处理、存储、显示、执行和传输等。

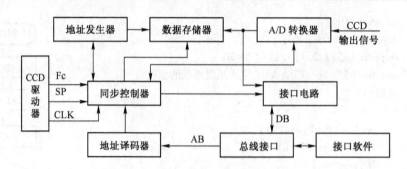

图 9-24 线阵 CCD 的数据采集原理方框图

2. 线阵 CCD 输出信号 A/D 数据采集系统分析

经放大的线阵 CCD 输出信号接入转换器的模拟输入端,将驱动器输出的同步控制脉冲 Fc、SP 与时钟脉冲 CLK 送到同步控制器,并与软件控制的执行命令一起控制采集系统与 CCD 同步工作。

软件发出采集开始命令,通过总线接口给采集系统一个地址码(如 300H),地址译码器(例如 3-8 译码器)输出执行命令(低电平)。同步控制器得到指令后,将启动采集系统(将采集系统处于初始状态),等待驱动器行同步脉冲 Fc 的到来。Fc 的上升沿对应着 CCD 输出信号的第 1 个有效像素单元。Fc 到来后,A/D 转换器将在 SP 与 CLK 的共同作用下启动并进行 A/D 转换工作。转换完成后,将 A/D 转换器输出的状态信号 BUSY 送回同步控制器。同步控制器将发出存数据的命令(A/D 的读脉冲 $\overline{RD}$、存储器的写脉冲 $\overline{WR}$),将 A/D 转换器的输出数据写入存储器,并将地址发生器的地址加 1。上述转换工作循环进行,直到同步控制器所得到的地址发生器的地址数已达到希望值后,通知计算机。计算机软件得到转换工作已完成的信息后,再通过总线接口、地址译码器和同步控制器将存在存储器中的数据通过接口电路送入计算机内存。

TCD1206UD 线阵 CCD 的 16 位 A/D 数据采集系统的脉冲时序如图 9-25 所示。Fc 的上升沿使同步控制器开始自动接收采样脉冲 SP 与时钟脉冲 CLK,SP 的上升沿使片选 $\overline{CS}$ 与转换信号 $\overline{CONVST}$ 有效,CLK 的第 1 个脉冲使 A/D 转换器启动,状态信号 BUSY 变为高电平,经过 16 个时钟的转换后,转换过程结束,BUSY 由高变低,A/D 转换器进入输出数据阶段,读脉冲 $\overline{RD}$ 有效。同时,在 BUSY 下降沿的作用下,同步控制器发出两个写脉冲 $\overline{WR}$,写脉冲 $\overline{WR}$ 将 16 位数据分两次写入 SRAM6264,每写一次,同步控制器使地址发生器的地址加 1。如此循环,经 2160 个 SP 后,A/D 转换器进行 2160 次转换(即将 TCD1206UD 的所有有效像元转换完成),地址计数器的地址为 4320。计数器的译码器输出计满信号送给同步控制器,同步控制器将通过接口总线通知计算机,计算机软件将通过接口总线及译码器控制同步控制器读出 4320 个 8 位数据到计算机内存。将数据存入计算机时,按 16 位数据模式存放数据,构成 2160 个 16 位数据。

显然,接口总线的不同将影响数据采集的速度与方式。其中 PCI 总线的数据传输速度最快,它不用设置 SRAM 存储器,转换完成后可以直接将数据存入计算机内存。用并口(打印接

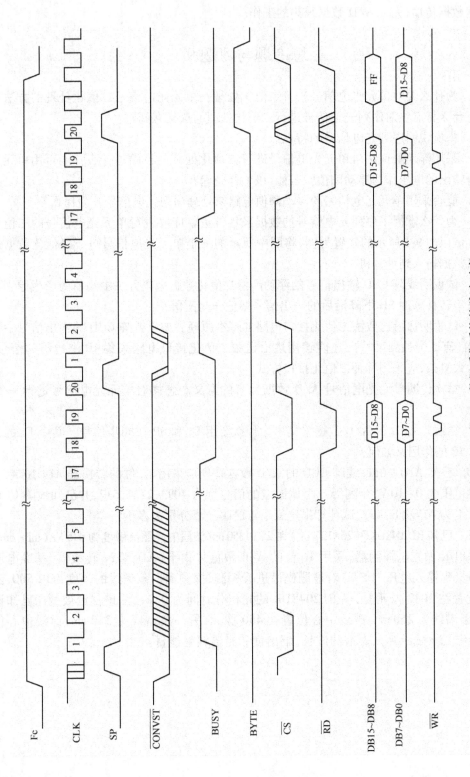

图 9-25　16 位 A/D 数据采集系统的脉冲时序

口)等低速接口方式时,由于数据传输速度低,必须设置 SRAM 存储器,以便衔接高速 A/D 采集与低速数据传输,完成 A/D 数据采集的工作。

思考题与习题 9

9.1 为什么要对单元光电信号进行二值化处理?单元光电信号二值化处理的方法有几种?各有什么特点?对序列光电信号进行二值化处理的意义有哪些?

9.2 举例说明序列光电信号的特点。

9.3 采用浮动阈值法对单元光电信号进行二值化处理的目的是什么?能否用单元光电信号自身输出的电压作为浮动阈值?若能,该怎样处理?

9.4 能否采用单元光电信号的浮动阈值电路来处理序列光电信号?为什么?

9.5 为什么掌握了序列光电信号的数据采集方法就能够进行单元光电信号的二值化数据采集?试以图 9-1 所示的装置为例,将图中所示的三个单元光电信号进行二值化数据采集并将二值数据输入到计算机。

9.6 试说明线阵 CCD 输出信号的浮动阈值二值化数据采集方法中阈值的产生原理。为什么要采集转移脉冲 SH 下降沿后的输出信号幅值作为阈值?

9.7 试说明边沿送数法二值化接口电路的基本原理。如果线阵 CCD 的输出信号中含有 10 个边沿(有 5 个被测尺寸),还能够用边沿送数二值化接口电路采集 10 个边沿的信号吗?如果认为太复杂,应采用哪种二值化接口方式?

9.8 举例说明单元光电信号 A/D 数据采集的意义。怎样对单元光电信号进行 A/D 数据采集?

9.9 在线阵 CCD 的 A/D 数据采集中为什么要用 Fc 和 SP 作同步信号?其中 Fc 的作用是什么?SP 的作用又如何?

9.10 已知 AD12—5K 线阵 CCD 的 A/D 数据采集卡采用 12 位的转换器 ADC1674,它的输入电压范围为 0~10 V,今测得三个像素点的值分别为 4093、2121、512,并已知线阵 CCD 的光照灵敏度为 $47V/(lx \cdot s)$,试计算出这三个点的曝光量分别为多少?

9.11 已知 RL2048DKQ($26 \times 13 \mu m^2$)在 250~350 nm 波段的光照灵敏度为 $4.5 V/(\mu J \cdot cm^{-2})$,用 RL2048DK 做光电探测器,采用 16 位的 A/D 数据采集卡(ADS8322 转换器,基准电压为 2.5 V,满量程输入电压为 5 V)对被测光谱进行探测,探测到一条谱线的幅度为 12 500,谱线的中心位置在 1042 像元上,设 RL2048DK 的光积分时间为 0.2 s,测谱仪已被两条已知谱线标定,一条谱线为 260 nm,谱线中心位置在 450 像元,另一条谱线为 340 nm,谱线中心位置在 1 550 像元。试计算该光谱的波长、辐出度和光谱辐射能量。

第10章 光电技术的典型应用

10.1 用于长度量的测量与控制

前面讨论了各种光电传感器与光电信息变换的基本分类,目的是当我们遇到实际光电信息技术问题时能够分析它们属于哪种变换类型,应用哪些光电传感器及变换电路来实现系统的构建并完成任务。本章将通过常遇到的实际课题具体分析光电技术应用问题。

10.1.1 板材定长裁剪系统

在板材(钢带、铝带、玻璃板、塑料板等板材)的生产、加工过程中,经常遇到定长度的裁剪工作。采用光电非接触测量系统可以实现板材定长加工的自动化,并获得高精度、高速度、稳定质量的效果。

1. 板材定长裁剪系统的结构

板材定长裁剪系统如图 10-1 所示。被裁剪的板材经传动轮和从动轮展开,并经过裁剪装置(剪刀)输送到光电探测系统。光电探测系统由光源、光学聚焦(或成像)系统(图中未画)和光电器件构成。光电探测系统输出的信号经信号处理系统(图中未画)后,发出执行命令信号。剪刀在裁剪控制系统接受执行命令,操作裁剪系统执行裁剪动作。

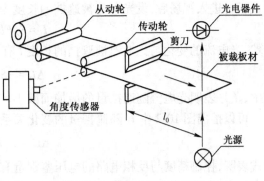

图 10-1 板材定长裁剪系统

2. 定长裁剪原理

在如图 10-1 所示的结构中,将光电探测系统的中心安装在距裁剪刀口 l_0 远处。当被裁板材因传动沿箭头所示方向传到光电探测系统的视场内时,被裁板材边缘的像成在光电器件的像敏面上,使光电器件输出的光电流减小。而且,随着板材的传动,光电流将越来越小。当减小到一定程度时,光电变换电路将输出电压的跳变,跳变的信号使板材传动系统停止,裁剪系统启动,剪刀下落将板材剪掉。板材被剪掉后,光电器件又被光完全照亮,光电流又恢复到最大值,又可以抬起剪刀,启动传动系统使板材再沿箭头方向传动,实现传动与裁剪的自动控制。图 10-2 中的角度传感器可用来计量板材的总传输量。

3. 定长裁剪系统精度分析

若裁剪系统的光电传感器采用面积为 S 的硅光电池（或硅光电二极管），它的变换电路如图 10-2 所示。在光敏面全被入射光照射时，光电流 I_L 很大，变换电路的输出为低电位，用作整形的非门电路输出为高电平。当光敏面部分被遮挡时，光电流 I_L 减小，变换电路的输出电位增高，当它高于阈值电位 U_{th} 时，非门电路的输出由高变低，输出控制传输系统和剪刀动作的命令。

设光源所发出的光经光学系统后均匀地投射到光电器件上，光敏面上的照度为 E。当光电器件为矩形硅光电池时，它输出的光电流 I_L 与入射光照度 E 的关系为

$$I_L = S_\phi E A \qquad (10\text{-}1)$$

输出电压为

$$U = U_{bb} - R_L S_\phi E_e A \qquad (10\text{-}2)$$

式中，S_ϕ 为矩形硅光电池的灵敏度，A 为光电器件的受光面积。显然，在被裁板材没进入视场时，A 为整个光电器件的光敏面。

当被裁板材进入视场后，受光面积 A 减小，必将引起光电流 I_L 的下降。考虑硅光电池的灵敏度 S_ϕ 为常数，光源所发出的光是稳定的，故也是常数。则光电流 I_L 的变化只与受光面积 A 有关。矩形硅光电池的面积为其宽度 b 与长度 L 的乘积，因此有

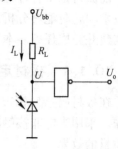

图 10-2　光电变换电路

$$I_L = S_\phi E b L \qquad (10\text{-}3)$$

被裁板材进入视场后，设光电池被遮挡的长度为 l，光电流变为

$$I_L = S_\phi E b (L-l) \qquad (10\text{-}4)$$

显然，光电流的变化与光电池被遮挡的长度 l 有关。对式(10-4)取微分得

$$\Delta I_L = -S_\phi E b \Delta l \qquad (10\text{-}5)$$

式中，负号表明光电流随遮挡量的增加而减小。

可以推出图 10-2 中 U 随遮挡量的变化关系为

$$\Delta U = S_\phi E b R_L \Delta l \qquad (10\text{-}6)$$

上式表明，控制精度与反相电路的电压鉴别量有关。采用电压比较器模块可以获得微伏级的鉴别精度，由式(10-5)推导出的理论控制精度可以达到微米级。但是，由于光源的稳定度和生产环境（灰尘）、震动、背景光等因素的影响，实际误差可能远远超过计算误差。选用 PSD、线阵列光电二极管器件或线阵 CCD 等传感器为光电探测器，可以克服上述因素带来的误差，使实际控制精度得到提高。

10.1.2　钢板宽度的非接触自动测量

1. 题目要求

自动生产线上常遇到非接触测量板材宽度的课题，如某企业要求在生产线上测量 1.5 m 宽的钢板，要求测量精度达到 0.1 mm，测量速度每秒钟至少测量 100 次。

2. 测量方案

针对上述课题,可以选择用线阵 CCD 光电传感器构成光电非接触测量系统,根据测量范围与测量精度的要求,可以选用如图 10-3 所示的测量方案。采用两只线阵 CCD 图像传感器分别对钢板的两个边的位置进行检测,然后根据两只器件的安装方式和每只线阵 CCD 测量出的边界位置计算出钢板的宽度。

测量系统应该由远心照明光源(突显钢板的边界)、成像物镜(确保钢板边界清晰地成像在线阵 CCD 像面并合理设置放大倍率)、线阵 CCD(边界测量器件)、A/D 数据采集卡、计算机系统和计算软件等部分构成。

探测器线阵 CCD1(含成像物镜)与探测器线阵 CCD2 分别安装在同一个支撑架的两端,并确保它们的中心距为 l_0(见图 10-3),并使其牢靠地固定在支撑架上。为保证测量的可靠性,要根据测量精度要求与现场环境的情况采用温度系数好的支撑架。要求被测钢板两边缘能够分别成像在两个探测器像敏面上,其照明光源采用"背投式远心照明光源",可以确保成像物镜使钢板的边缘清析地成像在 CCD 传感器的光敏面上。CCD 输出的钢板边界信号经 A/D(或二值化)数据采集卡送到计算机系统,计算机软件将完成钢板边界的判断和钢板宽度的测量。

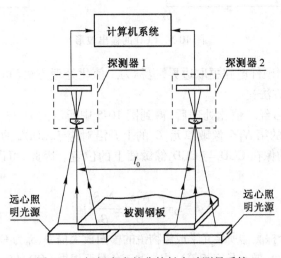

图 10-3 钢板宽度的非接触自动测量系统

3. 宽度测量原理

如图 10-4 所示为双线阵 CCD 拼接测量钢板宽度的原理方框图。远心照明光源 1 与 2 发出的近似平行光能够使被测钢板的边沿被成像物镜清晰地成像在各自线阵 CCD 的像敏面上,CCD1 与 CCD2 在同步驱动脉冲作用下输出如图 10-5 所示 U_1 与 U_2 信号。在一个 SH 转移脉冲周期内二个线阵 CCD 分别输出波形 U_1 与 U_2 含有钢板边界的信号。测量电路将在 SH 脉冲期间获得钢板的宽度。

判断钢板边界的方法常有 2 种,通过 A/D 数据采集将 U_1 与 U_2 模拟脉冲信号转换为数字信号送入计算机,软件判断出两个边界值 N_1 与 N_2。

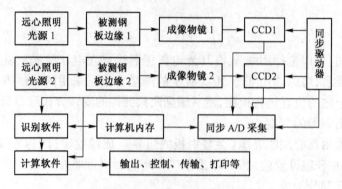

图 10-4　钢板宽度测量原理方框图

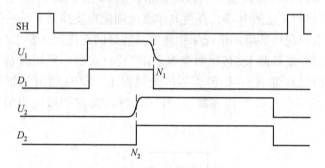

图 10-5　CCD 的输出波形

另一种方法是采用硬件电路提取边界,也称为二值化处理方法(可以参考《图像传感器应用技术》9.1 节介绍的方法)。

线阵 CCD 输出信号经二值化处理后,得到图 10-5 中所示的 D_1 与 D_2 信号波形。显然,D_1 的下降沿对应于 CCD_1 的第 N_1 个像敏单元,D_2 的上升沿对应于 CCD2 的第 N_2 个像敏单元,它们又分别表示钢板边缘的像在 CCD_1 与 CCD_2 像敏面上的位置。因此,可以推导出钢板宽度的计算公式,即

$$L = l_0 + \left(\pm \frac{N_1 S_0}{\beta_1} \pm \frac{N_2 S_0}{\beta_2} \right) \tag{10-7}$$

式中,β_1 与 β_2 分别为两个探测器所装光学成像物镜的横向放大倍率,S_0 为 CCD 像敏单元长度(选择 2 只线阵 CCD 应为同型号,像元长度相等),式中的正负号要根据 CCD 的安装方向确定。

4. 测量范围与测量精度

(1) 测量范围

钢板宽度测量系统的测量范围与两探测器的中心距 l_0 有关,即与探测器安装架的调整与锁定方式有关。由式(10-7)可见,钢板的宽度 L 直接与 l_0 有关,若 l_0 可以大范围的调整与锁定,系统的测量范围将会很大。另外,宽度测量的动态范围还与两只线阵 CCD 像敏单元长度、像元数 N 及光学成像物镜的横向放大倍率 β_1 与 β_2 有关。

这种测量方式适用于测量范围较宽的钢板、铝板及玻璃板等宽板材的非接触自动测量。

(2) 测量精度

对式(10-7)取微分,由于系统确定后除边界位置像元数 N_1 与 N_2 外的其他参数均为常数,因此

$$\Delta L = \pm \frac{S_0}{\beta_1} \Delta N_1 + \frac{S_0}{\beta_2} \Delta N_2 \tag{10-8}$$

即系统测量精度取决于 CCD 的像元长度 S_0 和光学系统的放大倍率 β_1 与 β_2 等参数。当光学系统的横向放大倍率 β_1 与 β_2 均为 1 时，CCD 的像元长度 S_0 常为几 μm 到十几 μm，因此，宽度测量很容易做到高于 ±0.1 mm 的测量精度。

影响测量系统精度的另一个因素是 2 只线阵 CCD 光敏单元的排列能否在一条直线上？如果二者产生夹角 α，在计算尺寸时要注意修正。实际测量系统安装调试好后，需要对测量系统进行标定。用已知标准尺寸的板材或相应的标准图形尺寸进行现场标定，标定出测量系统的光学放大倍率 β_1 与 β_2，找出 2 只线阵 CCD 之间的夹角 α。

5. 测量速度

线阵 CCD 的测量周期为其转移脉冲 SH 的周期 T，它由所选线阵 CCD 的像元数 N 及驱动频率 f 决定，通常有

$$T = (N + N_d)/f \tag{10-9}$$

式中，N_d 为大于线阵 CCD 有效像元与虚设单元之和的任意数（由驱动器设计者决定）。显然，N 与 N_d 值越大，SH 的周期 T 越长。在高速测量情况下要尽可能选用驱动频率 f 高的器件，同时减少不必要的 N_d，缩短 SH 的周期 T，提高测量速度。

一般驱动频率 f 为数 MHz，N 与 N_d 之和为几千单元，为此，测量周期很容易实现 ms 量级。

10.2 光电准直技术测量物体的直线度与同轴度

10.2.1 激光准直测量原理

自 20 世纪 60 年代激光出现后，由于其具有能量集中、方向性和相干性好等优点，给准直测量开辟了新的途径。激光准直仪具有拉钢丝法的直观性、简单性和普通光学准直的精度，并可实现自动控制。激光准直仪主要由激光器、光束准直系统和光电接收及处理电路三部分组成。激光准直仪按工作原理可分为振幅测量法、干涉测量法和偏振测量法等。

下面仅介绍振幅（光强）测量法。

振幅测量型准直仪的特征是，以激光束的强度中心作为直线基准，在需要准直的点上用光电探测器接收它。光电探测器一般采用光电池或 PSD。将四象限光电池固定在靶标上，靶标放在被准直的工件上，当激光束照射在光电池上时，产生电压 U_1、U_2、U_3 和 U_4。如图 10-6 所示，用两对象限（1 和 3、2 和 4）输出电压的差值就能决定光束中心的位置。若激光束中心与探测器中心重合时，由于四块光电池接收相同的光能量，这时指示电表指示为

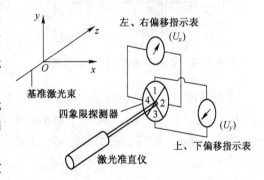

图 10-6 激光准直原理图

零；当激光束中心与探测器中心有偏离时，将有偏差信号 U_x 和 U_y。$U_x = U_2 - U_4$，$U_y = U_1 - U_3$，其大小和方向由电表直接指示。这种方法比用人眼通过望远镜瞄准更方便，精度上也有一定的提高，但其准直度会受到激光束漂移、光束截面上强度分布不对称、探测器灵敏度不对称，以及空气扰动造成的光斑跳动的影响。为克服这些问题，常采用以下几种方法来提高激光准直仪的对准精度。

1) 菲涅耳波带片法

利用激光的相干性，采用方形菲涅耳波带片来获得准直基线。当激光束通过望远镜后，均匀地照射在波带片上，并使其充满整个波带片。于是在光轴上的某一位置出现一个很细的十字亮线。当将一个屏幕放在该位置上时，可以清晰地看到如图 10-7 所示的十字亮线。调节望远镜的焦距，十字亮线就会出现在光轴的不同位置上，这些十字亮线中心点的连线为一直线，这条线可作为基准来进行准直测量。由于十字亮线为干涉的效果，所以具有良好的抗干扰性。同时，还可以克服光强分布不对称的影响。

2) 相位板法

在激光束中放一块二维对称相位板，它由四块扇形涂层组成，相邻涂层光程差为 $\lambda/2$（相位差为 π）。在相位板后面光束的任何截面上都出现暗十字条纹。暗十字线中心的连线是一条直线，利用这条线作基准可直接进行准直测量。若在暗十字中心处插一方孔 P_A，在孔后的屏幕 P_B 上可观察到一定的衍射分布，如图 10-8 所示。假若方孔中心精确与光轴重合，在 P_B 上的第二衍射图像将出现四个对称的亮点，并被两条暗线（十字线）分开。若方孔中心与光轴有偏移，那么在 P_B 上的衍射图像就不对称。这些亮点强度的不对称随着孔的偏移而增加。因此，这个偏移的大小和方向可以通过测量 P_B 上的四个亮点的强度获得。在 P_B 处放置一块四象限光电池来探测，若 I_1、I_2、I_3、I_4 分别表示四个象限上四块光电池探测到的信号，则靶标的位移为

$$\Delta x = A + B; \qquad \Delta y = A - B \tag{10-10}$$

式中，$A = I_1 - I_3$；$B = I_2 - I_4$。

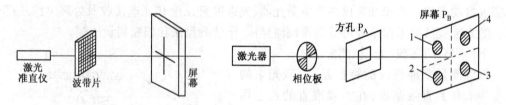

图 10-7　菲涅耳波带片法准直原理图　　　　图 10-8　相位板法准直原理图

菲涅耳波带片和相位板准直系统都采用三点准直方法，即连接光源、菲涅耳波带片的焦点（或方孔中心）和像点，从而降低了对激光束方向稳定性的要求。任何中间光学元件（如波带片或方孔）的偏移都将引起像的位移。为消除像移的影响，可以将中间光学元件装在被准直的工件上，而把靶标装在固定不动的位置上。

3) 双光束准直法

该准直法使用一个复合棱镜将光束分为两束，当激光器的出射光束漂移时，经过棱镜后的两个光束的漂移方向相反，采用两光束的平分线作为准直基准，可以克服激光器的漂移和部分

空气扰动的影响。

激光准直仪可用在各种工业生产中,其中以大型机床、飞机及轮船等制造工业的应用最为典型。在重型机床制造中,激光准直仪的用途很多,如机床导轨的不直度和不同轴度的检测,采用激光准直仪不但提高了效率,还能直接测出各点沿垂直和水平方向的偏差,提高测量精度。另外,对机床工作台的运动误差也可进行测量。将光电探测器的输出信号输入记录仪或计算机,将其偏差量和工作台运动误差的连续变化用曲线表示。

10.2.2 不直度的测量

如图10-9所示为激光准直仪测量机床导轨不直度的测量原理。将激光准直仪固定在机床床身上或放在机床体外,在滑板上固定光电探测靶标,光电探测器件可选用四象限光电池或PSD。测量时首先将激光准直仪发出的光束调到与被测机床导轨大体平行,再将光电靶标对准光束。滑板沿机床导轨运动,光电探测器输出的信号经放大、运算处理后,输入到记录器或计算机,记录不直度曲线。也可以对机床导轨进行分段测量,读出每个点相对于激光束的偏差值。

图10-9 机床导轨不直度光电准直测量原理

10.2.3 不同轴度的测量

大型柴油机轴承孔的不同轴度,以及轮船轴系的不同轴度等的测量,均可以采用激光准直仪和定心靶来进行。其测量原理如图10-10所示。在轴承座两端的轴承孔中各置一定心靶,并调整激光准直仪使其光束通过两定心靶的中心,即建立了直线度基准。再将测量靶(与定心靶同)依次放入各轴承孔,测量靶中心相对于激光束基准的

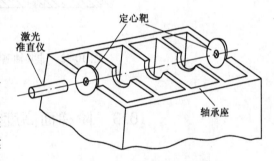

图10-10 不同轴度的测量原理

偏移值。但要将激光束精确地调到两定心靶的中心位置比较费事。如图10-11(a)所示,要调整激光束通过A、B两点,仪器需要完成升降、左右平移、左右偏摆、上下俯仰等动作,因此相应的仪器结构也比较复杂。为了减少这些困难,可设计使激光光轴通过支撑球体中心。这样,在测量不同轴度时,调整就比较简单,仪器结构也大为简化。测量时仪器的支撑球体安装在A点上,如图10-11(b)所示,仪器仅需调整偏摆、俯仰就可很快对准B点。这种激光准直仪还有一个优点,就是可以随时在球心处设置定心靶,如图10-12所示,来检查光束漂移的情况。光束漂移后还可通过非共轴的倒置伽利略望远镜系统,调整目镜或物镜的径向位置使光轴重新通过球心,从而在测量过程中消除了仪器因激光束漂移所带来的误差。

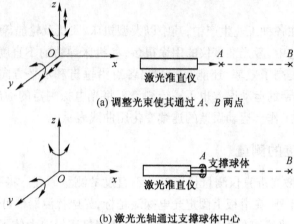

(a) 调整光束使其通过 A、B 两点

(b) 激光光轴通过支撑球体中心

图 10-11 准直系统的调整

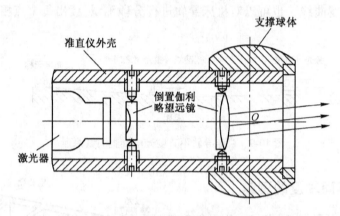

图 10-12 非共轴倒置伽利略望远镜准直仪

10.3 阶梯面高度差的非接触测量技术

10.3.1 阶梯面高度差的定义

凡是由两个以上不同高度平面构成的物体统称为阶梯面,两个以上阶梯面之间的垂直高度之差定义为阶梯面高度差。很多工件的高度差可以用千分尺等接触测量的方法进行测量,如图 10-13 所示的两个部件中的大多数高度差都可以用接触法进行测量。但是图 10-13(b)中的很窄的高度差会因为无法用千分尺接触而直接测量;另外,随着智能制造技术的发展,需要找到非接触式人工检测不能满足制造业发展的需要,引入非接触自动测量技术是科技发展的必然趋势。利用激光三角法与面阵 CCD 图像传感器能构成对多个阶梯面高度差进行自动测量的系统。

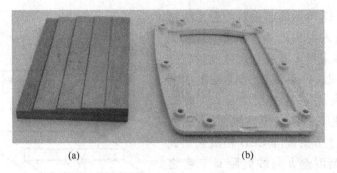

图 10-13　具有阶梯面的物体

10.3.2　利用一字线激光突显阶梯面高度差

1. 一字线激光器

在半导体激光器的前段安装柱面镜或安装如图 10-14 所示的"菲涅耳"衍射装置，可以使激光器发出一字线光形的激光。一字线激光器的调焦环可以调整它发出的线激光在不同工作距离上线的粗细，使其适应不同的工作距离。使激光器发出的激光线始终能够保持如图 10-15 所示的一字形亮线。当我们将一字线激光以小于 90°的入射角入射到具有不同高度的阶梯面上时，就会看到如图 10-16 所示的图样。该图样中入射到两个不同高度的阶梯面上的亮线产生间距，其间距与高度差具有一定的三角函数关系，即间距将阶梯面高度差信息量突显出来。

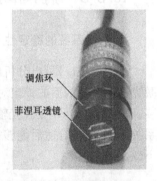

图 10-14　一字线激光器

图 10-15　激光器发出的一字线激光

图 10-16　高度差信息量被线激光突显

2. 构建非接触测量系统

获得高度差信息后不难想到用视觉测量技术对阶梯面高度差进行非接触测量的方案。如图 10-17 所示为阶梯面高度差非接触测量的结构示意图。光可以将阶梯面高度差转换成两条平行线的间距，再用面阵 CCD 相机测量两线的间距。

图 10-17 中，一字线激光以入射角 α 入射到高度差为 h 的两个阶梯面上，形成水平差距为 w 的两条平行激光亮线，若在其正上方安装如图中所示的面阵 CCD 图像采集系统，则可以通过图像采集系统测量出两条亮线的间距 w，然后根据三角函数关系测出高度差。

考察如图 10-17 所示的非接触测量系统结构，它由能够调整入射角的一字线型光器、面阵 CCD 相机、图像采集卡和装有尺寸测量软件的计算机系统构成。一字线激光器发出如图中所示的线激光束，以一定的角度 α 入射到被测阶梯面上形成上下两条激光亮线，二者的间距为 w，安装在正上方的面阵 CCD 相机采集到两条亮线。根据高度差 h 与线间距 w 二者之间的三角关系可以测量高度差 h。

$$h = w\cot\alpha \tag{10-11}$$

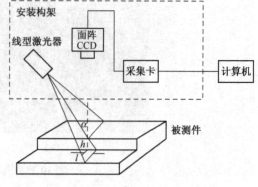

图 10-17 高度差测量系统原理图

式中，α 为入射光线与被测面法线的夹角。α 角即可以通过精密调整系统设定，需要对整个测量系统进行标定，即对 $\cot\alpha$ 以及光学成像系统的光学放大倍率 β 进行标定。

10.3.3 阶梯面高度差测量精度、稳定性与测量范围

1. 测量系统的稳定性

从式(10-11)可以分析出影响测量系统稳定度的主要因素是一字线激光器的入射角 α，即激光器调试完成后的锁定对测量系统非常重要。另一个影响因素是面阵 CCD 成像系统的安装，确保光学成像系统(光轴)垂直于被测阶梯面，光学成像物镜与调焦环的锁定，都影响测量系统，要求调整合适后能够牢靠锁紧，尤其在遇到冲击与震动情况下能够保持调整好的状态不变。

2. 测量系统的精度分析

由图 10-17 可以看出，影响测量精度的因素由 2 部分组成，一部分是式(10-11)中线激光的入射角 α，为此，入射角调整装置在调试完成后一定要锁定，确保测量过程中不发生变动。另一部分是光学成像系统，图像传感器是对两条亮线的间距 w 的像 w' 进行测量，它们之间存在如下关系：

$$w = \frac{w'}{\beta} = -w'\frac{l}{l'} \tag{10-12}$$

式中，l 和 l' 分别为成像系统的物距和像距，w' 由图像采集系统经计算软件测量出来，l、l' 是光学系统参数，可以由系统调整好后通过标定确定。

从测量精度和稳定度上考虑都要求系统在测量过程中应保持稳定，因此要加锁紧装置。

10.4 表面粗糙度的检测方法

用光纤测量表面粗糙度是近年来发展起来的一项新技术。它以光在粗糙表面的散射理论为基础，根据散射场的统计特性与表面粗糙度的特性之间的关系，通过对散射($15\times14=210$)场的测定来计算或评定表面粗糙度。由于光纤测量表面粗糙度具有结构简单、测量省时、精度高，以及能实现快速自动测量等优点，因此这种检测方法发展很快。

10.4.1 测量原理

根据 P.Beakmann 等人的理论,当一束光射至金属表面时,由于表面的微观不平,反射光将发生漫反射现象。其漫反射光强的表达式为

$$I = I_0 F^2 e^{-U_x R_q^2 \sin C U_x L} + I_0 e^{-U_x R_q} \frac{\sqrt{\pi} F^2 T}{2L} \sum_{m=1}^{\infty} \frac{(U_z R_q)^m}{m!\sqrt{m}} \exp\left(-\frac{U_x^2 T^2}{4m}\right) \quad (10\text{-}13)$$

式中 $F = \frac{1}{\cos\theta_1}\left(b + \frac{aU_x}{U_z}\right)$,$U_z = \frac{2\pi}{\lambda}(\cos\theta_1 + \cos\theta_2)$,$U_x = \frac{2\pi}{\lambda}(\sin\theta_1 - \sin\theta_2)$

I_0 为入射光强,T 为表面相关长度,θ_1 为光束入射角,θ_2 为光束散射角,λ 为光束波长,C 为常数,L 为被照亮面的长度。R_q 为高低不平表面反射率的均方根值,为与表面粗糙度相关的函数,可以作为表面粗糙度的表征值。F 为粗糙表面的反射函数,它与表面反射率 R 及入射光的入射角 θ 有关。并且,漫反射光强为镜面反射光强与散射光强之和。其中,镜面反射光强为

$$I_s = I_0 F^2 e^{-U_x R_q^2 \sin C U_x L} \quad (10\text{-}14)$$

散射光强为

$$I_d = I_0 e^{-U_x R_q} \frac{\sqrt{\pi} F^2 T}{2L} \sum_{m=1}^{\infty} \frac{(UR_q)^m}{m!\sqrt{m}} \exp\left(\frac{U_x^2 T^2}{4m}\right) \quad (10\text{-}15)$$

上两式中都含有 R_q,可见,通过测量 I_s 可以计算或评定表面粗糙度,这就是镜面反射法。如果能测得 I_s 和 I_d,求其比值,同样可以计算或评定表面粗糙度,这是求比值法。由于求比值法和镜面反射法中含有 F 项或 T 项,从而带来了表面反射率和表面相关长度的影响,这是造成前述问题存在的主要原因。

从式(10-37)中可以看出,镜面反射光强项中不含有相关长度 T。这样,如果单测镜面反射光强,即可消除表面相关长度的影响。镜面反射光强项中还含有 F 项,其表达式为

$$F = \frac{1}{\cos\theta_1}\left(b + \frac{aU_x}{U_z}\right)$$

$$= \frac{R[(\cos\theta_1 + \cos\theta_2)^2 + (\sin\theta_1 - \sin\theta_2)^2] + (\cos^2\theta_1 - \cos^2\theta_2) + (\sin^2\theta_1 - \sin^2\theta_2)}{2(\cos\theta_1 + \cos\theta_2)} \quad (10\text{-}16)$$

因此,F 可以看作表面反射率 R 随 θ_1、θ_2 变化的函数。只有在 $\theta_1 = \theta_2 = 0°$ 的情况下,$F = R$。此时镜面反射光强为

$$I_s = I_0 R^2 \exp\left[-\frac{16\pi^2 R_q^2}{\lambda^2}\right] \quad (10\text{-}17)$$

根据这一条件,表面粗糙度检测装置如图 10-38 所示。光纤 1 和光纤 2 同时以 0° 角测量表面已知的粗糙度的标准样块和表面粗糙度未知的被测样块的表面镜反射光强。由于标准样块和被测样块是采用同种材料经相同的加工方法而得到的,因此,其表面反射率相同。得到两表面镜反射光强分别为

$$I_{s1} = I_0 R^2 \exp\left[-\frac{16\pi R_{q1}^2}{\lambda^2}\right] \quad (10\text{-}18)$$

$$I_{s2} = I_0 R^2 \exp\left[-\frac{16\pi R_{q2}^2}{\lambda^2}\right] \tag{10-19}$$

因此

$$S = \frac{I_{s1}}{I_{s2}} = \exp\left[-\frac{16\pi(R_{q1}^2 - R_{q2}^2)}{\lambda^2}\right] \tag{10-20}$$

式中，R_{q1} 为已知，则 S 为只与 R_{q2} 有关的函数，求得比值 S，即可以计算或评定出 R_{q2} 的值。

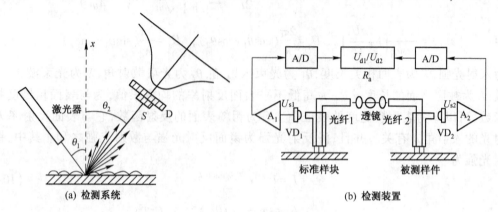

图 10-18　表面粗糙度检测装置

10.4.2　检测实验装置

检测实验如图 10-38(b)所示，检测系统采用 LED 光源，光纤传感器用 Y 型同轴光纤传光。光源发出的光经过聚光镜，投射到入射端，再由光纤内芯投射到试件表面，光纤外环接收反射光。光电转换器件采用两只性能相同的 PIN 光电二极管 VD_1 及 VD_2，为消除杂散光的干扰，光纤外环出射端与光电二极管封装在一起。两个表面反射光信号 I_{s1} 和 I_{s2} 经光电二极管分别转换成电信号 U_{s1} 和 U_{s2}；经放大和 A/D 转换，输入到单片机系统，经处理得到比值 S；最后，按式(10-24)，求得被测试件表面粗糙度值，并用数码管显示。

10.4.3　实验方法

由于实验过程与理论推导所假定的条件相差较大，所以，理论上推导出的公式并不完全适用，必须对仪器进行在线定标，然后求出相应的拟合公式，得到最终结果。

现在使用的粗糙度标准是根据绝对测量法制定的。实际上，用触针法和用光切法得到的粗糙度的值有较大差异。国际规定，优先选用 R_a 值的原则，采用 R_a 值进行定标。定标所用的标准样块由长春市计量局用触针法检定的一组标准粗糙度样块，并选用其中 $R_a = 0.2\ \mu m$ 的样块作为标准样块(即测量中的比较标准)。通过对这组样块的测量，得到比值 S 同表面粗糙度 R_a 的关系曲线，应用最小二乘法，进行曲线拟合，得到 R_a 同比值 S 的数学公式。实际测量中应用这个公式，再由比值 S 推导出表面粗糙度的计算公式。

实际的粗糙表面是很不均匀的，即使对于标准样块，也存在着表面粗糙度很离散的问题，即 R_a 值波动很大。对于镜面反射光强，这是导致测量值离散度大的主要原因。因此，定标样块的测量精度直接影响定标曲线的精度。为了消除这种随机误差，常采用多点测量取平均值的方法。实验中，对 $R_a = 0.2\ \mu m$ 的标准样块，在 20 mm 长的范围内，每隔 0.5 mm 测量一点，若光纤的光斑直径为 3 mm,这样测得的镜面反射光强值,基本上能真实地反映了表面粗糙度为 0.2 μm 的表面反射光强值。此值即比较标准 I_{s1}。用同样的方法,对其他样块进行测量,得到一组不同粗糙度样块的镜面反射光强 I_{si},求比值 $S_i = I_{si}/I_{s1}$,作出 S_i 与 R_a 的关系曲线如图 10-19(a)所示,此曲线即定标曲线。经计算机作曲线拟合得到拟合公式

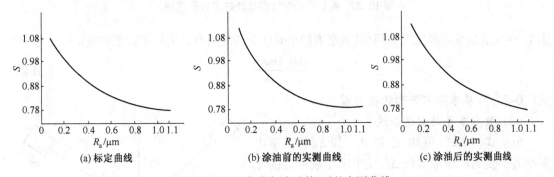

图 10-19 标定曲线与涂油前、后的实测曲线

$$S = 1.065 e^{-0.325 R_a} \tag{10-20}$$

此公式与理论推导结果一致。图 10-19(b)、图 10-19(c)分别为用比较法测量试件涂油前、后的结果。由图中可见,涂油前后的测量结果几乎没有什么变化。可见,标准样块比较法可以消除切削液对测量值的影响。

10.5 激光多普勒测速技术

1842 年奥地利科学家 Doppler 等人首次发现,以任何形式传播的波,由于波源、接收器、传播介质或散射体的运动会使波的频率发生变化,即所谓的多普勒频率移动。1964 年,Yeh 和 Cummins 首次观察到水流中粒子的散射光有频率移动,证实可以用激光多普勒频移技术确定粒子的流动速度。随后又有人用该技术测量气体的流速。目前,激光多普勒频移技术已被广泛地应用到流体力学、空气动力学、燃烧学、生物医学,以及工业生产中的速度测量。

10.5.1 多普勒测速原理

激光多普勒测速技术(LDV)的工作原理是基于运动物体散射光线的多普勒效应。
(1) 多普勒效应
多普勒效应可以由波源和接收器的相对运动产生,也可以由波传输通道中的物体运动产生。LDV 通常利用后一种情况。
多普勒效应可以通过如图 10-20 所示的观察者 P 相对波源 S 运动来解释。假设波源 S 静止,观察者以速度 v 移动,波速为 c,波长为 λ。与 λ 相比,如果 P 离开 S 足够远,则可把 P 处的波看成平面波。
设单位时间 P 朝 S 方向移动的距离为 $v\cos\theta$,θ 是速度矢量和波运动方向的夹角。比单位时间 P 点静止时多接收 $v\cos\theta/\lambda$ 个波,移动的观察者所感受到的频率将增加

$$\Delta f = \frac{v\cos\theta}{\lambda} \tag{10-21}$$

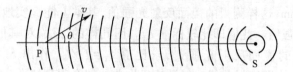

图 10-20 观察者相对波源移动的多普勒频移

由于 $c=f\lambda$,f 是 S 波源发射的频率(观察者静止时感受到的频率),则频率的相对变化可写为

$$\frac{\Delta f}{f}=\frac{v\cos\theta}{c} \tag{10-22}$$

式(10-22)为基本的多普勒频移方程。

(2)激光多普勒测速公式

分析式(10-21)可知,已知 θ、c 和 λ,若测量出观察者感受到的频率增加 Δf,便可求出观察者的运动速度 v。下面根据多普勒效应来研究微粒运动速度的测量技术。其测速原理如图 10-21 所示。假定 L 为固定的激光光源,其频率为 f,波长为 λ,D 为接收器。L 发出的光束照射在运动速度为 v 的微粒 P 上,U 和 K 分别代表接收方向和入射方向的单位矢量。当微粒 P 静止时,单位时间内通过微粒的波前数即为光波的频率 f。

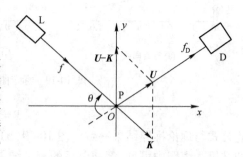

图 10-21 激光多普勒测速原理图

设微粒 P 以速度 v 运动,则单位时间内通过微粒的波前数

$$f_P=\frac{c-v\cdot K}{\lambda} \tag{10-23}$$

同理,一个固定观察者沿接收方向 U 观察时,每单位时间达到 D 的波前数

$$f_D=\frac{c+v\cdot U}{\lambda_P} \tag{10-24}$$

由 $f_P=c/\lambda_P$,所以有

$$f_D=f\left[1+\frac{v\cdot(U-K)}{c}-\frac{(v\cdot K)(v\cdot U)}{c^2}\right] \tag{10-25}$$

由于 $v\ll c$,式(10-24)中的最后一项可以略去,则式(10-24)变为

$$f_D=f\left[1+\frac{v\cdot(U-K)}{c}\right] \tag{10-26}$$

则多普勒频移

$$\Delta f=f_D-f=\frac{1}{\lambda}v(U-K) \tag{10-27}$$

式(10-27)表明,多普勒频移 Δf 在数值上等于散射微粒的速度在 $(U-K)$ 方向的投影与入射光波长之比。如果接收散射光和光源入射光之间的夹角为 θ,则式(10-27)可以写为

$$\Delta f=\frac{2v}{\lambda}\sin\frac{\theta}{2}$$

或

$$v=\frac{\lambda}{2\sin\frac{\theta}{2}}\Delta f \tag{10-28}$$

式中，v 是速度矢量 v 在 y 轴上的分量。因为 θ 和 λ 都是已知的，故 Δf 和 v 呈严格的线性关系，只要测出 Δf，便可知道微粒 P 的运动速度 v。式（10-27）为多普勒测速公式。

在实际测量中，多采用光外差多普勒测速技术，即把入射光和散射光同时送到光接收器上，由光电器件的平方律检波特性，在它们的输出电流中只包含两束光的差频部分，这样就能接收到由于粒子的运动速度所引起的光频微小变化。

10.5.2 激光多普勒测速仪的组成

图 10-22 所示为典型的激光多普勒测速仪的原理图。

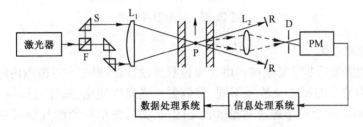

图 10-22 激光多普勒测速仪原理图

（1）激光器

多普勒频移相对光源波动频率来说变化很小，因此，必须用频带窄且能量集中的激光作为光源。为便于连续工作，通常使用气体激光器，如 He-Ne 激光器或氩离子激光器。He-Ne 激光器功率较小，适用于流速较低或被测粒子较大的情况；氩离子激光器功率较大，信号较强，用得最广。

（2）光学系统

按光学系统的结构，LDV 可分为双散射型、参考光速型和单光束型等三种光路。参考光束型和单光束型 LDV 在使用和调整等方面条件要求苛刻，现已很少使用。下面主要介绍广泛使用的双散射型光路。

如图 10-22 所示，光学系统由发射和接收两部分组成。发射部分由分束器 F 及反射器 S 把光线分成强度相等的两束平行光，然后通过汇聚透镜 L_1 聚焦到待测粒子 P 上。接收部分由接收透镜 L_2 将散射光束收集到光电接收器 PM 上。为避免直接入射光及外界杂散光也进入接收器，在相应位置上设置挡光器 R 及小孔光阑 D。

双散射型光路的多普勒频移中不出现散射光的方向角，表明散射光的频差与光电探测器的方向无关。因此，使用时不受现场条件的限制，可在任意方向测量，且可以使用大口径的接收透镜，粒子散射的光能量极大地得到利用，信噪比高。进入光电探测器的散射光来自两束具有同样强度光线的交点，它对所有尺寸的散射微粒都发生高效率的拍频作用，避免了信号的"脱落"现象。调整时也只需根据两束光交点处干涉条纹的清晰度进行调整，使用很方便。

在仪器设计时，为使结构紧凑，常使光源和接收器放置在同一侧，并将这种光路称为后向散射光路，如图 10-23 所示。图中激光光源 LS、光电接收器 PM 和光学系统均在被测件的同一侧。LS 发出的激光经分光镜 M_1 分成两束光，一路经透镜 L_1 入射到被测粒子上，另一路经 M_2 反射后入射到被测粒子上。再经透镜 L_1，反射镜 M_3、M_4，聚光镜 L_2 汇聚到光电接收器 PM 上，测试管内粒子运动产生的激光多普勒频移信号。

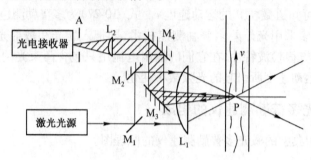

图 10-23 后向散射光路

(3) 信号处理系统

激光多普勒信号是非常复杂的。由于流速起伏,所以频率在一定范围内起伏变化,是一个变频信号。因为粒子的尺寸及浓度不同,使散射光强发生变化,频移的幅值也按一定规律变化。粒子是离散的,每个粒子通过测量区也是随机的,故波形有断续且随机变化。同时,光学系统、光电探测器及电子线路都存在噪声,加上外界环境因素的干扰,使信号中伴随着许多噪声。信号处理系统的任务是从复杂的信号中提取出反映流速的真实信息。传统的测频仪很难满足要求。现在已有多种多普勒信号处理方法,如频谱分析法、频率跟踪法、频率计数法、滤波器组分析法、光子计数相关法及扫描干涉法等。下面介绍最广泛使用的频率跟踪法及近几年发展较快的频率计数法。

1) 频率跟踪法

频率跟踪法能使信号在很宽的频带范围(2.25 kHz~15 MHz)得到均匀的放大,并能实现窄带滤波,从而提高信噪比。它输出的频率量可直接用频率计显示平均流速。输出的模拟电压与流速成正比,能够给出瞬时流速及流速随时间变化的过程,配合均方根电压表可测量湍流的速度。

如图 10-24 所示为频率跟踪器电路方框图。

初始多普勒信号经滤波去掉低频分量和高频噪声,成为频移信号 f_D,它和来自电压控制振荡器的信号 f_{vco} 同时输入到混频器中,混频后得出中频信号 $f=f_{vco}-f_D$,混频器起频率相减的作用。将中频 f 输入中心频率为 f_0 的调谐中频放大器中进行放大,f 和 f_0 大致相同。将放大后的幅度变化的中频信号 f 送入限幅器,经整形变成幅度相同的方波。限幅器本身具有一定的门限值,能去掉低于门限电平的信号和噪声。然后将方波送入鉴频器。鉴频器给出直流分量大小正比于中频频偏$(f-f_0)$的电压值,经时间常数为 T_0 的积分器平滑作用后,再经直流放大器适当放大,作为控制电压反馈到压控振荡器上。只要选择合适的电路增益,反馈结果使压控振荡器的频率紧紧地跟踪输入的多普勒信号频率。压控振荡频率反映平均流速的大小,压控振荡器的控制电压 U 反映流体的瞬时速度。

频率跟踪测频仪中特别设计了脱落保护电路,避免了由于多普勒信号间断而引起的信号脱落。

2) 频率计数法

频率计数法信号处理原理如图 10-25 所示。

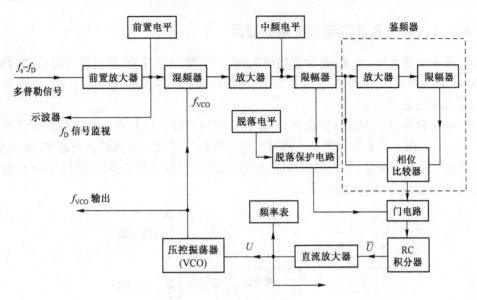

图 10-24 频率跟踪电路方框图

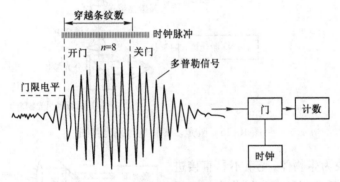

图 10-25 频率计数法信号处理原理

频率计数测频仪是计时装置,通过测量已知条纹数所对应的时间来测量频率。流体速度 v 由下式计算:

$$v = nd/\Delta t \tag{10-29}$$

式中,d 为条纹间隔,n 为人为设定的穿越条纹数,Δt 为穿越 n 条条纹所用的时间。

频率计数信号处理系统的主体部分相当于一个高频数字频率计。它以被测信号来开启或关闭电路,以频率高于被测信号若干倍的振荡器的信号作为时钟脉冲(常用 200~500 MHz),用计数电路记录门开启和关闭期间通过的脉冲数,亦即粒子穿过两束光在空间形成的 n 条干涉条纹所需的时间 Δt,从而换算出被测信号的多普勒频移。

频率计数测频仪测量精度高,且可送入计算机处理,得出平均速度、湍流速度、相关系数等气流参数。由于它是采样和保持型的仪器,没有信号脱落,特别适用于低浓度粒子或高速流体的测试。频率计数法几乎包括了所有其他方法所能适用的范围,从极低速到高超音速流体的测量,且不必人工添加散射粒子,是一种极具发展前途的测频方法。丹麦 DISA 公司生产的 55L90 型信号处理器,测频范围为 1 kHz ~ 100 MHz,测速范围为 2.0 mm/s ~ 2 000 m/s,测量精度在 40 MHz 时为 1%,在 100 MHz 时为 2.5%。

10.5.3 激光多普勒测速技术的应用

激光多普勒测速仪(LDV)具有非接触测量、不干扰测量对象、测量装置可远离被测物体等优点,在生物医学、流体力学、空气动力学、燃烧学等领域得到了广泛应用。

(1) 血液流速的测量

LDV 本身具有极高的空间分辨力,再配置一台显微镜可以观察毛细血管内血液的流动。图 10-26 所示为激光多普勒显微镜光路图。将多普勒测速仪与显微镜组合起来,显微镜用视场照明光源照明观察对象,用以捕捉目标。测速仪经分光棱镜将双散射信号投向光电接收器,被测点可以是直径为 60 μm 的粒子。

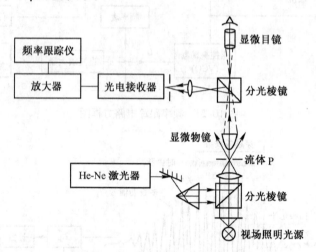

图 10-26　激光多普勒显微镜光路图

由于被测对象为生物体,光束不易直接进入生物体内部,且要求测量探头尺寸小。光纤测量仪探头体积小,便于调整测量位置,可以深入到难以测量的角落;并且抗干扰能力强。密封型的光纤探头可直接放入液体中使用。光纤测速仪的这些优点正适合于血液的测量。图 10-27 所示为光纤多普勒测速仪原理图。它采用后向散射参考光束型光路,参考光路由光纤端面反射产生。为消除透镜反光的影响,利

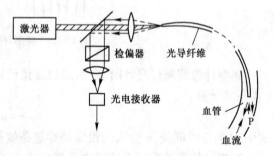

图 10-27　光纤多普勒测速仪原理图

用安置在与入射激光偏振方向正交的检偏器接收血液质点 P 的射散光和参考光。

(2) 管道内水流的测量

图 10-28 所示为测量圆管或矩形管内水流分布的多普勒测量系统原理图。它采用最典型的双散射型测量光路。激光器发出的光经分束器分为两束,分别经聚光物镜汇聚到被测管道 P 内的水流上,产生多普勒频移,经接收透镜汇聚到光电接收器上。光电接收器输出的信号经滤波放大后,可通过示波器观测,也可送频谱分析仪进行分析。

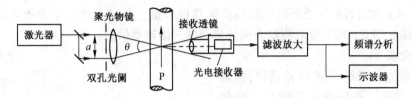

图 10-28 管道内水流分布测量系统原理图

10.5.4 多普勒全场测速技术

LDV 为对流场中的某一固定点进行测量的方法。如做全场测量,还需逐点扫描,故只限于变化较小的流动,不能用于非稳定流量的全场测量。近年来在此基础上新发展了一种多普勒全场测速技术(DGV),可对流体做全场测量,对粒子的选择、传播方式没有严格要求,特别适合于气流的测量。

(1) 测量原理

DGV 的基本原理是,利用了某些物质的选择吸收特性,把多普勒频移转换成光的强度,通过视频相机拍摄后进行处理,获得全场的速度信息,从而实现全场、实时及三维测量。

图 10-29 所示为某些原子或分子蒸气的吸收曲线。f_0 为吸收频率,在该处吸收最大,两边吸收逐渐减小,即吸收大小随入射光频率变化而变化。若频率为 f_i 的激光对该物质透过率为 T_0,穿过流体后的多普勒频率为 f_D,则透过率发生 ΔT 的变化。于是把频移转换成光强度的改变。使用时常把激光的谱线处于吸收曲线的线性区的中部,透过率为 50%,使频率变化与光强成正比。线性部分工作频率的带宽约为 600 MHz。

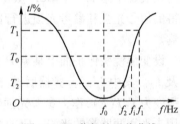

图 10-29 蒸气的吸收曲线

分子碘、溴蒸气或碱蒸气是最合适的吸收物质,它们的原子和分子有很多吸收线能匹配现有的激光频率。氩粒子激光的 514.5 nm 谱线在碘吸收线的近旁,YAG 激光倍频后的 532.0 nm 谱线与碘及溴相匹配。将分子蒸气灌注到密封容器中,并保持恒温,当把缓冲气体加到分子蒸气室,可以增加吸收区以便扩宽频率范围。由于从不同方向入射到分子蒸气中的光线互不干扰,故可对整个视场中的各点同时进行测量。此分子室成为一个分析器,或称为鉴频器,它是本技术的一个关键部件。用一台视频相机(如 CCD 摄像机)对被光屏照明的物面进行拍摄,记录由该物面散射并透过鉴频器后的光线。视频信号被采集后送入计算机进行分析处理,得到实时的全场定量速度值。

DGV 可用于三维速度测量,使用三台放于不同位置的记录装置进行记录。对于光屏面上任意一点 P,处在不同方向的记录装置各自接收到与该点所对应的多普勒频移 f_{D1}、f_{D2} 和 f_{D3},由式(10-24)可知

$$\left.\begin{array}{l} f_{D1} = \dfrac{1}{\lambda} \bm{v} \cdot (\bm{U}_1 - \bm{K}) \\ f_{D2} = \dfrac{1}{\lambda} \bm{v} \cdot (\bm{U}_2 - \bm{K}) \\ f_{D3} = \dfrac{1}{\lambda} \bm{v} \cdot (\bm{U}_3 - \bm{K}) \end{array}\right\} \qquad (10\text{-}30)$$

式中,U_1、U_2、U_3 分别表示三个不同的接收方向单位矢量。联立上述三个方程可解出 P 点处的速度矢量值。因此,DGV 可以测量空间任意点的三维速度信息。

(2) 测量装置

激光通过光学系统形成光屏,照明流场中一个待测截面。流场按通常激光多普勒技术方式施以微小的示踪粒子,散射的多普勒频移光线被置于前方的记录装置中,以便接收和转换。记录装置示意图如图 10-30 所示。它主要包括变焦镜头、CCD 摄像机及位于摄像机前端的一个充以碘蒸气的鉴频器。

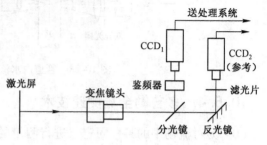

图 10-30 DGV 记录装置示意图

CCD 摄像机的每一个像素与光屏中的一个测量点对应,这些点是被光屏厚度及摄像机成像分辨力决定的微小体积元。DGV 用以测量这些微小体积元中粒子的平均速度。用变焦望远镜头可改变观察范围及空间分辨力。为消除光源波长漂移对测量结果的影响,要求光源为谱线宽度窄的单模并稳频的激光。鉴频器要放在恒温室内。

在装置中附加一个 CCD 摄像机,把未经过鉴频器的"背景光"记录下来作为参考像。将测得的信号光强和参考光强进行比较,以消除光屏照明及各区域粒子散射强度不均匀造成的影响。

设变焦镜头像平面上某点 P' 的光强为 I',光线频率为 f,经分光镜分为两路,光强分别为 I'_s 及 I'_R。其中 I'_s 经鉴频器后的光强变为 $I'_s T(f)$,为信号光强。I'_R 经一块中性滤光片滤波后光强变为 $I'_R T(F)$,作为参考光强。$T(f)$ 及 $T(F)$ 分别为鉴频器及滤光片的透过率。中性滤光片用来平衡两路光的光强。CCD 摄像机输出信号电压为

$$V_s = \alpha I'_s T(f) \tag{10-31}$$

$$V_R = \alpha I'_R T(F)$$

式中,α 是 CCD 摄像机的光强-电压转换系数。则

$$\frac{V_s}{V_R} = \frac{I'_s}{I'_R T(F)} T(f) = \beta\, T(f) \tag{10-32}$$

式中,$\beta = \dfrac{I'_s}{I'_R T(F)}$,为与测量系统参数有关的常数。

由上式可知,参考信号和测量信号相除后的信号与散射光的强弱无关,仅与其频率有关。

若鉴频器吸收特性曲线的线性区斜率为 K,激光输出频率为 f_s,f_D 为多普勒频移,则鉴频器的透过率可表示为

$$T(f) = T(f_s + \Delta f) = T(f_s) + K f_D \tag{10-33}$$

于是有

$$\frac{V_s(f)}{V_R(f)} - \frac{V_s(f_s)}{V_R(f_s)} = \beta T(f_s + f_d) - \beta T(f_s) = \beta K f_D \tag{10-34}$$

即

$$f_D = \frac{1}{\beta K}\left[\frac{V_s(f)}{V_R(f)} - \frac{V_s(f_s)}{V_R(f_s)}\right] \tag{10-35}$$

式中，$V_s(f_s)/V_R(f_s)$ 是激光束无频移时两台 CCD 摄像机输出信号的比值，它由鉴频器的特性确定。

在测量过程中，只要实时记录两台 CCD 摄像机输出信号的比值，便可求得任意时刻的多普勒频移 f_D。

在测量过程中，要保证两台 CCD 摄像机精确定位，以保证物面的像在两台摄像机上完全对应。同时，两台 CCD 摄像机要实时同步，即两台摄像机拍摄一帧图像的时间要一致。

10.6 光电搜索、跟踪与制导应用

10.6.1 搜索仪与跟踪仪

根据各种辐射目标的辐射光能特性，利用光学系统、调制器和光电探测器可以构成各种光电搜索与跟踪仪器。搜索与跟踪仪器的任务通常是发现能量辐射目标，确定它的空间位置并对它的运动进行跟踪。也就是说，首先确定在视场中的目标，确定目标的坐标，并使目标与仪器跟踪线（仪器的光轴）重合。跟踪线的偏移产生偏差信号，用该信号驱动伺服系统，使跟踪线与目标重新重合。

这种仪器主要用于发现、跟踪及控制火箭；跟踪控制卫星，保持卫星的水平稳定性；跟踪太阳；跟踪行星等。

由单元探测器组成，并仅受探测器噪声限制的系统的信噪比与仪器的分辨率无关，从而说明离目标越近、探测器越灵敏、孔径越大、视场越小，以及系统的电子频带的带宽越窄的系统，其信噪比越高。

搜索与跟踪系统可以分为非调制目标辐射的跟踪仪器与调制目标辐射的跟踪仪器两类。

不用调制器的跟踪仪器的优点是，能够直截了当地确定目标的位置。但是，这种仪器必须具有很高的扫描频率，这样，它受探测器和电子系统时间常数以及目标运动速度的限制。

用单元探测器时，需采用正弦形、螺旋形或正方形调制器实现视场扫描。这三种形式的扫描有很高的扫描速度。但是会带来非线性（如正弦形扫描），或扫描光栅距离不等（上述三种形式均如此）。

对于组合探测器，如图 10-31(a) 所示。它能避免上述缺陷，并能立即提供精确的目标位置坐标。然而，这种镶嵌探测器阵列难于制造，价格昂贵。如用图 10-31(b) 所示的四象限探测器，可获得与镶嵌组合探测器接近的效果。四象限探测器中每两对相对位置的探测器放在同一桥式电路中工作，若目标位于四个象限的正中部位，则输出信号为零。

非调制目标辐射的跟踪仪器，在背景辐射较弱（如太阳跟踪系统中）情况下，能够很好的工作。但是，在背景辐射较强且不均匀的情况下，这种仪器则不能使用。

利用调制器（调制盘）对目标辐射进行斩波（调制）跟踪的仪器，可以在很高的扫描频率下产生大的跟踪偏差信号，因而能精确地提供系统轴心与目标的偏差信息。它可用于 F 值（光圈数）较小的光学系统，并且通过适当的调制方法可以降低背景的干扰信号。实现用机械调制器完成所有经典无线电技术的各种调制，而它们的电子处理系统均可采用现代技术

手段。

用调制盘可以产生与预选的瞄准线有关的偏差信号。典型调制系统的光学结构如图 10-32 所示。在大多数情况下,调制盘直接放在探测器前光学透镜的焦平面上。转动调制盘,则入射辐射在到达探测器之前就被调制盘调制。因此,探测器可以产生与目标辐射的调制频率成比例的交变电压信号。

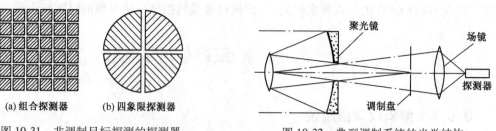

图 10-31　非调制目标探测的探测器　　图 10-32　典型调制系统的光学结构

通常,选择调制盘图案的原则是目标辐射的调制能够准确地确定目标的位置。这样,调制盘的图案形式应能把空间信息转变为电信号的幅度、频率和时间等的信息,即探测器输出的已调制信号的幅度、相位和频率能给出视场目标的位置。

图 10-33 所示为用于各种调制方法的调制盘的图案,以及它们的偏差信号随时间变化的波形。

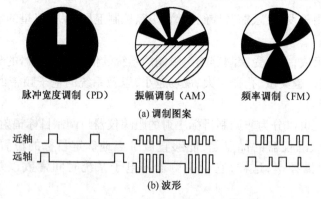

图 10-33　调制盘图案与波形

上述各种调制盘的图案太简单,不能分开视场内多个目标的偏差信号,并且在目标很近,即当目标几乎或完全充满视场时,这些调制盘就要失效。

不转动调制盘,使目标的像作相对于调制盘的转动,也可以产生调制。但是,这种方法在工艺上会有较大的困难,且调制度与目标的像离开系统轴心的径向位移有关。该位移将产生相位差,它与基准信号相关的调制相位可确定目标的方位。

此外,为了跟踪目标,搜索系统安装在万向支架上,在万向轴旁设置力矩电机,用它使搜索系统偏转。偏转控制指令来自偏差信号,而偏差信号由搜索系统的轴线与目标像的偏离而产生。为此,需要一个基准信号,它不断地将调制盘的角度位置提供给两个万向轴。调制盘支点给出关于目标位于上面、下面、左面或右面的信息,后续电子线路将这些信息分开,然后与基准信号一起控制搜索系统,使目标的像重新与光学系统的轴线重合。

背景辐射产生干扰信号,其干扰强度随调制频率的提高而减小。因此,用一个小的精密扫描光阑扫描背景是有益的。这种方法有以下三个优点。

① 准确地确定目标的位置；

② 能够削弱来自大面积背景的干扰信号；

③ 在许多情况下，较高的调制频率带来较低的探测器噪声和电子噪声。

为了进一步降低背景噪声，可以在系统的光路中采用滤光片滤除不在目标发射光谱范围内的干扰辐射。

10.6.2 激光制导

激光制导分为激光驾束制导与激光寻的制导等两种制导方式。

激光驾束制导导弹的种类很多，其中瑞典的 RBS70 导弹系统具有典型性。它具有简单、精度高、抗干扰性能好等特点，主要用于超低空防空，也可用于反坦克，可以车载也可以单兵肩射。其工作原理为，以瞄准线作为坐标基线，将激光束在垂直平面内进行空间位置编码发射，弹上的寻的器接收激光信息并译码，测出导弹偏离瞄准线的方向及大小，形成控制信号，控制导弹沿瞄准线飞行，直至击中目标。

激光寻的制导由弹外或弹上的激光束照射在目标上，弹上的激光寻的器利用目标漫反射的激光，实现对目标的跟踪和对导弹的控制，使导弹飞向目标的一种制导方法。按照激光光源所在位置，激光寻的制导有主动和半主动之分。迄今为止，只有照射光束在弹外的激光半主动寻的制导系统得到了应用。多年来，已在若干次战争中大量使用了这类武器，取得了很好的效果。这类武器的命中率常在 90% 以上，比常规武器的命中率(25%)高得多。在激光半主动寻的制导情况下，系统由弹上的激光寻的器和弹外的激光目标指示器两部分组成。激光半主动寻的制导的特点是制导精度高、抗干扰能力强、结构较简单、成本较低、可与其他寻的系统兼容。由于在摧毁目标之前有人用指示器向目标发射激光，增加了击中目标的可靠性，但也有被敌方发现的可能性。

自 20 世纪 60 年代以来，发展的激光半主动制导武器主要有三类，即激光半主动制导航空炸弹、导弹和炮弹等。

1. 激光目标指示器

激光目标指示器是半主动激光制导中的关键技术。其作用就如同给篮球运动员设置篮筐一样，目标指示器就是在形态复杂的地物中画出一个"篮筐"，以便使导弹或炸弹有一个落点。由于这个"篮筐"是用激光造出来的，所以被通俗地称之为"光篮"。激光目标指示器可以分别装在不同的地方，包括单座机、双座机、直升机、遥控飞行器、车辆等，也有便携式的，可以对目标形成立体包围圈，视战场条件选用合适的方式。不管用于何种激光半主动制导武器，这些系列化的指示器都是通用的。激光脉冲在激光指示器内编码，在寻的器内解码，为激光半主动制导中的一个特殊问题，目的是在作战时不致引起混乱，在有多目标的情况下，按照各自的编码，导弹只攻击与其对应编码的指示器所指示的目标。

2. 激光寻的器

激光半主动制导航空炸弹、导弹和炮弹的激光寻的器各不相同。早期的航空炸弹都采用网标式激光寻的器，但后来的型号都趋向于导弹用的陀螺稳定式寻的器。炮弹用的激光寻的器最重要的一个难题是解决耐高过载的问题。炸弹与导弹的最大区别在于炸弹本身没有发动机,不能持续水平飞行或爬高,全凭下滑行阶段的空气动力特性保证导向,因而只适用于从空中攻击地面固定目标或运动缓慢的目标。而导弹则自己有发动机,像一座无人驾驶的小型飞机一样,能做各种飞行动作,以保证准确地跟踪目标,直至击毁。通俗地讲,炸弹是被"投"进"光篮"的,而导弹则是自己"奔"向"光篮"的。所以导弹多用于攻击运动目标。

10.6.3 红外跟踪制导

红外线自动寻的制导系统的导引头所利用的红外线来自目标的发热部分,如飞机的发动机、机头和机翼前沿等,是一种被动式自动寻的制导系统。红外导引头主要由红外探测系统和电子线路两部分组成。红外探测系统是一个使光学系统跟踪目标的机电装置,它的作用是接收目标辐射的红外线,探测目标和导弹的相对位置,并将红外线信号转变为电信号。电子线路主要由误差信号放大电路和一些辅助电路组成,它的作用是将红外探测系统输出的电信号(误差信号)进行放大和变换,形成控制指令。红外导引头可分为点源式和成像式两种。点源式是把目标作为一个点来取得信号,成像式则把目标作为一个面源。

红外跟踪制导内容见二维码。

10.7 光学系统透过率测试技术

10.7.1 透过率

光学系统的透过率反映了经过该系统之后光能量的损失程度。对于目视仪器来说,如果透过率比较低,则使用这种仪器观察时主观亮度将降低。如果某些波长光的透过率特别低,则视场里就会看到不应有的带色现象,例如所谓的"泛黄"现象。对于照相系统来说,透过率低会直接影响像面上的照度,使用时要增加曝光时间。如果某些波长光的透过率相对值过小,则会影响到摄影时的彩色还原效果。所以光学系统的透过率是成像质量的重要指标之一。

光学系统的透过率 τ 是指经过系统出射的光通量 Φ' 与入射的光通量 Φ 的百分比,即

$$\tau = \frac{\Phi'}{\Phi} \times 100\% \tag{10-36}$$

由于光学零件表面所镀膜层的选择性吸收和玻璃材料的选择性吸收,透过率实际上是入射光波长的函数。对于像质要求不高的系统,特别是对彩色还原要求不高的系统,透过率随波长而变的问题可以不予考虑。随着科学技术的发展,以及彩色摄影、彩色电视和多波段照相等仪器设备应用的日益广泛,对光学图像的颜色正确还原的要求也日益提高。因此,目前除一般目视仪器只需要检测白光的透过率外,许多光学系统,特别是照相物镜,都需要测量光谱透过率。

在可见光区域($\lambda_1 \sim \lambda_2$)内,以 CIE 标准光源照明时,整个波段总的透过率称为白光透过率,即

$$\tau_\Sigma = \frac{\int_{\lambda_1}^{\lambda_2} \phi'(\lambda) \mathrm{d}\lambda}{\int_{\lambda_1}^{\lambda_2} \phi(\lambda) \mathrm{d}\lambda} \times 100\% \tag{10-37}$$

式中,$\phi'(\lambda)$ 是透射辐通量的光谱功率分布函数;$\phi(\lambda)$ 是 CIE 标准光源的光谱功率分布函数。

τ_Σ 只说明光学系统透射光的情况,不能说明光学仪器的实际光度性能。决定实际光度性能的因素有三个,即照明光源、光学系统、接收器(如人眼、彩色胶片等)。考虑到上述三个因素,透过率的表达式为

$$\tau = \frac{\int_{\lambda_1}^{\lambda_2} s(\lambda)\tau(\lambda)v(\lambda)d\lambda}{\int_{\lambda_1}^{\lambda_2} s(\lambda)v(\lambda)d\lambda} \times 100\% \qquad (10\text{-}38)$$

式中,$s(\lambda)$ 为光源的相对光谱功率分布函数;$\tau(\lambda)$ 为光学系统的光谱透过率函数;$\lambda_1 \sim \lambda_2$ 为探测器的感光波长范围;$v(\lambda)$ 为探测器的相对光谱灵敏度函数。

按式(10-37)的定义,将望远镜的透过率称为白光目视透过率,一般情况下指轴上点的透过率。在式(10-37)中应以人眼的光谱光视效率 $V(\lambda)$ 代替。望远系统透过率的大小随光学系统的复杂程度和表面镀膜质量的不同会有较大的变化,复杂系统的白光目视透过率常低于40%,一般系统则在50%~80%之间。

按式(10-37)定义的照相系统透过率称为摄影透过率。该系统的透过率分轴上和轴外两种。目前照相物镜轴上摄影透过率已高达90%以上。

10.7.2 望远系统透过率的测量

望远系统透过率测量见二维码。

10.7.3 照相物镜透过率的测量

照相物镜透过率测量见二维码。

10.8 光电技术在印刷出版工业中的应用

10.8.1 激光照排系统

随着计算机技术的发展,特别是图形操作系统平台的推广和普及,使计算机处理图形、图像的能力大大增强,应用计算机技术使彩色印刷制版系统获得了突飞猛进的发展。传统的电子分色机是将扫描技术、图像调整与处理技术、网点曝光技术融为一体。激光照排系统是由扫描、计算机图像、文字处理、激光照排组合在一起的复杂系统。与传统的电子分色机相比,由于计算机处理技术

的发展使得复杂版面的处理和整页拼版成为现实,大大地提高了彩色印刷制版的质量。

激光照排系统中最主要的设备之一为激光照排机。激光照排机生产厂家大部分为原先生产电子分色机的厂家,因而其控制原理、光学系统等制造技术继承了电子分色机的技术。由于省去了网点发生器和图像调整部分,因此,结构更为简单,生产成本也更低。

目前,常用的激光照排机可分为绞盘式激光照排机、内鼓式激光照排机、外鼓式激光照排机等三种类型。详见二维码。

10.8.2 激光雕刻凸版和凹版机

所谓激光雕刻印版,就是把聚焦的激光束射向印版,把印版的指定范围熔化或者气化,除去不需要的部分,制出凸、凹图像。图像的深度、尺寸和形状由调制的激光光束控制。详见二维码

10.8.3 激光打印机和复印机

激光打印机和复印机详见二维码。

10.8.4 光盘存储

信息存储技术是将字符、文献、声音、图像等有用数据通过写入装置暂时或永久地记录在某种存储介质中,并可利用读出装置将信息从存储介质中重新再现的技术总称。随着科学技术的发展,存储技术经历了由纸张书写、微缩照片、机械唱盘、磁带磁盘的演变过程,发展到当今的采用光学存储技术的新阶段。近年来,光学存储技术不论是在纯光学的全息扫描记录,还是在采用光热形变的光盘或采用光热磁效应的光磁盘技术等方面都取得了很大进展,它们的发展前景十分光明。光学存储技术凝集了现代光电子技术的精华和技术诀窍,有关检测、调制、跟踪、控制等各种光电方法得到了充分的利用。下面着重介绍采用光热变形的光盘存储系统。

1. 光盘存储的类型

(1) 记录用光盘

记录用光盘也称"写后直读型(draw)"光盘,它兼有写入和读出两种功能,并且写入后不

需处理即可直接读出所记录的信息,因此,可用做信息的追加记录。这类系统根据记录介质和记录方式的不同又可分为一次写入和可擦重写两类。一次写入主要用于文件档案、图书资料、图纸图像的存储;可擦重写方式特别适用于计算机的外部存储设备。

(2) 专用再现光盘

专用再现光盘也称"只读(read only)"型光盘。它只能用来再现由专业工厂事先复制的光盘信息,不能由用户自行追加记录。例如激光电视唱片(CD-ROM)、计算机软件光盘等都属于这一类。这类光盘批量大,成本低,已占领了大部分音响和视频市场。

2. 光盘存储的特点

光盘存储的特点如下。

(1) 存储密度高、容量大,在直径 300 mm 的数字光盘中的数据总容量为 8×10^{10} b;光盘纹迹间距为 1.6 μm、直径为 300 mm 的光盘每面有 54 000 道纹迹。如每圈纹迹对应一幅图像,则可容纳 50 000 多幅静止的图像。

(2) 读写率高,数字光盘单通道可达 25×10^6 b/s。

(3) 存储寿命长,库存时间大于 10 年以上,而商用磁盘仅为 3~5 年。

(4) 每信息位的价格最低,易复制、寿命长。

(5) 有随机寻址能力,随机存取时间小于 60 ms。

(6) 光盘存储是非接触读/写,防尘耐污染,操作方便,易与计算机联机使用。

3. 光盘存储的工作原理

光盘是一种圆盘状的信息存储器件。它利用受调制的细束激光改变盘面介质不同位置处的光学性质,记录待存储的数据。当用激光束照射介质表面时,依靠各信息点处光学特性的不同提取被存储的信息。在光盘上写入信息的装置称作光盘记录系统,如光盘文件记录器;能从光盘上读出数据的装置为光盘重放系统,如视频光盘放像机。大多数光盘装置具有记录和重放等双重功能,详见二维码。

4. 光盘存储系统的关键技术

光盘存储系统的核心装置是光盘驱动器,详见二维码。

思考题与习题 10

10.1 如何应用光电测量方法获得小位移量与小角度量信息?

10.2 试用线阵 CCD 图像传感器设计测量火炮炮管在发射炮弹过程中震动状况的原理方框图。

10.3 试设计出测量长 2 m,直径 82 mm 钢管直线度的测量方案,画出测量系统原理方框图,并用文字说明。

10.4 今有一块面积为 $10\times10\ mm^2$ 的硅光电池,如何利用它做为定长控制的传感器?试画出测量电路。

10.5 用什么样的光电变换技术能够测量望远镜的透过率?(要求画出原理方框图,并加文字解释)

10.6 试举例说明搜索与跟踪系统的差异有哪些?怎样用四象限光电池构成目标探测的探测器?

10.7 试举例说明激光寻的制导系统,寻的制导由哪几部分构成?

10.8 红外成像制导系统有哪些特点?

10.9 分析激光照排机与电影放映机的送片结构,找出它们的缓冲机构,说明在激光照排机结构中为什么要添加 2 个缓冲机构?

10.10 激光打印机中将文字与图像信息转印并打印出来的部件是什么?

10.11 激光打印机中的常用部件硒鼓,它在打印机中的作用是什么?起到哪些关键作用?

10.12 应用光电信息变换技术测量工件的表面粗糙度的关键技术是什么?如何理解图 10-38(b)中利用 2 个导光纤维同时照明标准件与被测件?

10.13 试说明多普勒效应在医学中的应用,如何利用激光多普勒效应测量液体流动的流速?

10.14 利用光电信息变换技术测量速度有几种方法?为什么说激光多普勒测速技术的精度高,可信度也高?

第 11 章 光电技术课程设计与光电信息综合实验

本章目的是在学习完"光电技术"理论课与实验课以后,再通过光电技术课程设计让学生加深对光电技术内容与基本技能的掌握,在能够分析光电系统结构的基础上,逐渐掌握系统的设计技巧。

在系统学习"电子技术"、"工程光学"、"图像传感器应用技术"、"机器视觉技术"和其他光电技术专业课以后,再通过"光电信息综合实验"掌握本专业应该掌握的基本技能,为本科阶段最后一个教学环节——"毕业设计"打好基础。

因此,本章内容可以不作为"光电技术"课的教学内容安排,而作为"光电技术"课程设计与"光电信息综合实验"的参考案例。

11.1 光电技术课程设计

学生通过光电技术课程设计训练,能够比较全面地理解与掌握光电技术课程在光电信息科学与工程专业中的地位与作用,为后续专业理论与技能的学习打下坚实的基础。本节将选取几个典型的课程设计内容进行介绍,侧重点放在课题的选取与题目的展开和设计的基本要求。

从学生的培养目标出发,考虑学生学完"光电技术"及其前置专业基础课所具备的知识点与技能,再考虑他们今后要从事的光学、电子技术、计算机技术等方面的工作,都要求具有光学系统设计、模拟与数字电子技术的电路设计、机械结构设计和计算机软硬件设计的能力,在"光电技术课程设计"中都应该有所反映,得到锻炼。尤其是电子工程师应该具备的印刷电路板设计(PROTEL)能力的锻炼,使光电信息人才具有电路板设计能力,胜任光电信息系统的设计工作。搭建、调整光学(或光电)系统,分析光学系统的物像关系,测试相关参数等技能是本专业高年级学生必须具备与掌握的基本技能。这些内容不能仅靠实验环节解决,更需要做适当的课程设计,既光电技术课程设计要使学生在上述方面得到锻炼与提高。

涉及光电技术的内容很广泛,光电技术应用也有几个层次。第一个层次为光电技术的基本理论与原理;第二个层次为基本光电器件的特性与光电变换电路与数据采集单元;第三个层次为光电信息检取系统;第四个层次为光电仪器的系统设计及工程应用技术。本节将在第一个层次(通过原理和辐度学、光度学等基本物理量进行考察、理解、测量等操作)基础上,立足于第二个层次,能够构建实际光电系统,完成其数据采集工作,为第三、四个层次的应用提供技术储备。

光学物理量内容较多,基本的物理量包括其辐度(强度)、频率(波长)、偏振和相干性等。而光度学物理量是基于辐度和波长的宏观统计参数,本节只针对辐度学和光度学物理量进行测量、设计和应用,而偏振和相干性等不在本节范围之内。

11.1.1 辐射体光谱分布与探测器

本书 1.1.1 节已经分别讨论了辐射体在"通量"、"出度"、"强度"与"亮度"几方面的计量公式与光谱辐射分布特性,1.1.2 节是从接收器(探测器)的角度讨论了照度与曝光量等参数

的定义。1.2 节指出上述参数均是光谱辐射量,并给出了重要的概念——"量子流速率",给出通量的计算公式

$$N_e = \int_0^\infty \frac{\Phi_{e,\lambda}}{hc}\lambda \, d\lambda \tag{11-1}$$

上式表明光源发射的辐射功率是每秒钟发射光子能量的总和。

通过辐射体光谱辐射分布的测量从中可以找到很多有用的信息,例如黑体(灰体)的温度、发光体的物质成分(光谱分析)、钢材材质与微量元素的含量等信息。那么,怎样才能获得辐射体的光谱分布呢?必须借助前几章学习的各种探测器(光电器件)构成的变换电路才能得到。前几章学到的光电探测器都是光谱 λ 的函数,具有一定的"光谱响应",表现为具有一定的"光谱灵敏度 $S_{e,\lambda}$"。因此,在利用光电传感器测量辐射量时必须考虑如图 11-1 所示的辐射量的光谱分布 $\Phi_{e,\lambda}$ 与探测器的光谱灵敏度 $S_{e,\lambda}$ 之间的光谱分布情况。

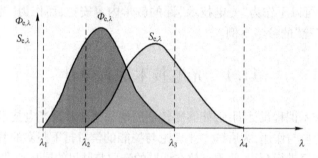

图 11-1 辐射体光谱发布与探测器光谱灵敏度

只有二者重叠部分才能对探测起作用(有响应)。因此,为了有效地探测辐射量,选用的探测器光谱灵敏度与辐射体的光谱分布相覆盖。

11.1.2 光纤光功率计的课程设计

1. 测量光功率的原理

测量光功率的仪器通常被称为光功率计,主要用于测量光源发出的功率。光功率也应该采用功率的量纲 W(瓦特),但是实际的光功率计通常用绝对量 dBm 作为光功率的单位,它与实际功率存在着对数关系。以 dBm 与被测光功率 P_{signal} 的关系为:

$$\text{dBm} = 10 \times \log\left(\frac{P_{\text{signal}}}{1\text{mw}}\right) \tag{11-2}$$

式(11-2)给出简单的换算关系为 0 dBm = 1 mW,10 dBm = 10 mW,20 dBm = 100 mW。

还可以用相对单位 dB 表示,即将测得的光功率 P_{singal} 与参考的光功率 P_{ref}(背景辐射功率)均以 mW 表示,换成 dB 后,式(11-2)变为:

$$\text{dB} = 10 \times \log\left(\frac{P_{\text{signal}}}{P_{\text{ref}}}\right) \tag{11-3}$$

dB 为(分贝)相对单位,表示信号光功率与参考光功率之比的对数值。

光功率是辐度学参数,探测器和测量方案需要按照辐度学测量原理来设计。考虑到宽光谱分布光源探测非常复杂,需要处理如图 11-1 所示的光源与探测器光谱灵敏度的相关问题,

所以作为课程设计内容只能对激光等单色光源的光功率进行计量。下面以光纤通信中的光功率计为例进行介绍。

2. 光纤光功率的测量方法

光纤通信系统(发射端机或光网络等)中常用窄带单色光(激光),其光功率的测量较为简单,探测器比较好选择,需选用光谱灵敏度覆盖被测光,波长、频率满足要求即可。

(1) 探测器的选择

光纤通信系统的工作波长通常为 1310~1550 nm,属于近红外波段,因此只能选用 InGaAs 材料制成的光电二极管,它的光谱响应范围为 800~1700 nm,满足光谱要求。另外考虑测光频率的要求,光通信信息变换频率高,调制频率常高于百兆量级,因此需要采用 APD 雪崩光电二极管才能满足要求,而且由于具有内增益,灵敏度也满足仪器要求。

(2) 变换电路

先要查到所选择的 APD 具体型号,根据具体的 APD 器件来设计其变换电路。图 11-2 所示为典型的用于光纤通信系统的 APD 器件。其中图 11-2(a) 为高响应 InGaAs 光电二极管,探测面积 300 μm 型号为 OPLS-IPD300;图 11-2(b) 为 OTDR 高增益 InGaAs 雪崩光电二极管,倍增因子最大可达 30,型号为 OPLS-IAD358-S;图 11-2(c) 为带尾纤型 InGaAs PD,型号为 OPLS-IPD300S;图 11-2(d) 为 DTS 与 OTDR 带前置放大尾纤型 InGaAs 雪崩光电二极管 APD OPLS-IAD050S-TIA。

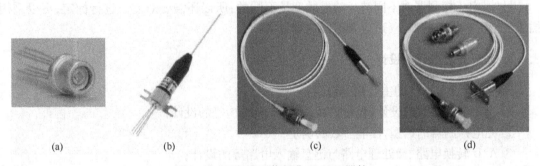

图 11-2 用于光通信的典型 APD 器件

目前,用于光纤通信的 APD 探测器均设置了前置放大器,用户只要提供电源即可获得信号输出。如果遇到没有前置放大器的器件,可以为其配备如图 11-3 所示的低噪声高响应的变换电路。

LT6236 放大器属于低功耗(只消耗 4 mA 电流)微输入($1.1\,\mathrm{nV/Hz^{1/2}}$),适用于停电工作状态,可用于将电源电流减小至 10 μA 以下。

增益带宽 215 MHz 情况下的转换速率 70 V/μs。同时,还有 LT6237、LT6238 两款双放大器和四放大器的集成芯片。具体选用时要根据需要合理选择。

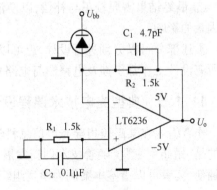

图 11-3 低噪声高频 APD 器件前置放大器

(3) A/D 转换电路板

A/D 转换电路应该是光电信息方向各个专业本科高年级学生在学习完模拟电子技术与数字电子技术后掌握的技术,设计 A/D 转换电路板也是对上述课程的总结与实践考核,当然,课程设计中可能涉及一些工具软件的掌握和一些编程软件的使用问题,如 PROTEL 电路板设计软件与 CPLD 编程中用到 QuarturⅡ等硬件描述语言的学习和必要本领的掌握,只有掌握了这些必要的知识才能更好地适应现代科技的发展,适应现代社会发展的需要。

A/D 电路的设计,选择合适的 A/D 器件非常重要,不要选择那些落后的或已经被淘汰的产品,应该选用目前市场上广泛应用的现代产品。TLC5540 与 AD12081 等是有代表性的常用器件。

A/D 转换电路包含了丰富的内容,它涉及转换电路,缓冲器,存储器,接口电路(三态门),读、写控制器与地址发生器等多项内容。因此做好这个题目的课程设计可巩固前面所学电子技术并为后面的毕业设计奠定基础。

(4) 量程变换与波长补偿

由于光纤功率的变化范围较大,从 nW 到 mW 级,一般需要达到 $1\sim10^6$ 动态范围,而放大器和通用的 ADC 难以满足要求,所以对不同的功率范围需要有不同的放大倍数。无论是标准的程控放大器还是自己设计的程控放大器,其放大倍数难以准确控制,需要后期在精密测量过程中通过标定、进行适当的补偿或利用软件实时修正。

另外,由于探测器对不同波长的灵敏度是不同的,所以还需要对波长进行标定,可以采用插值法进行补偿似的修正,适应于不同的测量波长。

3. 光纤光功率计的设计

光功率计课程设计的主要内容包括:
① 光功率计探头的设计,包括机械结构、安装结构等的设计;
② 光电探测器的选型,性能参数的确定;
③ A/D 转换电路、微处理电路与键盘输入电路等的设计;
④ 光功率计外壳与数字显示部件的设计;
⑤ 最终结果需要校正与补偿,以便消除电路放大、A/D 转换电路的线性影响与环境温度等因素的影响。

上述部分可以分别进行设计,也可以根据学生掌握的程度进行全面的完整课程设计。但是所有设计工作都要涉及电路图与电路板的设计,并应用 PROTEL 软件绘制出电路版图。

11.1.3 典型光电技术课程设计案例

作者引入在某高校指导光电信息科学与工程专业学生所做的"光电技术课程设计"案例,目的是"抛砖引玉"。随着技术创新发展,光电技术课程设计也在不断推出新思路,内容将不断翻新,读者可以借鉴本案例为学生组织好更适应科技发展的课程设计。

1. 课程设计基本要求

本次课程设计以"LED 发光角度特性测试仪"为典型样机,通过分析与解剖其关键部件,引导学生根据已有的光电仪器通过分析与读懂仪器的设计思想与关键部件,在原有仪器的基础上改造部分部件,设计出更新更实用的仪器,完成光电技术课程设计任务,培养学生的分析与设计能力。

2. 基本内容

(1) 样机剖析

典型样机的外形图如图 11-4 所示,可看到它由 3 只数字表头、电压与电流调整旋钮和 LED 正反向电压设置开关等操作键构成的仪器面板,为测量发光强度而设置的标准立体角装置,被测 LED 安装、锁定与调整装置和以立体角始点为中心能够旋转 180°的旋转盘等部件构成。

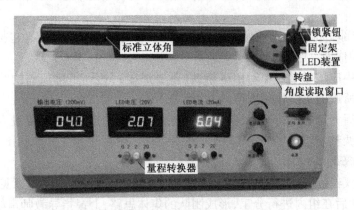

图 11-4　LED 发光角度特性实验仪外形

(2) 关键部件

通过实验仪测量 LED 发光角度特性的操作过程可以分析出它的主要部件应该包含如下 4 部分:

① 标准立体角装置。由发光强度的定义可知,立体角是发光强度测量的关键部件,标准立体角装置显然是发光角度特性测量的关键部件。

② LED 装调装置。只有将 LED 安装到该装置上才能使其工作,完成后面的各项测量工作。

③ 3 块显示表头。左侧的电压表用来测量标准立体角装置中的圆形硅光电池的输出电压,实质是测量 LED 在这个方向上的发光强度;

中间那块电压表测量施加到 LED 两端的电压,右侧电流表与 LED 串联,测量流过它的电流。因此,三块表都是仪器的主要部件。

④ LED 旋转装置。通过 LED 旋转装置、角度读出窗口、锁紧旋钮与固定装置完成 LED 定量旋转,它不但起到安装 LED 的作用,还能够协助测量 LED 不同截面的发光角度特性,以便真实测出其不同角度的发光强度,得到全方位的发光角度特性。

(3) LED 发光角度特性实验

尽管在光电技术实验课中已经做了发光角度特性实验,但是在课程设计初始阶段仍要认真完成实验,只有在认真仔细的重复实验过程中才能发现其优点与缺点,找到能够改进的地方,将其写在实验报告上。将需要改进的地方写在课程设计报告中,并将新的设计方案写出来。

(4) 主要部件的拆卸与安装

做实验可以发现需要改进的地方,对它进行必要的拆卸以便进一步了解其结构和原设计思路,但是,在拆卸之前必须仔细做记录,使之能够恢复原始状态。

边拆边测边记录是较好的方法,随时勾画出部件的草图,为后续装调和整理提供依据,并为课程设计报告准备技术资料。针对 LED 发光角度特性实验仪可拆装的部件如下:

① 标准立体角装置。拆装标准立体角装置的时候一定要注意它的引出线,它比较细,容易断,所以尽量不要动它。其前面两节是螺纹连接的结构,容易拆装,也可以观察到标准立体角的构成。

② LED 安装装置。它的机械部件都可以拆装,但是拆装之前必须认真观察,不可盲目,在拆卸转盘时要注意先拆仪器外壳或者不要将部件全拆卸下来,达到了解仪器的的目的就可以了。

③ 看仪器内部结构。拆下外壳后就可以看到仪器的内部结构,记录(包括必要的摄影)是重要的,它会帮助你恢复原状。

在拆装过程中应该尽量避免动用电烙铁(不要焊接),达到了解仪器的结构、连接方法与各部件在仪器中所起的主要作用即可。

装好仪器以后一定要进行实验,验证仪器恢复到正常使用状态,如果没有达到理想状态,可以适当的进行调整。

(5) 开展课程设计工作

针对找到的仪器优缺点,在学习小组内通过讨论统一思想,形成小组意见(包括改进与继承发扬之处)。然后在组内进行分工,形成团队的集体思路,上报指导教师审核批准。

可以针对某一项主要部件进行改进设计,也可以针对整个仪器进行综合设计;可以针对仪器的外形尺寸进行改造设计,也可以针对仪器中部件的安装位置进行更改设计;但是,所有的改动都要说出理由,说明改进后的预期目标,并将其写在课程设计报告中。

(6) 提交课程设计报告

根据指导教师发的"光电技术课程设计指导"内容及要求,写出"光电技术课程设计报告"。

在写课程设计报告中要注意回答以下几个问题:

① 列出本组同学名单,组长的姓名与学号?你在组内承担的工作是什么?
② 你对本组的课程设计贡献如何?对本组的设计工作提出了哪些建议与意见?
③ 本次课程设计改进了哪些部件?改进后的预期目标如何?
④ 找出本次课程设计的创新之处?
⑤ 通过本次课程设计你在哪些地方得到锻炼,又在哪些方面有所进步?
⑥ 你对光电技术课程设计有哪些建议?希望在哪些方面再进行改革?

11.2 光电信息综合实验

光电信息综合实验内容非常丰富,不同院校、不同专业会设计出多种多样的综合实验内容。本节以非接触测量物体位置与振动参数的典型综合实验,讨论光电信息综合实验的具体操作。

综合实验题目要思路清晰,内容完整,涉及技术层面比较丰富,又有别于通常理论课配备的实验题目。综合实验课的时间安排与执行方法也应该与其他实验课不同,需要一定的连贯性,要根据学生动手搭建与调试能力适当安排更长的连续时间。

在内容安排上要突出题目的重点,并配备一定的辅助内容,构成整体实验系统。每一部分内容既要反映辅助实验内容又要体现辅助实验对整体综合实验系统的贡献,使学生认识辅助实验对综合实验系统的影响。综合实验的性质不能笼统地分为"验证性"、"设计性"和"创新性",它既包括验证性实验内容也含有设计性与创新性实验的内容。

11.2.1 非接触测量物体位置与振动参数实验系统的原理

采用光电技术可以实现对物体实时位置的非接触测量,测量系统方案有多种,如利用线阵CCD多功能实验仪,在光电综合实验平台上搭建实验系统等。本着对学生进行综合训练的考虑,采用搭建典型非接触测量物体位置的实验系统是最合适的。

1. 物体位置测量原理

非接触实时测量物体位置系统的原理框图如图11-5所示,主要由照明光源、被测物、成像物镜、线阵CCD光电传感器和数据采集与处理系统等5部分构成。

其中照明光源的作用是使被测物体的像能够清晰的成在线阵CCD的像面上,通常采用远心照明光源担当。成像物镜的作用是明显的,它将被测物清晰成像到线阵CCD的像面上。线阵CCD在驱动

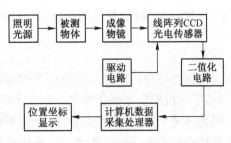

图11-5 物体位置实时测量原理框图

电路提供的工作脉冲(驱动脉冲)作用下将每个像元的曝光量以序列脉冲的方式输出,送给数据采集与处理器完成对被测物体边缘与中心位置的测量。

由上述分析,该实验既包含光学系统实验,也含有驱动与数据采集的内容,还含有计算机软件的应用等内容,属于典型的"综合实验"。

怎样将物体的位置信息转换成光强分布的时序脉冲信号呢?需要借助线阵CCD工作原理的波形图分析。在如图11-6所示的测量原理图中被测物经成像物镜在线阵CCD像敏阵列上形成图像,图中的n_1与n_2分别为图像边缘处的像元数。

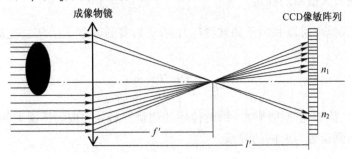

图11-6 物体位置测量原理图

当被测物做垂直于光轴运动时，n_1 与 n_2 将发生变化，将 n_1 与 n_2 测量出来就能够计算出被测物体此时在垂直于光轴方向的位置。

如图 11-7 所示为线阵 CCD 的转移脉冲 SH、行同步脉冲 F_C、输出信号 U_0 与二值化后的输出方波。

利用图 11-7 很容易理解 n_1 与 n_2 的提取技术。

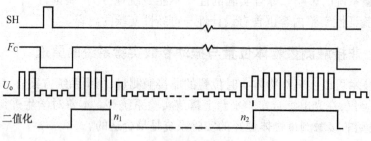

图 11-7　二值化边界位置采集原理图

得到 n_1 与 n_2 后，便可利用式(11-4)计算出物体的中心在线阵 CCD 像敏阵列上的位置 n。

$$n = \frac{n_1 + n_2}{2} \tag{11-4}$$

找到物体中心位置在线阵 CCD 像敏阵列上的位置 n 还不能给出实际物体中心的有用位置，需要通过标定才能获得在一定坐标系下的位置。坐标系的设定通常是以光学测量系统的光轴为参考坐标，并设其为 y_0，由于线阵 CCD 相机结构基本能够使 y_0 与像敏阵列中心 n_0 的位置有稳定的关系，因此，常用 n_0 为测量的参考点。

如果对线阵 CCD 进行标定，或设定线阵 CCD 中心像元为初始位置(设为参考点)，则物体像的位置 $y'(t)$ 时间函数为

$$y'(t) = \left[n_0 - \frac{n(t)_1 + n(t)_2}{2} \right] l_0 \tag{11-5}$$

式中，l_0 为线阵 CCD 像敏单元的长度。显然，它会出现正与负数值，与线阵 CCD 的安装方法有关。如图 11-7 所示，$n_2 > n_1$，则中心位于线阵 CCD 像敏阵列中心像元 n_0 的下方，得到的位置 $y'(t)$ 为负值，根据物像关系得到实际物体的中心位置位于光轴之上。

2. 光学系统放大倍率的标定

光学系统放大倍率可以利用已知被测物外径 D 与实测像方直径 D' 之比进行标定，即利用下式标定：

$$\beta = -\frac{(n_2 - n_1) l_0}{D} \tag{11-6}$$

依据上述公式能够完成被测物体瞬时位置的测量。若要完成物体振动的测量必须要弄清楚其时间关系，找到位置与时间的关系。

3. 时间坐标问题

时间坐标由坐标原点与坐标时间段构成，坐标原点是指振动测量发生的初始时刻，常用 0

时刻表示。这很容易理解，不再赘述。

时间段对于线阵 CCD 来讲是指线阵 CCD 的"积分时间"，即驱动脉冲中的转移脉冲 SH 的周期。因为线阵 CCD 是按照转移脉冲的时间段工作的，在 SH 脉冲高电平期间将上一"积分时间"所积存的信号并行转移到移位寄存器，再通过转移脉冲移出器件，因此输出的位置信号是上一积分时间的位置。时间段应该是线阵 CCD 的积分时间 t_{ing}。t_{ing} 可以用示波器测量 SH 脉冲的周期 T_{SH} 或 F_C 脉冲的周期 T_{FC}，也可以由下式计算：

$$t_{ing} = \frac{1}{Nt_{CR}} \tag{11-7}$$

式中，t_{CR} 为驱动脉冲的周期，与频率 f_{CR} 成反比；N 为一个转移脉冲 SH 时间内必须给出的驱动脉冲 CR 的数量，与线阵 CCD 像元数有关。因此提高物体位置测量速度的关键是：(1)采用驱动频率较高的器件，(2)采用像元数尽量少的器件，(3)减少不必要的转移脉冲数量。

11.2.2 非接触测量物体位置与振动参数实验的内容

根据上述原理图(图 11-5 与图 11-6)需要搭建出实验系统。它应该由具有远心照明特性的光源、被测物夹持与移动机构和具有光学成像系统的线阵 CCD 相机等部件构成。显然是比较复杂的综合实验系统，需要分成几个分项实验来进行，使它既具有整体性又具有可拆分性，既是一个综合性质的实验，又可以分成几个相对独立的实验进行搭建，合起来构成一个完整的光电信息综合实验。

下面采用分项实验的方式介绍，为了节约篇幅，删掉了实验目的、实验器材等内容，直接介绍实验系统。

1. 搭建远心照明光源的实验

搭建出具有远心照明特性的照明光源，要求光源的出光口径大于被测物的移动(振动)范围。

（1）实验系统

搭建远心照明光源的关键技术是要选择合适的聚光透镜与准直透镜，并掌握透镜焦距的测量方法。图 11-8 为搭建远心照明光源的实验示意图，图中没有给出所选器件的参数和器件之间的位置参数。目的是给指导教师与学生自己设计选用的空间，参数的变化会直接影响远心照明光源的性能与参数。

由图 11-8 很容易总结出所用的实验器材。当然要根据自己手里容易找到的器材而不要模仿，要注重创新，也许你采用的器材要好于示意图所用器材。

（2）实验步骤

实验步骤应该充分发挥学生的自主性，学生在掌握实验系统后可以充分发挥主观能动性。但是需要遵守光学实验的基本原则，即必须遵守光学的共轴性原则，首先需要将所有被选用的器件安放在光学实验平台上，并使器材的中心(光轴)等高，然后按图 11-4 安装，建议先安装 LED 光源，并让其发光，再安装聚光镜，找出光轴，测量出聚光镜的焦点位置，然后根据准直物镜的焦距安装准直物镜。像屏用来查看准直物镜发出的光斑是否有大小变化，如果没有，则须调整到位。

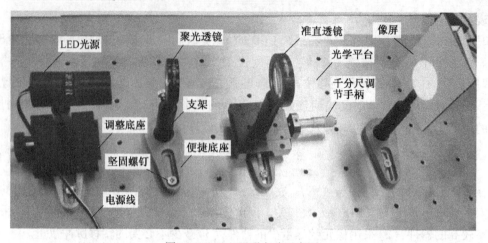

图 11-8 远心照明实验示意图

(3) 记录与讨论

调整好后要记得将系统参数记录下来,内容包括聚光镜与准直物镜的口径与焦距;以光源为参考点,测量出两只透镜的位置;分析实际搭建出的远心照明光源的有效工作距离有多少?有效孔径是多少?讨论如何调整与提高其性能参数。

(4) 画出系统光路图

根据实验数据画出远心照明光源的光路图,并在图上标注出每个光学器件的位置参数。

(5) 调整、记录与分析

更换聚光镜,观察远心光源结构参数的变化及对其准直特性的影响;

更换 LED 灯,如将其换成单色 LED 光源,观察远心照明光源系统结构参数的变化与对其准直特性的影响;

更换准直物镜的焦距与口径,观察远心光源结构参数的变化及对其准直特性的影响;要想使准直物镜焦距变长,远心照明光源的其他部件将做哪些变化?

2. 被测物夹持机构与移动机构的搭建实验

根据实验室的条件和选用的具体被测物的形位尺寸与位移或运动的要求搭建出被测物的夹持实验机构。当然还必须考虑实验过程中是否要求被测物体做有规则的运动问题,如果要求被测物体做规则运动,就必须考虑拖动问题,夹持机构的复杂性必然提高。

(1) 能够沿水平方向定量移动的夹持机构

借助如图 11-9 所示的移动架装置可以将被测物(目标物)安装在其上螺孔上,在千分尺带动下被测物能够做定量的移动。

将被测物安装在能够垂直调整高度的调整架上,并通过螺栓将其固定到图 11-9 所示的移动装置上,构成如图 11-10 所示的能够使被测物做定量移动的装置。

将图 11-10 所示的装置安放到位移量测量实验系统中,要求被测物直径能够成像在线阵 CCD 像敏阵列上,并使之做平行于阵列方向的移动(推动千分尺移动装置沿轨道做与线阵 CCD 像敏阵列平行的运动),完成沿水平方向定量移动夹持机构的安装。

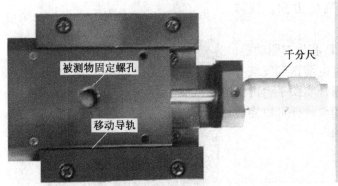 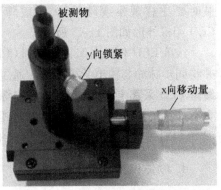

图 11-9　微动移动装置　　　　　图 11-10　被测物做定量移动的装置

（2）能够在水平方向做周期运动的机构

为完成利用线阵 CCD 测量物体振动的实验，需要设置能够实现让物体在水平方向上做有规则运动的装置。

如图 11-11 所示为一款能够带动被测物体完成正弦规律运动的装置。振动实验装置上安装的被测物在内部电机的带动下可以在水平方向上做位移，并与时间成正弦函数关系的往复运动，电机的速度（或正弦函数的频率）可以通过调速旋钮调整。

振动实验装置的振动方向是垂直于纸面的，因此将其安放到实验系统中时也要保证被测物沿线阵 CCD 像敏阵列方向运动。

3. 线阵 CCD 光电传感器的调整实验

线阵 CCD 光电传感器应该包括成像物镜、线阵 CCD 与驱动器三部分的组合体。成像物镜需要通过接圈与线阵 CCD 相机相连接才能确保通过成像物镜使被测物准确地成像到 CCD 像敏阵列上。如图 11-12 所示为与接圈相连接的成像镜头。实验时需要根据所成图像的质量对光圈、调焦环进行适当的调整，以便获得最佳的输出波形，确保测量准确。

图 11-11　被测物做正弦移动的装置　　　　　图 11-12　连有接圈的成像镜头

振动测量系统安装时必须确保被测物体的运动方向与线阵 CCD 像敏阵列平行，因此在安装时要注意观察线阵 CCD 像敏阵列的方向。线阵 CCD 相机外形如图 11-13 所示。

线阵 CCD 相机内部装有线阵 CCD 芯片与驱动器,并将同步脉冲与输出的视频信号通过电缆送到安装有线阵 CCD 采集卡的计算机内(光电综合实验平台内部含有计算机系统与采集卡),再通过相应软件可以完成线阵 CCD 非接触测量物体振动的实验。

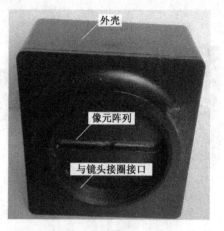

图 11-13　线阵 CCD 相同

4. 物体位置与位移测量实验

物体位置与位移测量实验属于静态实验,利用上述部件可以自行搭建出如图 11-14 所示的物体位置与位移的测量系统。

搭建过程中要注意远心照明光源与光学成像物镜的光轴尽量重合,以便获得较大的测量范围。

测量过程中每利用千分尺使物体移动一定的尺寸后都要通过测量软件计算出物体的位置,然后将推动(或拉动)的数据与实测数据进行比对,找出测量系统的线性与测量误差,最后列表或用坐标曲线的方式给出测量报告。

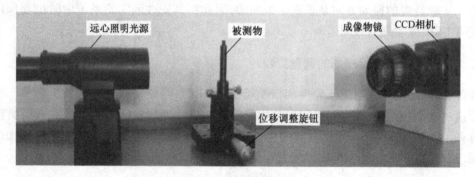

图 11-14　位移测量系统图

5. 非接触测量物体振动的实验

非接触测量物体振动的实验系统结构如图 11-15 所示,它由远心照明光源、线阵 CCD 相机与被测物体构成。

图中被测物体在电机驱动的正弦运动机构的带动下做往复的正弦运动,在远心照明光源与成像物镜的作用下,被测物的像在线阵 CCD 光敏阵列面上做规则运动。

该项实验需要配合数据采集、二值化、位置函数 $y(t)$ 测量等计算软件才能完美地获得实验结果,达到锻炼的目的。

下面介绍一款典型振动测量软件。

物体振动实验系统调试好后便可打开"用线阵 CCD 测量物体振动"实验软件,弹出如图 11-16 所示的测量软件界面,先观察线阵 CCD 输出信号的波形,看其是否需要调整。调整步骤如下:

第 11 章 光电技术课程设计与光电信息综合实验 243

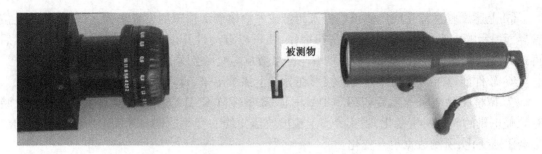

图 11-15 测量物体振动系统结构图

① 先单击"曲线"菜单,观察线阵 CCD 的输出信号,根据输出信号波形判断是否需要调整光学成像物镜和 CCD 的工作参数,若 CCD 的输出信号波形已经是如图 11-16 所示,边沿比较陡直,则没必要再调整成像物镜的光圈与焦距,如果输出信号的宽度太窄,则应该调整成像物镜的光圈使物体在运动过程中不会超出输出信号波形的高电平范围(视场)。

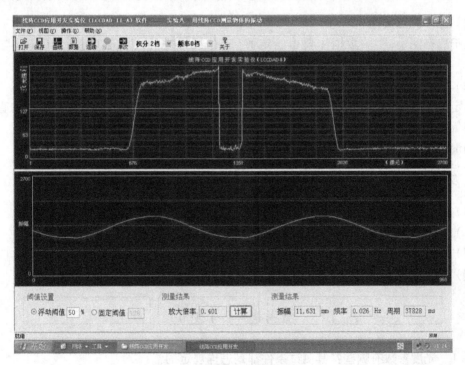

图 11-16 振动测量实验软件界

② 如果输出信号的波形不够陡直,则应该调整成像物镜的调焦环,使被测物在线阵 CCD 上成的像尽量清晰,曲线的边界陡直。

③ 如果发现输出波形的幅度太低,可以适当增大积分时间,利用积分时间调整对话框进行选择。

④ 波形调整好后再调整二值化的幅度,在"阈值设置"菜单里有 2 个操作按钮可以选择,即"浮动阈值"与"固定阈值",图中选择了"浮动阈值"。在选择浮动阈值后还需选择其浮动量,用百分比表示,图中选择了 50%。若选择"固定阈值"则须设置 0~255 的数值。设置好以后,阈值线(黄色线)将显示在坐标系上。

⑤ 上述调整过程完成后便可以进入测量成像物镜放大倍率的设置步骤,在软件界面上按着界面提示的内容与步骤一步步地进行操作,便可以自动计算出光学系统的放大倍率。然后再选择"连续"菜单,单击执行,放大倍率与测量数据等会分别显示在对话框内。

⑥ 软件能够将当前物体振动的波形在界面上描绘出来,直观地显示在实验者眼前。

⑦ 调整驱动电机速度旋钮(LCCDAD-Ⅱ-B 型线阵 CCD 应用开发实验仪的工作台上装有),使电机的转速发生变化,观察界面上输出波形曲线的变化速率与界面上所出现的振动波形会跟随变化,所测数据也会变化。

⑧ 单击界面的"停止"菜单,振动将停止,可将振动测量结果抄录下来,或采用"保存"菜单将测量结果数据保存到相应的文件夹内。

11.2.3 数据分析与实验总结

1. 实验数据内容

(1) 位移测量实验

属于静态测量,实验数据主要由给定值(千分尺推进的尺寸值)与测量值(n_1 与 n_2)等数据。

(2) 振动测量实验

给定值:①线阵 CCD 的积分时间(要求是实测值);②镜头的光圈值;③被测物的直径(千分尺测量值);④阈值(浮动的百分比或固定值);⑤光学系统的放大倍率等。

测量值:①振幅;②振动频率;③振动周期等。

2. 实验总结

(1) 总结搭建各个实验系统的体会与收获,尤其是光轴对光电实验系统的意义。

(2) 总结光学系统调试过程中的注意事项。

(3) 总结系统的稳定性对测量精度与重复性的影响。

(4) 探讨非接触测量系统中标定的意义。

思考题与习题 11

11.1 光度参数有哪些?其测试条件都是怎样规定的?

11.2 你知道"积分球"的主要功能是什么吗?如果要求测量某一单只 LED 灯的光通量,应该利用什么仪器?(提示:可以到网络上查找。)

11.3 通过观测 LED 发光角度特性实验仪,你能够理解仪器左侧的电压表测量值(圆形硅光电池输出电压)是被测 LED 的发光强度吗?

11.4 通过光电信息综合实验中搭建的远心照明光源,你能够画出远心照明光源的具体结构吗?

11.5 远心照明光源在非接触尺寸测量系统中的作用是什么?如果用均匀面光源取代远心照明光源会出现什么现象?

参 考 文 献

1. 王庆有主编. 光电技术（第 3 版）. 北京：电子工业出版社，2014
2. 秦积容编著. 光电检测原理及应用. 北京：国防工业出版社，1987
3. 卢春生编著. 光电探测技术及应用. 北京：机械工业出版社，1992
4. 缪家鼎，徐文娟，牟同升编著. 光电技术. 杭州：浙江大学出版社，1995
5. 江月松主编. 光电技术与实验. 北京：北京理工大学出版社，2000
6. 王庆有主编. 图像传感器应用技术（第 2 版）. 北京：电子工业出版社，2013
7. 范志刚主编. 光电测试技术. 北京：电子工业出版社，2004
8. 赵负图主编. 光电检测控制电路手册. 北京：化学工业出版社，2001
9. 王庆有主编. 光电信息综合实验与设计教程. 北京：电子工业出版社，2010
10. 王庆有主编. 光电传感器应用技术（第 2 版）. 北京：机械工业出版社，2014
11. 赵负图主编，现代传感器集成电路. 北京：人民邮电出版社，2000
12. 张以谟主编. 应用光学. 北京：机械工业出版社，1982
13. 金篆芷，王明时主编. 现代传感技术. 北京：电子工业出版社，1995
14. 巴德年主编. 当代免疫学技术与应用. 北京：北京医科大学中国协和医科大学联合出版社，1998
15. 李大友主编. 微计算机接口技术. 北京：清华大学出版社，1998
16. 黄章勇编著. 光纤通信用光电子器件和组件. 北京：北京邮电大学出版社，2001
17. 吕联荣，姜道连，田春苗等编. 电视原理及其应用技术. 天津：天津大学出版社，2001
18. 庄跃辉，舒妙飞等编著. 光电元器件速查代换大全. 杭州：浙江科学技术出版社，2000
19. 荀殿栋，徐志军等编著. 数字电路设计实用手册. 北京：电子工业出版社，2003
20. 光电器件产品手册. 北京：北京光电器件厂，1987
21. 王庆有，于涓汇. 利用线阵 CCD 非接触测量材料变形量的方法. 光电工程，2002，(4)：20~23
22. 王庆有，于桂珍. 线阵 CCD 驱动器模块的优化设计. 光电工程，1994，(6)
23. 陈久康，刘志扬. 光纤坯管径在线自动检测 CCD 输出信号的分析与处理. 上海计量测试，1987，(1)：77
24. 董文武. 一种使用线阵 CCD 实现高精度二维位置测量的方法. 光学技术，1998，(5)：42~45
25. 李长贵. 线阵 CCD 用于实时动态测量技术研究. 光学技术，1999，(2)：5~8
26. 何树荣. 用 CCD 细分光栅栅距的位移传感器. 光学技术，1999，(3)：1~3
27. 黄宜军. 应用 CCD 的透镜曲率自动测量系统. 光学技术，1998，(2)：28~30
28. 陈卫剑. CCD 在测量运动物体瞬时位置中的应用. 光学技术，1998，(4)：49~50
29. 吕海宝. CCD 交汇测量系统优化设计的建模与仿真. 光学技术，1998，(6)：10~13
30. 王庆有. 轨道振动的非接触测量. 光学技术，1998，(6)：69~70
31. 王庆有. 采用 CCD 拼接术的外径测量研究. 光电工程，1997，(5)：22~26
32. 沈为民. 线阵 CCD 应用于多目标测量时的图像拼接技术. 光电工程，1997，(5)：63~66
33. Wang Qingyou. Study on vibration measurement with the use of CCD. SPIE, 1998, (3558)：339~343
34. Li Kaiming. Study on measuring instan taneaus planar motion of rigid body with linear CCD. SPIE, 1998, (3558)：344~347
35. 苗振魁. 自动显微图像处理系统的研制. 光学技术，1997，(1)
36. 沈忙作. 线阵 CCD 图像传感器的焦平面拼接. 光电工程，1991，(4)：149~154

37 王庆有. 用一个线阵 CCD 检测刚体瞬态平面运动的研究. 天津大学学报, 2000, (4): 487~489
38 王庆有. 高速运动物体的图像数据采集. 光电工程, 2000, (3): 51~53
39 曾延安. CCD 在光谱分析系统中的应用研究. 光学技术, 1998, (4): 3~4
40 Hamilton. D. J. and W. G. Howard. Basic Intergrated Circuit Engineering. New York; McGraw-Hill. 1975
41 Beynon. J. D. E. and Lamb. D. R. (Ed): Charge Coupled Devices and Their Applications, MCGraw-Hill, London, 1980
42 Gradl. D. A. 250 MHz CCD Driver, IEEE Jour. of Solid-State Circuits, 1981, (16): 100
43 Rodgers. R. Development and Application of a Prototype CCD Color Television Camera', RCA Engeer, 1979, Vol. 25. P42
44 Bayer. B. Color Imaging Array, 1976, (3): 971
45 Takemura. Y. and K. Ooi. New Frequency Interleaving CCD Color Television Camera. IEEE Trans. on Cons. Elec., 1982, (4): 618 ~ 623
46 王庆有, 张盛彬, 郭青等. 飞秒激光二次谐波光强分布同步数据采集. 光电子·激光, 2002, (6) 603~605
47 夏力臣, 高新江. 高速高饱和 InGaAs/InP 单行载流子光电二极管. 半导体光电, 2004, (3) 196~173
48 田来科. 波长粗糙度与光散射. 光电技术与信息, 2003, (2): 37~39
49 林玉兰, 陈永泰. 拉曼散射分别式光纤传感器的设计. 光电技术与信息, 2002, (2): 33~36
50 王庆有, 朱晓华等. 梳状体二值化数据采集方法的研究. 半导体光电, 2004, (5): 408~410
50 周金运, 张鹏飞, 彭孝东等. 基于门控制的单光子探测电路设计. 半导体光电, 2004, (4): 304~307
52 莫才平, 高新江, 王兵. InGaAs 四象限探测器. 半导体光电, 2004, (1): 19~21
53 孙力军. 皮焦耳光脉冲能量测试. 半导体光电, 2003, (4): 254~255
54 刘文清, 崔志成, 董凤忠. 环境污染检测的光学和光谱学技术. 光电技术与信息, 2002, (5): 1~11
55 白杉. LED 打印将与激光打印交相辉映. 光机电信息, 2004, (1): 30~32
56 程开富. 纳米通信技术的核心——纳米光电器件. 光机电信息, 2004, (1): 39~47
57 林玉池. 微机械自动跟踪双坐标光电自准直仪的研究. 光电工程, 2002, (4): 43~45
58 赵同刚, 赵荣华等. 光电开关自动交换光网络的研究与检测技术. 光电技术与信息, 2004, (4): 51~54
59 刘晓旻, 张斌等. 摩托车轨迹的光电检测系统. 光电技术与信息, 2004, (2): 55~57
60 崔骥, 崔勤. 基于 PCI 的高分辨率医用 X 光视频图像采集及处理系统. 光电技术与信息, 2004, (2): 44~47
61 戴佳, 苗龙. 51 单片机应用系统开发典型实例 [M]. 北京: 中国电力出版社, 2005.
62 邹伟奇. PT2262 编码芯片的软件解码 [J]. 微计算机信息, 2004, (7): 111-112.